U0653010

高职高专物联网应用技术
专业系列教材

智能网络组网技术

主　编　侯晓静　张　祯

副主编　张耀锋　潘　磊

西安电子科技大学出版社

内 容 简 介

本书是与高职智能互联网络技术专业的核心课程"智能网络组网技术"相配套的教材。全书由 9 个项目组成，内容包括物联网通信技术、电磁波与天线技术、通信原理、5G 缘起——从 1G 到 5G、ZigBee 引领智能家居时代、自动识别技术及其应用、无处不在的 Wi-Fi、蓝牙的兴起与崛起、NB-IoT 塑造智慧城市的未来，旨在使学生了解常用智能网络的通信过程，掌握智能网络常用终端设备的选型配置、安装调试方法。

书中项目依据高职生学情进行设计，以任务为载体，每个任务后都有实训作支撑，体现"做中学"的教学特色；并融入思政元素，积极推动党的二十大精神进教材、进课堂、进头脑，探索"如盐入水、有味无痕"的课程思政新模式。

本书可作为高职智能互联网络技术、物联网应用技术、工业互联网应用技术、现代通信技术等专业的智能网络组网技术、通信技术、物联网概述等课程的教材，亦可作为从事物联网工程技术工作的工程技术人员的参考书。

图书在版编目（CIP）数据

智能网络组网技术 / 侯晓静，张祯主编. -- 西安 ：西安
电子科技大学出版社，2024. 6. -- ISBN 978-7-5606-7300-4

Ⅰ. TP393

中国国家版本馆 CIP 数据核字第 2024M9837B 号

策　　划　刘小莉
责任编辑　刘小莉
出版发行　西安电子科技大学出版社（西安市太白南路 2 号）
电　　话　（029）88202421　88201467　　　邮　　编　710071
网　　址　www.xduph.com　　　　　　　　　电子邮箱　xdupfxb001@163.com
经　　销　新华书店
印刷单位　陕西日报印务有限公司
版　　次　2024 年 6 月第 1 版　　　　　2024 年 6 月第 1 次印刷
开　　本　787 毫米×1092 毫米　　1/16　　　印　张　15.5
字　　数　364 千字
定　　价　45.00 元

ISBN 978-7-5606-7300-4

XDUP 7601001-1

前　言

　　"智能网络组网技术"是高职智能互联网络技术专业的一门专业核心课程，本课程的主旨是使高职学生掌握智能网络组网的关键技术(如 NB-IoT、LoRa、ZigBee、蓝牙、Wi-Fi、RS-485、CAN、5G 等)，了解常用智能网络的通信过程，掌握智能网络常用终端设备的选型配置、安装调试方法。

　　根据课程要求，本书以智能互联网络技术方面的高技能人才培养为目的，以满足智能互联网络领域高质量发展对高素质技能人才的需求。本书不仅详细介绍了 NB-IoT、ZigBee、蓝牙、Wi-Fi 等智能网络组网的关键技术，而且介绍了物联网相关技术及通信技术，并以 5G 技术为背景介绍了移动通信技术，可为高职学生学习网络技术打下坚实基础。

　　本书依照高职生学情进行内容设计，以任务为载体，每个任务后都有实训作支撑；为贯彻落实党的二十大精神，融入了思政元素，以培养具有新时代精神的高技能人才。本书由天津工业职业学院教师侯晓静、张祯、张耀锋、潘磊共同编写，侯晓静编写了项目 1、项目 4、项目 6，张祯编写了项目 3，张耀锋编写了项目 2、项目 7、项目 9，潘磊编写了项目 5、项目 8。本书配套资源可登录西安电子科技大学出版社网站(http://www.xduph.com)获取。

　　本书编写参阅了多名同行专家的论著和文献，在此表示感谢。

　　由于物联网技术正在飞速发展，作为其网络层的智能组网技术更新较快，加之编者的水平所限，书中难免存在一些问题或不妥之处，敬请有关专家和读者批评指正。

编　者

2024 年 5 月

目　录

项目 1

物联网通信技术

项目目标

(1) 了解互联网到物联网的发展历程；

(2) 掌握物联网的层次划分；

(3) 掌握物联网通信系统；

(4) 了解物联网通信技术的发展前景。

知识脉络图

```
                    互联网的形成和发展
                    互联网的结构形式
                                    认识互联网
                    互联网接入技术
                    互联网的分层结构
                                                            实训　沙盘演示智慧农业
        物联网概述
        物联网体系结构      分析物联网的起源和发展    物联网通信技术
        物联网的发展趋势
                                                            思政课堂　科技助力智慧冬奥
            物联网的通信系统      掌握物联网通信技术
        物联网通信技术的发展前景
```

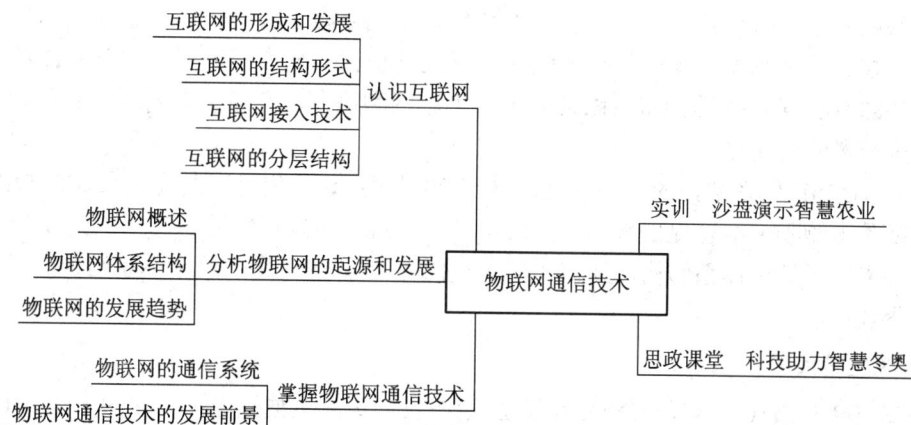

任务 1.1　认识互联网

任务引入

物联网技术是电子、通信、计算机三大领域技术的融合，可在互联网的基础上实现物物相连。互联网的出现是人类通信技术的一次革命。然而，如果仅仅从技术的角度来理解互联网的意义显然远远不够，互联网的发展早已超越了当初研发时的军事和技术目的，几乎从一开始就是为人类的交流服务的。

本任务主要介绍互联网的形成和发展、互联网的结构形式、互联网接入技术以及互联网的分层结构。

任务相关知识

1.1.1 互联网的形成和发展

互联网，即广域网、局域网及计算机按照一定的通信协议组成的国际计算机网络。互联网是将两台计算机或者是两台以上的计算机终端、客户端、服务端通过计算机信息技术的手段互相联系起来形成的，人们可以通过互联网与远在千里之外的朋友相互发送邮件，共同完成一项工作或一起娱乐。

互联网是由使用公用语言互相通信的计算机连接而成的全球网络，最早起源于美国国防部高级研究计划局(Advanced Research Projects Agency，ARPA)支持的用于军事目的的计算机实验网络 ARPANET。

互联网技术大体上经历了三个时间阶段的演进。但这三个阶段在时间划分上并非截然分开而是有部分重叠的，网络的演进是逐渐的而不是突然的。互联网的发展历程如下。

1. 第一阶段

互联网始于 1969 年，美国军方在 ARPA 指定的协定下将美国西南部加利福尼亚大学洛杉矶分校、斯坦福大学研究院、加利福尼亚大学和犹他州大学的四台主要的计算机连接起来。1983 年，美国国防部将 ARPANET 分为军网和民网，渐渐扩大为现在的互联网，之后有越来越多的公司加入。

随着 TCP/IP 体系结构的发展，互联网在 20 世纪 70 年代迅速发展起来。TCP/IP 体系结构最初是由鲍勃·卡恩提出来的，然后由其他人进一步发展完善。20 世纪 80 年代，美国国防部采用了这个体系结构，到 1983 年，世界各国普遍采用了这个体系结构，逐渐得到了全世界认可。

2. 第二阶段

1978 年 UUCP(UNIX 和 UNIX 拷贝协议)在贝尔实验室被提出来，1979 年在 UUCP 的基础上新闻组网络系统发展起来，为在全世界范围内交换信息提供了一个新的方法。

同样，BITNET(一个连接世界教育单位的计算机网络)连接到世界教育组织的 IBM 大型机上，1981 年开始提供邮件服务，Listserv 软件和后来的其他软件被开发出来用于服务这个网络，网关被开发出来用于 BITNET 和互联网的连接，同时提供电子邮件传递和邮件讨论列表。这些 Listserv 软件和其他的邮件讨论列表形成了互联网发展中的又一个重要部分。

1989 年，第一个检索互联网的成就出现，是由 Peter Deutsch 和他的全体成员创造的，他们为 FTP 站点建立了一个档案，后来命名为 Archie。这个软件能周期性地到达所有开放的文件下载站点，列出它们的文件并且建立一个可以检索的软件索引。检索 Archie 是 UNIX 命令，所以只有熟悉 UNIX 知识才能充分实现它的性能。

大约在同一时期，Brewster Kahle 在智能计算机公司(Thinking Machines)发明了 WAIS(广域网信息服务)，能够检索一个数据库下的所有文件，并允许文件检索。在它的高峰期，智能计算机公司维护着在全世界范围内能被 WAIS 检索的超过 600 个数据库的线索，包括所有在新闻组里的常见问题文件和所有正在开发中的用于网络标准的论文文档等。和 Archie 一样，WAIS 的接口并不是很直观，所以要想很好地使用它也得花费很大的工夫。

3. 第三阶段

1991 年，明尼苏达大学开发出世界上第一个连接互联网的友好接口。当时学校想开发一个简单的菜单系统，可以通过局域网访问学校校园网上的文件和信息，客户-服务器体系结构的倡导者很快做了一个先进的示范系统，这个示范系统称为 Gopher。Gopher 被证明是非常好用的，之后的几年里全世界范围内出现了 10 000 多个 Gopher，它不需要 UNIX 和计算机体系结构的知识，在一个 Gopher 里只需要输入一个数字选择想要的菜单选项即可。当内华达州立大学的 Reno 创造了 VERONICA(通过 Gopher 使用的一种自动检索服务)时，Gopher 的可用性大大加强了。VERONICA 是 Very Easy Rodent-Oriented Netwide Index to Computerized Archives 的简述。遍布世界的 Gopher 像网一样搜集网络链接和索引。类似单用户的索引软件也被开发出来，称为 JUGHEAD(Jonays Universal Gopher Hierachy Excavation And Display)。

1989 年，欧洲粒子物理实验室的 Tim Berners 和他的团队成员提出了一个分类互联网信息的协议。这个协议在 1991 年后被称为 World Wide Web，基于超文本协议——在一个文字中嵌入另一段文字的链接系统，阅读这些页面的时候，可以随时用它们选择一段文字链接。

由于互联网最早是由政府部门投资建设的，因此它最初只限于研究部门、学校和政府部门使用，除了直接服务于研究部门和学校的商业应用之外，其他的商业行为是不允许的。20 世纪 90 年代初，当独立的商业网络开始发展起来时，这种局面才被打破，这使得从一个商业站点发送信息到另一个商业站点而不经过政府资助的网络中枢成为可能。

随着微软全面进入浏览器、服务器和互联网服务提供商(Internet Service Provider，ISP)市场，其成为基于互联网的商业公司。1998 年 6 月，微软的浏览器和 Windows 98 集成并应用于桌面电脑，从此互联网进入迅速发展壮大的时期，在线销售迅速成长，商业走进互联网的舞台。

如今的互联网技术自发明以来已经走过了 50 多个年头，互联网已经进入千家万户。今天的互联网上存在着黑客攻击现象，以及多媒体音视频下载应用、移动应用等多种现象，为了解决这些现象给互联网带来的问题，美国的计算机科学家们已经开始考虑修改互联网的整体结构。这些措施涉及 IP 地址、路由表技术以及互联网安全等多方面的内容。

对于互联网未来的发展趋势，业界存在以下几个普遍公认的观点：
(1) 互联网的用户数量将进一步增加；
(2) 互联网在全球的分布状况将日趋分散；
(3) 电子设备将不再是互联网的中心设备；
(4) 互联网的数据传输量将激增；
(5) 互联网将最终走向无线化；
(6) 互联网将出现更多基于云技术的服务项目；
(7) 互联网将更为节能环保；
(8) 互联网的网络管理将更加自动化；

(9) 互联网技术对网络信号质量的要求将降低;

(10) 互联网将吸引更多的黑客。

1.1.2 互联网的结构形式

互联网的拓扑结构非常复杂并且在地理位置上覆盖了全球,从工作方式上看,可以划分为边缘部分和核心部分两大块,如图 1-1 所示。

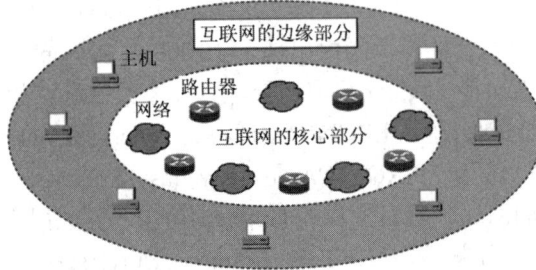

图 1-1 互联网拓扑结构

边缘部分由所有连接在互联网上的主机组成。这部分是用户直接使用的,用来进行通信和资源共享。

核心部分由大量网络和连接这些网络的路由器组成,用来为边缘部分提供服务。

1. 边缘部分

处在互联网边缘的部分就是连接在互联网上的所有主机。这些主机通常又被称为端系统(end system)或终端。端系统的拥有者可以是个人,也可以是单位(如学校、公司、政府等),当然也可以是某个 ISP。边缘部分利用核心部分所提供的服务,使众多主机之间能够相互通信并交换或共享数据信息。

端系统之间的通信方式可以划分为两大类,即客户-服务器(C/S)方式和对等连接(P2P)方式。下面分别介绍。

1) 客户-服务器方式

客户-服务器方式是互联网上最常用的,也是最传统的方式。例如,使用 Web 应用或发送电子邮件时,采用的就是这种方式。客户(client)和服务器(server)是指通信中所涉及的两个进程。客户-服务器方式描述的是进程之间服务和被服务的关系,如图 1-2 所示,客户 A 向服务器 B 发出请求服务,而服务器 B 向客户 A 提供服务。

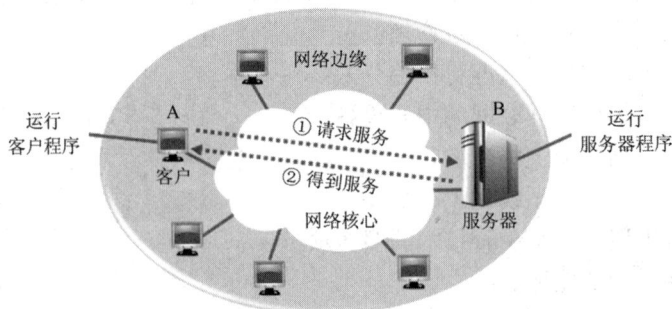

图 1-2 客户-服务器方式

在实际应用中，客户程序和服务器程序通常具有以下一些特点。

(1) 客户程序的特点。

① 在通信时主动向远程的服务器发起通信，因此客户程序必须知道服务器的地址。

② 不需要特殊的硬件和复杂的操作系统支持。

(2) 服务器程序的特点。

① 服务器程序是一种专门用来提供某种服务的程序，可同时处理多个远程或本地客户的请求。

② 系统启动后即自动调用并一直不断地运行着，被动地等待并接收来自各地的客户端的请求。因此服务器程序不需要知道客户程序的地址。

③ 一般需要较强大的硬件和高级的操作系统支持。

2) 对等连接方式

对等连接(peer-to-peer)是指两台主机在通信时，并不区分哪一个是服务请求方，哪一个是服务提供方，只要两台主机都运行了对等连接软件，就可以进行平等的对等连接通信，如图 1-3 所示。

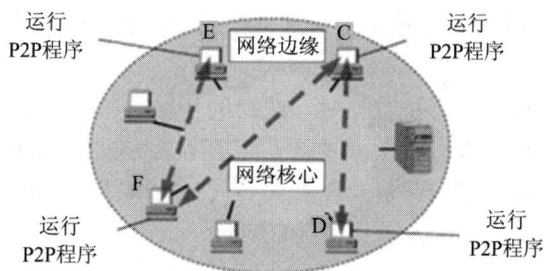

图 1-3　对等连接方式

2. 核心部分

通过上面的介绍可以看出，终端之间不管是通过客户-服务器方式还是通过对等连接方式进行通信，都需要通过网络核心。网络核心部分可以说是互联网中最复杂的部分，因为网络中的核心部分要向网络边缘中的大量主机提供联通性，使边缘部分中的任何一台主机都能够与其他主机通信，如图 1-4 所示。

网络核心部分最重要的功能是路由和转发。实现这个功能的是路由器，路由器是实现分组交换的关键构件。那么在互连的路由器网络中，数据是如何从源主机到达目的主机的呢？答案是数据交换。下面介绍几种数据交换的类型。

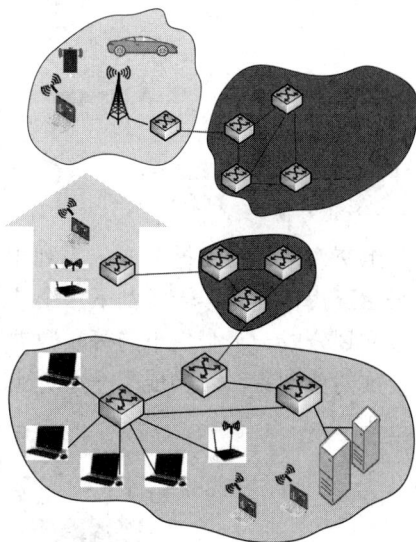

图 1-4　核心部分

1) 电路交换(Circuit Switching)

电路交换时整个报文的比特流连续不断地从源点到达终点,就像在一根管道中传送。电路交换最典型的应用就是电话网络。虽然电话的发明已经有很长时间的历史,电话交换机也经过了多次更新换代,但是交换的方式一直是电路交换。当电话机的数量增多时,就需要使用彼此相连的交换机来完成全网的交换任务。使用这样的方法,就构成了覆盖全世界的电信网,如图1-5所示。

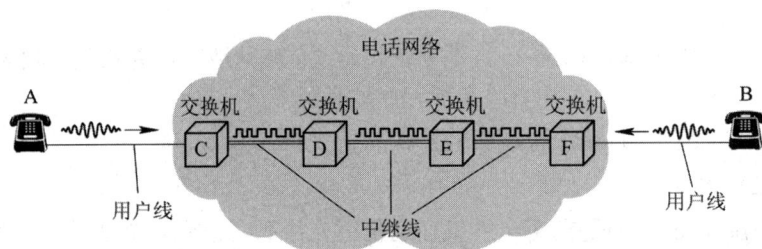

图1-5   电路交换

电路交换必须经过三个步骤,即建立连接(呼叫/电路建立)→通话(占用通信资源)→释放连接(拆除连接)。电路交换的一个重要特点就是在通话的全部时间内,通话的两个用户始终占用端到端的通信资源。

当使用电路交换来传送计算机数据时,线路的传输效率往往是很低的。因为计算机数据往往是突发式地出现在传输线路上,线路上真正用来传输数据的时间通常不到10%甚至更低。所以说用户占用的通信线路资源在绝大多数时间内都是空闲的。

2) 报文交换(Message Switching)

报文交换时整个报文先传送到相邻的节点,全部存储下来后查找转发表,转发到下一个节点,最终到达终点,如图1-6所示。

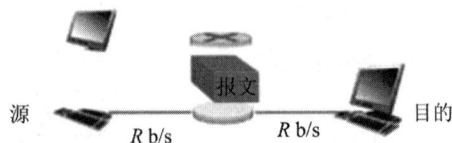

图1-6   报文交换

3) 分组交换

分组交换是将报文拆分成一系列相对较小的数据包,单个数据包传送到相邻节点,存储下来后查找转发表,转发到下一个节点,如图1-7所示。在发送报文之前,先把较长的一段报文划分成一个个更小的等长数据段,然后在每一个数据段前面加上一些必要的控制信息组成的首部后,就构成了一个分组。分组通常又被称为“包”,分组的首部也可以称为“包头”。

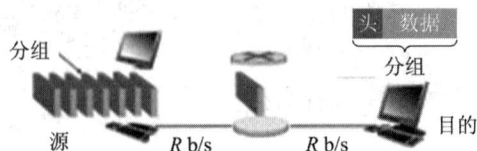

图1-7   分组交换

分组的首部通常包含了目的地址和原地址等重要的控制信息，正是因为这样，每一个分组才能在互联网中独立地选择传输路径，最终被正确地交付到分组传输的终点。

报文交换与分组交换都采取存储转发技术。区别是报文交换以完整的报文进行"存储转发"，分组交换是以较小的分组进行"存储转发"。

当路由器收到一个分组时，会暂时存储一下，检查其首部，查找转发表，按照首部中的目的地址，找到合适的接口转发出去，把分组交给下一个路由器。这样一步步地以存储转发的方式(期间可能经过几十个不同的路由器)，把分组交付给最终的目的主机。各个路由器之间必须经常交换彼此掌握的路由信息，以便创建和动态维护路由中的转发表。

若要连续地传送大量的数据，且传送时间远大于连接建立时间，则电路交换的传输速率较快。报文交换与分组交换不需要预先分配带宽，在传输突发数据时可以提高整个网络的信道利用率。相较于报文交换，分组交换具有交换时延小，灵活性更小等特点。

以上三种交换方式示意如图 1-8 所示。

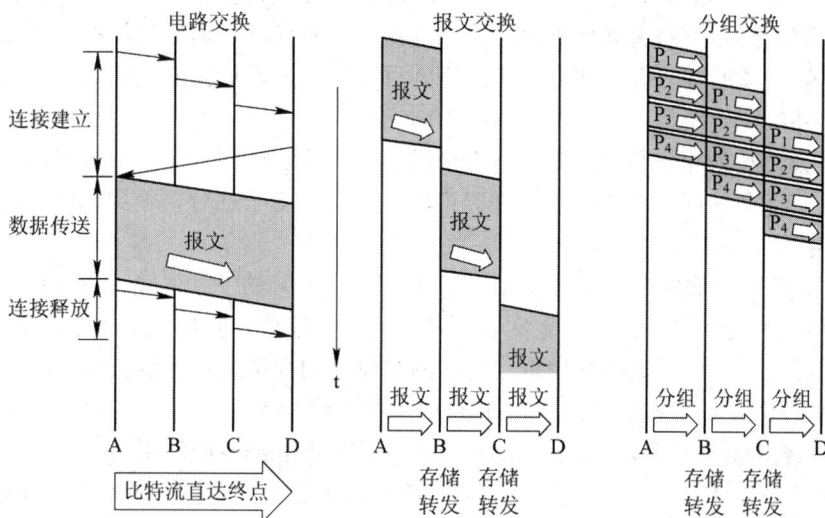

图 1-8　三种交换方式示意

1.1.3　互联网接入技术

互联网接入技术很多，目前正在广泛应用的宽带接入技术具有不可比拟的优势和强劲的生命力。宽带是一个相对于窄带的电信术语，为动态指标，用于度量用户享用的业务带宽，目前国际还没有统一的定义。一般而论，宽带是用户接入传输速率达到 2 Mb/s 及以上，可以提供 24 小时在线的网络基础设备和服务。

宽带接入技术主要包括以现有电话网铜线为基础的 ADSL 接入技术、以电缆电视为基础的混合光纤同轴网(HFC)接入技术、光纤接入技术、以太网接入技术等多种有线接入技术以及无线接入技术。

各种接入方式都有其自身的优势和劣势，不同用户应该根据自己的实际情况做出合理选择。目前还出现了两种方式综合接入的趋势，如 FTTx+ADSL、FTTx+HFC、ADSL+ WLAN (无线区域网)、FTTx+LAN 等。

1. ADSL 接入

ADSL(Asymmetrical Digital Subscriber Loop，非对称数字用户环路)技术是运行在原有普通电话线上的一种新的高速宽带技术，它利用现有的一对电话铜线，为用户提供上、下行非对称的传输速率(带宽)。非对称主要体现在上行速率(最高 640 kb/s)和下行速率(最高 8 Mb/s)的非对称性上。上行(从用户到网络)为低速传输，可达 640 kb/s；下行(从网络到用户)为高速传输，可达 8 Mb/s。ADSL 最初主要是针对视频点播业务开发的，随着技术的发展，逐步成为一种较方便的宽带接入技术，为电信部门所重视。通过网络电视的机顶盒，可以实现许多种以前在低速率下无法实现的网络应用。

2. HFC 接入

HFC(Hybrid Fiber Coaxial，混合光纤同轴网)是指光纤、同轴电缆混合网，HFC 技术是在覆盖到家庭用户的 CATV(有线电视网)的基础上开发的一种宽带接入技术。

CATV 使用的传输媒介为同轴电缆，因为 ISP 机房交换机到用户设备之间的距离较远，而同轴电缆随距离的增加衰减越来越严重，为保证信号强度，需要在线路之中安装信号放大器。但任何一个设备的损坏都会影响网络的可靠性，所以放大器的增多会导致网络可靠性降低。此外，信号经多次放大后，会产生明显的失真。综上所述，使用同轴电缆铺设的远距离线路其传输的可靠性和信号的质量都无法得到保障。为了解决上述问题，HFC 将 CATV 中主干部分的同轴电缆更换为性能优异的光纤，支干部分仍使用同轴电缆。如此每条支干可连接 500～2000 个用户。

CATV 的最高传输频率是 450 MHz，仅用于电视信号的下行传输，由于用户上网时需要双向数据传输功能，HFC 使用更宽的频谱，不同频段分别实现上行、下行的数据传输，并在不同的频段实现电视数据的模拟信号和网络流量的数字信号传输。

HFC 使用的接入设备是 Cable Modem(线缆调制解调器)，用户和 ISP 的接入服务器都通过 Cable Modem 连接到电话网，当用户设备需要使用 Internet 时，用户端的 Cable Modem 与 ISP 端的 Cable Modem 建立连接，进而与接入服务器建立连接，ISP 自动为用户分配一个 IP 地址，之后用户方可通过 ISP 的线路访问 Internet，如图 1-9 所示。

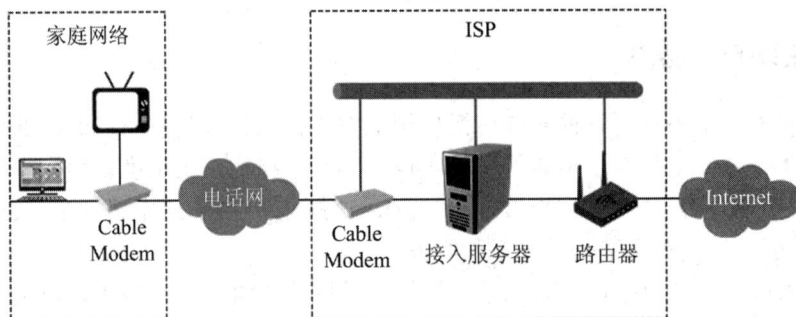

图 1-9　HFC 接入原理

3. 光纤接入

光纤接入指终端用户通过光纤连接到局端设备。根据光纤深入用户的程度，光纤接入可分为 FTTB(Fiber To The Building，光纤到楼)、FTTP/FTTH(将光缆一直扩展到家庭或企业)、FTTO、FTTC 等。光纤是宽带网络中最理想的一种传输媒介，它的特点是传输容量大、传输质量好、损耗小、中继距离长等。我国大部分城市已基本实现光纤到户，用户可在家中通过光猫连接光纤，使用双绞线连接个人设备以实现 Internet 的接入。光纤接入网络拓扑结构如图 1-10 所示。

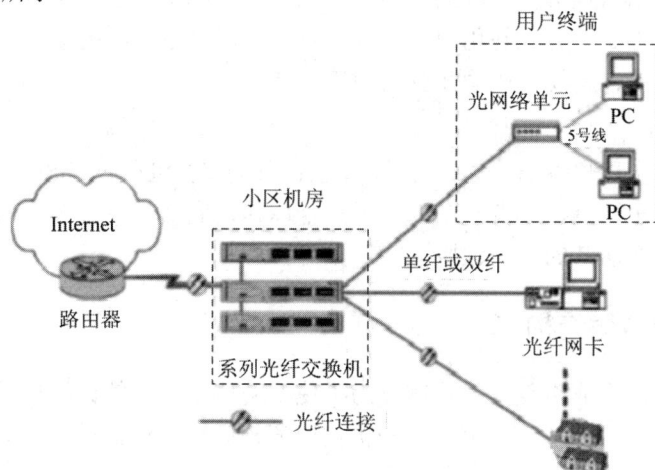

图 1-10　光纤接入网络拓扑结构

光纤接入网(OAN)是采用光纤传输技术的接入网，即本地交换局和用户之间全部或部分采用光纤传输的通信系统。光纤具有宽带、远距离传输能力强、保密性好、抗干扰能力强等优点，是接入网的主要实现技术。FTTH 即光纤到户，一般仅需要 1～2 条用户线，短期内经济性欠佳，但却是长远的发展方向和最终的接入网解决方案。

4. FTTx+LAN 接入方式

无论是 FTTB(光纤到楼)还是 FTTZ(光纤到小区)，都被称为 FTTx 光纤接入方式。利用 FTTx(光纤到小区或楼)+LAN(网线到户)的宽带接入方式可实现"千兆到小区、百兆到大楼、十兆到桌面"的宽带接入方案。它利用光纤加五类网络线来实现宽带接入，实现千兆光纤到小区(大楼)中心交换机，中心交换机和楼道交换机以百兆光纤或五类网络线相连，楼道内采用综合布线，用户上网速率可达 10 Mb/s。这种接入方式网络可扩展性强，投资规模小。另外，还有光纤到办公室、光纤到户、光纤到桌面等多种接入方式可满足不同用户的需求。FTTx+LAN 接入方式采用星型网络拓扑，用户共享带宽。

5. 无线接入

随着通信的飞速发展和互联网普及率的日益提高，在人口密集的城市或位置偏远的山区铺设最后一段用户线时，面临着一系列难以解决的问题：铜线和双绞线的长度在 4～5 千米的时候会出现高环阻问题，通信质量难以保证；山区、岛屿以及城市用户密度较大而管线紧张的地区用户线架设困难而导致耗时、费力、成本居高不下。为了解决这个所谓的"最后一英(公)里"的问题，达到安装迅速、价格低廉的目的，作为接入网技术中的一个重要部分——无线接入技术便应运而生了。无线接入是指从交换节点到用户终端之间，部分或全部采用了无线手段。典型的无线接入系统主要由控制器、操作维护中心、基站、固定用户单元和移动终端等几个部分组成。采用无线通信技术将各用户终端接入到核心网的系统，或者是在市话端局或远端交换模块以下的用户网络部分采用无线通信技术的系统都称为无线接入系统。由无线接入系统所构成的用户接入网称为无线接入网。

无线接入按照接入方式和终端特征通常分为固定无线接入和移动无线接入两大类。

1) 固定无线接入

固定无线接入指从业务节点到固定用户终端采用无线接入的接入方式，用户终端不含或仅含有限的移动性。此方式是用户上网浏览及传输大量数据时的必然选择，主要包括卫星、微波、扩频微波、无线光传输和特高频等。

2) 移动无线接入

移动无线接入指用户终端移动时的接入，包括移动蜂窝通信网(GSM、CDMA、TDMA)、无线寻呼网、无绳电话网、集群电话网、卫星全球移动通信网以及个人通信网，是当前接入研究和应用中非常活跃的一个领域。

1.1.4　互联网的分层结构

计算机网络是一个非常复杂的系统。为了使不同体系结构的计算机网络都能互联，国际标准化组织 ISO 于 1977 年成立了专门机构研究该问题。他们提出著名的开放式系统互联基本参考模型(Open System Interconnection Reference Model，OSI/RM，简称 OSI)，也就是所谓的七层协议体系结构，如图 1-11 所示。因此只要遵循 OSI 标准，一个系统就可以和位于世界上任何地方的、遵循着同一标准的其他任何系统进行通信。

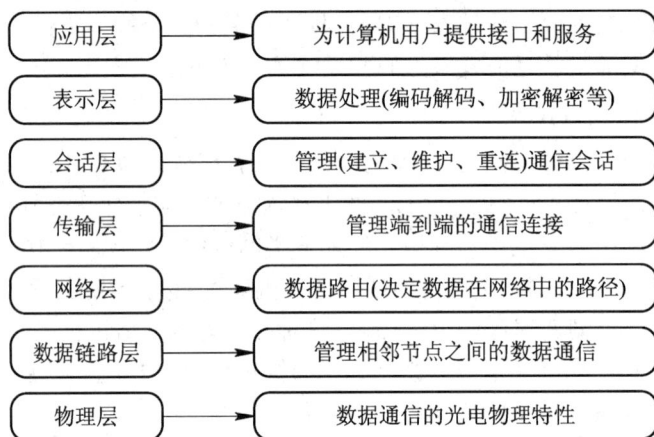

应用层	→	为计算机用户提供接口和服务
表示层	→	数据处理(编码解码、加密解密等)
会话层	→	管理(建立、维护、重连)通信会话
传输层	→	管理端到端的通信连接
网络层	→	数据路由(决定数据在网络中的路径)
数据链路层	→	管理相邻节点之间的数据通信
物理层	→	数据通信的光电物理特性

图 1-11　OSI 的层次结构

OSI 试图达到一种理想境界，即全世界的计算机网络都遵循这个统一的标准，从而使全世界的计算机能够很方便地进行互联和数据交换。但由于互联网抢先覆盖了全世界相当大的范围，而互联网并未使用 OSI 标准，得到广泛应用的不是法律上的国际标准 OSI，而是非国际标准 TCP/IP。这样，TCP/IP 就常被称为事实上的国际标准。

OSI 七层协议体系结构的概念清楚，理论比较完整，但其既复杂又不实用。TCP/IP 体系结构则不同，现在得到了非常广泛的应用。类同 OSI 参考模型，TCP/IP 也是一种分层模型，它是由基于硬件层次上的四个概念性层次构成，即应用层、传输层、IP 层、网络接口层。

OSI 体系结构和 TCP/IP 体系结构如表 1-1 所示。

表 1-1　OSI 体系结构和 TCP/IP 体系结构

OSI 体系结构	TCP/IP 体系结构
应用层	应用层
表示层	
会话层	
传输层	传输层
网络层	IP 层
数据链路层	网络接口层
物理层	

1. 应用层

应用层是 TCP/IP 体系结构中的最高层，直接为用户的应用进程提供服务，这里的进程是指正在进行的程序。互联网中的应用协议很多，如支持万维网应用的 HTTP 协议，支持电子邮件的 SMTP 协议，支持文件传送的 FTP 协议等。

2. 传输层

传输层实现应用层之间的通信，即端到端的通信。其功能是管理信息流，提供可靠的传输服务，以确保数据无差错地按序到达。

3. IP 层

IP 层处理机器之间的通信。其功能是首先接收来自传输层的请求，将带有目的地址的分组发送出去，将分组封装到数据报中，填入数据报头，使用路由算法以决定是直接将数据报传送至目的主机还是传给路由器，然后将数据报送至相应的网络接口。互联网由大量的异构网络通过路由相互连接起来。互联网主要的网络协议是无连接的网际协议 IP 和许多路由选择协议，因此互联网的 IP 层也称为网际层或网络层。

4. 网络接口层

网络接口层也称数据链路层，是 TCP/IP 的最底层。其功能是负责接收 IP 数据报并发送至选定的网络。

思考题与练习题

1. 什么是互联网？
2. 互联网技术大体经历了何种演变？
3. 简述互联网的组成结构。
4. 互联网接入技术有哪些？
5. OSI 七层协议体系结构包括哪些层？
6. TCP/IP 体系结构包括哪些层？

任务 1.2   分析物联网的起源和发展

任务引入

互联网把世界上的个人计算机连接起来,互联网中拥有丰富的内容和成熟的应用,这些内容与应用针对的是坐在计算机网络两端的人。除了人,世界还包括了各种各样的物质和物体,人和物、物和物之间的信息交流催生了物联网。

本任务讲述的主要内容为物联网概述、物联网体系结构以及物联网的发展趋势。

任务相关知识

1.2.1   物联网概述

1. 物联网的起源

IBM 前首席执行官郭士纳曾提出一个重要的观点,认为计算模式每隔 15 年发生一次变革。这一判断像摩尔定律一样准确,人们把它称为"十五年周期定律",如图 1-12 所示。1965 年前后发生的变革以大型机为标志,1980 年前后以个人计算机的普及为标志,而 1995 年前后则发生了互联网革命。每一次这样的技术变革都引起企业间、产业间甚至国家间竞争格局的重大动荡和变化。2010 年再次面临 15 年变革前夕,IBM 首席执行官彭明盛提出"智慧的地球",标志着物联网进入快速发展期。

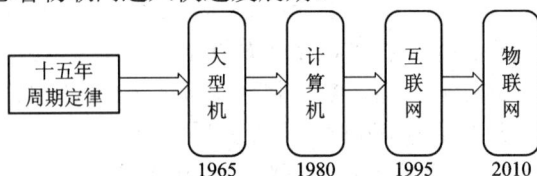

图 1-12   计算模式变革

其实,物联网在 1999 年就被我国提出来了。不过,当时不叫作"物联网"而叫作传感网。中科院也在那个时候就启动了传感网的研究和开发。与其他国家相比,我国的技术研发水平处于世界前列,具有同发优势和重大影响力。2009 年 8 月,温家宝总理提出"感知中国"后,物联网被正式列为国家五大信息战略产业之一,写入《政府工作报告》,物联网在我国受到了全社会极大关注,其受关注程度是美国、欧盟,以及其他各国不可比拟的。如今,物联网这个概念已经被贴上了中国的"标签"。

2. 物联网与其他网络

目前,对于支持人与人、人与物、物与物广泛互联,实现人与客观世界的全面信息交互的全新网络如何命名,存在着物联网、传感网、泛在网三个概念之争。

1) 传感网

无线传感网(Wireless Sensor Network,WSN),简称传感网,是由若干具有无线通信与计算能力的感知节点，以网络为信息传递载体，实现对物理世界的全面感知而构成的自组织分布式网络。传感网的突出特征是采用智能计算技术对信息进行分析处理，实现智能化的感知、决策和控制能力。传感网作为传感器、通信和计算机三项技术密切结合的产物，是一种全新的数据获取和处理技术。

2) 泛在网

泛在网(Ubiquitous Network)的概念来自日韩提出的"U 战略"，所给出的定义是：无所不在的网络社会将是由智能网络、最先进的计算技术及其领先的数字技术基础设施武装而成的技术社会形态。根据这样的构想，泛在网以"无所不在""无所不包""无所不能"为基本特征，帮助人类在任何时间、任何地点，实现任何人、任何物品之间的顺畅通信。泛在网也被称为"网络的网络"，是面向泛在应用的各种异构网络的集合。

3) 各网络之间的关系

通过以上对现有各种网络概念的讨论可知：物联网是一种关于人与物、物与物广泛互联，实现人与客观世界信息交互的信息网络；传感网是利用传感器作为节点，以专门的无线通信协议实现物品之间连接的自组织网络；泛在网是面向泛在应用的各种异构网络的集合；互联网是指通过 TCP/IP 将不同计算机网络连接起来实现资源共享的网络技术，实现的是人与人之间的通信。

物联网与现有的其他网络(如传感网、互联网、泛在网及其他网络通信技术)之间的关系如图 1-13 所示。由图可以看到，物联网与其他网络及通信技术之间的包容、交互作用关系。物联网隶属于泛在网，但不等同于泛在网，它只是泛在网的一部分；传感网可以不接入互联网，但当需要时，随时可利用各种接入网接入互联网；互联网、移动通信网等可作为物联网的核心承载网。

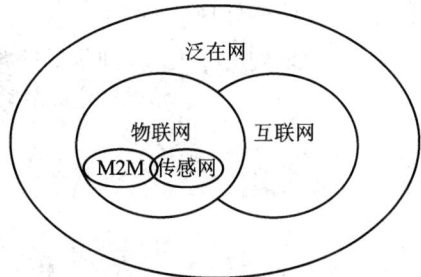

图 1-13　物联网与现有的其他网络之间的关系

3. 物联网的定义

物联网(Internet of Things，IoT)概念是在"互联网概念"的基础上，将其用户端延伸和扩展到物与物、物与人之间，进行信息交换和通信的一种网络概念。其定义是：通过射频识别(RFID)、红外感应器、全球定位系统、激光扫描器等信息传感设备，按约定的协议，把任何物品与互联网相连接，进行信息交换和通信，以实现智能化识别、定位、跟踪、监控和管理。物联网概念模型如图 1-14 所示。

物联网概念的问世，打破了之前的传统思维。过去的思路一直是将物理基础设施和 IT 基础设施分开，一方面是机场、公路、建筑物，另一方面是数据中心、个人电脑、宽带等。而在物联网时代，钢筋混凝土、电缆将与芯片、

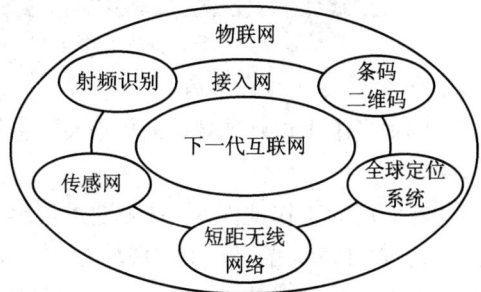

图 1-14　物联网概念模型

宽带整合为统一的基础设施，在此意义上，基础设施更像是一块新的地球。故也有业内人士认为物联网与智能电网均是智慧地球的有机构成部分。

物联网是新一代信息技术的重要组成部分，有两层意义：第一，物联网的核心和基础仍然是互联网，是在互联网基础上延伸和扩展的网络；第二，物联网用户端延伸和扩展到了任何物品与物品之间，进行信息交换和通信。物联网就是"物物相连的互联网"。物联网是互联网的应用拓展，与其说物联网是网络，不如说物联网是业务和应用。因此，应用创新是物联网发展的核心，以用户体验为核心的创新是物联网发展的灵魂。

1.2.2　物联网体系结构

1. 物联网的基础特征

物联网具备三个基本特征：一是全面感知，利用 RFID、二维码、传感器等感知、捕获、测量技术，随时随地对物体进行信息采集和获取；二是可靠传输，通过将物体接入信息网络，可随时随地进行可靠的信息交互和共享；三是智能处理，利用云计算、模糊识别等各种智能计算技术，对海量的数据和信息进行挖掘、分析和处理，对物体实施智能化的控制。

2. 物联网的层次划分

基于物联网的三个基本特征，将物联网分为三个层次，底层是用来感知数据的感知层，第二层是数据传输处理的网络层，第三层是与行业需求结合的应用层，如图 1-15 所示。

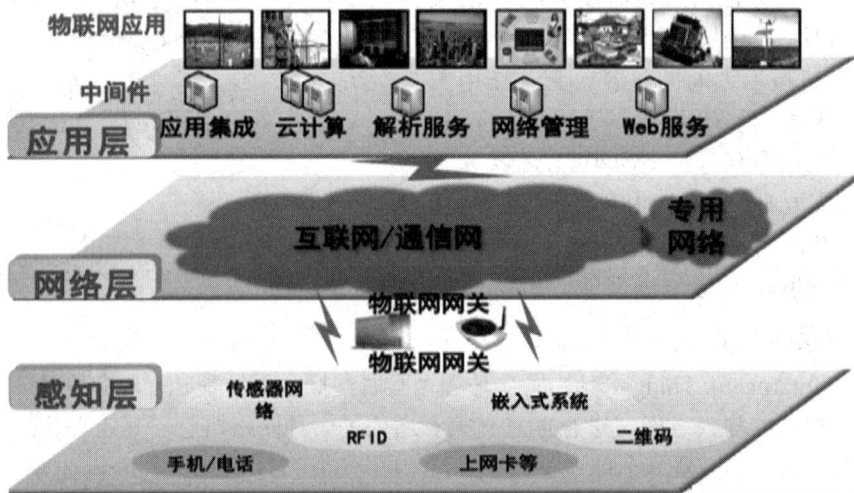

图 1-15　物联网的三层结构

1) 全面感知的感知层

感知层用于识别物体、采集信息。它的具体设备包括 RFID 感应器、网关、智能终端、传感器等。

感知层的工作过程为：首先通过传感器、数码相机等设备，采集外部物理世界的数据，然后通过 RFID、条码、工业现场总线、蓝牙、红外感应器等短距离传输技术传递数据。感知层综合了传感器技术、嵌入式计算技术、智能组网技术、分布式信息处理技术等，能够通过各类集成化微型传感器的协作实时监测、感知和采集各种环境或监测对象的信息。

感知层需要的关键技术包括传感器技术、检测技术、短距离无线通信技术等。

2) 可靠传输的网络层

网络层用于传递信息和处理信息。网络层包括移动通信网、互联网、网络管理中心、信息中心和智能处理中心等。

网络层的工作过程为：数据通过移动通信网、互联网、企业内部网、各类专网、小型局域网等进行传输。特别是在三网融合后，有线电视网也能承担物联网网络层的功能，有利于物联网的快速发展。

在物联网中，要求网络层能够把感知到的数据无障碍、高可靠性、高安全性地进行传送，它解决的是感知层所获得的数据在一定范围内，尤其是远距离传输问题。同时，物联网网络层将承担比现有网络更大的数据量传输要求，面临更高的服务质量要求，所以现有网络尚不能满足物联网的需求，这就意味着物联网需要对现有网络进行融合和扩展，利用新技术以实现更加广泛和高效的互联功能。

网络层需要的关键技术包括移动通信技术、长距离有线和无线通信技术、网络技术、无线传感器网络技术等。

3) 智能处理的应用层

应用层是物联网与行业、专业技术的深度融合，结合行业需求实现行业智能化。

应用层的工作过程为：利用经过分析处理的感知数据，为用户提供丰富的特定服务。物联网的应用可分为监控型(物流监控、污染监控)、查询型(智能检索、远程抄表)、控制型(智能交通、智能家居、路灯控制)和扫描型(手机钱包、高速公路不停车收费)等。应用层解决的是信息处理和人机交互的问题。目前，软件开发、智能控制技术发展迅速，应用层技术将会为用户提供丰富多彩的物联网应用，同时，各种行业和家庭应用的开发将会推动物联网的普及，也将给整个物联网产业链带来利润。

1.2.3 物联网的发展趋势

物联网需要信息高速公路的支持，移动互联网的高速发展以及固话宽带的普及是物联网海量信息传输交互的基础。依靠网络技术，物联网将生产要素和供应链进行深度重组，成为信息化带动工业化的现实载体。

物联网已经在城市、工业、农业方面有了各种应用，如图 1-16 所示。它能够有效改善人们的生活质量，提高人的工作效率，增加作物的产量。物联网使人们曾经幻想的人、物互融通话成为现实：公文包可以提醒主人忘带什么东西；洗衣机可以感知衣物用什么洗衣模式；当温室大棚中的土壤趋于干旱，喷头会自动喷水浇灌缺水的菜苗。随着物联网的发展和工业智能终端的不断改进，电影里的"变形金刚"也即将成为现实中的工业作品。

物联网是当前最具发展潜力的产业之一，将有力带动传统产业转型升级，引领战略性新兴产业的发展，实现经济结构和战略性调整，引发社会生产和经济发展方式的深度变革，具有巨大的战略增长潜能，是后危机时代经济发展和科技创新的战略制高点，已经成为各个国家构建社会新模式和重塑国家长期竞争力的先导力。在信息技术的支撑下，物联网正在引发新一轮的生活方式变革，已成为一个发展迅速、规模巨大的市场。2024 年预计中国超高频 RFID 市场规模有望达到 215 亿元。全球超高频 RFID 标签市场稳定增长，预计未来几年，全球超高频 RFID 标签出货量每年将保持 10%～20%的增长幅度。未来更加安全稳定的有线无线数据的传输网络，将成为我国物联网快速发展的关键。

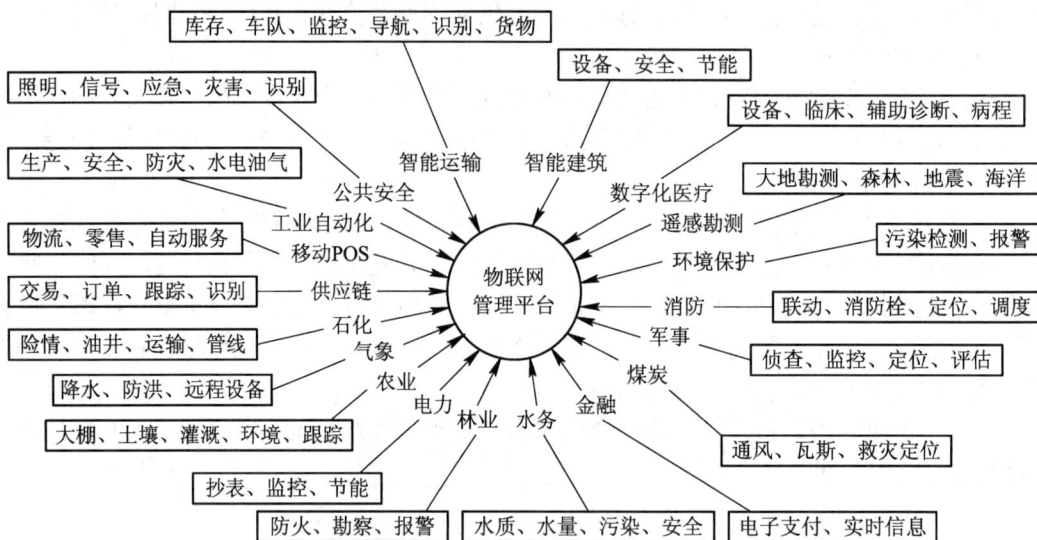

图 1-16　物联网相关应用

在国家大力推动工业化与信息化两化融合的大背景下，物联网将会是工业乃至更多行业信息化过程中，一个比较现实的突破口。而且，RFID 技术在多个领域多个行业的应用，已经将物品的信息采集并上网，管理效率大幅提升，物联网的梦想已经部分实现。

思考题与练习题

1. 什么是物联网？
2. 物联网和互联网存在哪些关系？
3. 物联网与其他网络存在哪些关系？
4. 简述物联网的三层结构及关键技术。
5. 举例说明物联网技术的应用。

任务 1.3　掌握物联网通信技术

任务引入

在物联网中，通信技术扮演着非常重要的角色。物联网中的信息是由通信网承载的，这使物联网具有电信承载网络的特点。由于物联网是互联网的发展与延伸，因此物联网中所采用的通信技术以承载数据为主，具有数据通信的概念。物联网作为数据通信的承载网络具有非常丰富的技术内涵，包含了通信技术的多个层面，即包含了传输、交换、有线、无线、移动等通信技术的多个方面。

本任务主要介绍物联网的通信系统以及物联网通信技术的发展前景。

任务相关知识

1.3.1　物联网的通信系统

1. 通信协议

通信协议是指双方实体完成通信或服务所必须遵循的规则和约定。要使通过通信信道和设备互连起来的多个不同地理位置的数据通信系统能协同工作，实现信息交换和资源共享，它们之间必须具有共同的语言。交流什么、怎样交流及何时交流，都必须遵循某种互相都能接受的规则。这个规则就是通信协议。

通信协议具有层次性、可靠性和有效性。

在物联网的通信协议方面，网络层采用了基于 IP 的通信协议，但在感知层却采用了多种通信协议，如 X.25 协议、基于工业总线的接口和协议、ZigBee 等。因此，可以说物联网的感知层的通信方式最为复杂。

1) 基于 IP 的通信协议

IP 协议定义在 OSI 参考模型的第三层——网络层，如图 1-17 所示，是 Internet 最重要的协议。IP 协议规定了在 Internet 上进行通信时应遵守的规则，如 IP 数据包的组成、路由器如何将 IP 数据包送到目的主机等。

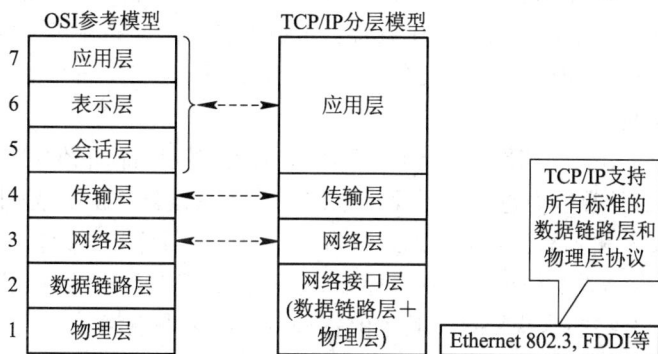

图 1-17　IP 协议模型

各种物理网络在数据链路层(第二层)所传输的基本单元为帧(MAC 帧)，其帧格式随物理网络而异，各物理网络的物理地址(MAC 地址)也随物理网络而异。IP 协议的作用就是向传输层(TCP 层)提供统一的 IP 包，即将各种不同类型的 MAC 帧转换为统一的 IP 包，并将MAC 帧的物理地址变换为全网统一的逻辑地址(IP 地址)。这样，这些不同物理网络 MAC帧的差异对上层而言就不复存在了。正因为这一转换，才实现了不同类型物理网络的互联。

IP 协议面向无连接，IP 网中的节点路由器根据每个 IP 包的包头 IP 地址进行寻址，这样同一个主机发出的属于同一报文的 IP 包可能会经过不同的路径到达目的主机。

2) X.25 协议

X.25 协议是一个被广泛使用的协议，由 ITU-T 提出，面向计算机的数据通信网。它由传输线路、分组交换机、远程集中器和分组终端等基本设备组成。

X.25 协议于 1976 年首次提出，它是在加拿大 DATAPAC 公用分组网相关标准的基础上制定的，在 1980 年、1984 年、1988 年和 1993 年又进行了多次修改，是目前使用最广泛的分组交换协议。X.25 协议是数据终端设备和数据电路终接设备(Data Circuit-terminating Equipment，DCE)之间的接口协议。该协议的制定实现了接口协议的标准化，使得各种 DTE 能够自由连接到各种分组交换网上。作为用户设备和网络之间的接口协议，X.25 协议主要定义了数据传输通路的建立、保持和释放过程所需遵循的标准，数据传输过程中进行差错控制和流量控制的机制以及提供的基本业务和可选业务等。X.25 协议最初为 DTE 接入分组交换网提供了虚电路和数据报两种接入方式，1984 年之后，X.25 协议取消了数据报接入方式。

X.25 协议采用分层的体系结构，自下而上分为三层，即物理层、数据链路层和分组层，分别对应于 OSI 参考模型的下三层。各层在功能上相互独立，每一层接受下一层提供的服务，同时也为上一层提供服务，相邻层之间通过原语进行通信。接口的对等层之间通过相应的通信协议进行信息交换的协商、控制和信息的传输。

X.25 协议是标准化的接口协议，任何要接入到分组交换网的终端设备必须在接口处满足协议的规定。要接入到分组交换网的终端设备不外乎两种：一种是具有 X.25 协议处理能力，可直接接入到分组交换网的终端，称为分组型终端(packet terminal，PT)；另一种是不具有 X.25 协议处理能力必须经过协议转换才能接入到分组交换网的终端，称为非分组型终端(non-packet terminal，NPT)。

3) 基于工业总线的接口和协议

工业控制网络一般为局域网，作用范围一般在几千米之内，用于将分布在生产装置周围的测控设备连接为功能各异的自动化系统。工业控制网络遍布在工厂的生产车间、装配流水线、温室、粮库、堤坝、隧道以及各种交通管理系统、建筑、军工、消防、环境检测、楼宇家居等场所或领域。

工业控制网络的节点大都是具有计算与通信能力的测量设备。它们可能具有嵌入式 CPU，但功能比较单一，其计算能力也许远不及普通 PC，也没有键盘、显示等人机交互接口。有的甚至不带 CPU、单片机，只带有简单的通信接口。例如，限位开关、感应开关等各类开关，光电、温度、压力、流量、物位等各种传感器、变送器，各种数据采集装置，等等。

基于工业控制网络的这些特点，其中的各种接口必须保证满足工业控制网络的要求。目前工业现场的接口种类有以下四类。

(1) 平台相关性通用协议：OPC/DDE。

OPC 是为了不同供应厂商的设备和应用程序之间的软件接口标准化，使其间的数据交换更加简单化的目的而提出的。作为结果，从而可以向用户提供不依靠于特定开发语言和开发环境的、自由组合使用的过程控制软件组件产品。DDE(Dynamic Date Exchange，动态数据交换)是微软公司开发设计的一种用于计算机之间数据通信的技术。该技术被广泛应用于早期版本的 Windows 操作系统中，实现不同应用程序之间的数据交换。

(2) 平台无关性通信协议：Modbus、Profibus。

Modbus 协议是应用于电子控制器上的一种通用语言。通过此协议，控制器相互之间、控制器经由网络(如以太网)和其他设备之间可以通信。它已经成为通用工业标准。有了它，不同厂商生产的控制设备可以连成工业网络，进行集中监控。Profibus 是一种国际化、开放式、不依赖于设备生产商的现场总线标准。Profibus 的传送速度在 9.6 k baud~12 M baud 范围内，且当总线系统启动时，所有连接到总线上的装置应该被设成相同的速度。Profibus 是一种用于工厂自动化车间级监控和现场设备层数据通信与控制的现场总线技术，广泛适用于制造业自动化、流程工业自动化和楼宇、交通电力等其他领域自动化。

(3) 平台无关专有协议：大部分 DCS 协议、工业以太网协议。

DCS(Distributed Control System，分布式控制系统)，在国内自动化控制行业又称为集散控制系统，是相对于集中式控制系统而言的一种新型计算机控制系统。它是在集中式控制系统的基础上发展、演变而来的。

工业以太网是基于 IEEE 802.3(Ethernet)的强大的区域和单元网络。利用工业以太网，SIMATIC NET 提供了一个无缝集成到新的多媒体世界的途径，企业内部互联网(Intranet)、外部互联网(Extranet)，以及国际互联网(Internet)提供的广泛应用不但已经进入今天的办公室领域，而且还可以应用于生产和过程自动化。继 10 M baud 以太网成功运行之后，具有交换功能，全双工和自适应的 100 M baud 快速以太网(Fast Ethernet，符合 IEEE 802.3 u 的标准)也已成功运行多年。采用何种性能的以太网取决于用户的需要。其通用的兼容性允许用户无缝升级到新技术。

(4) 特殊协议：编程口、打印口等特殊方式取得的协议。

工业传输通讯的协议种类较多主要缘于历史遗留和人为垄断。虽然目前还有大量的现场总线标准，但没有任何一种标准比工业以太网更具生命力。

2. 通信系统分类

按照物联网的框架结构，物联网的通信系统可大体分为以下两大类。

1) 感知层通信系统

感知层通信系统具有感知控制设备和通信能力，保证互联网的有效运行。在物联网的感知层中存在大量的物联网终端，这些终端用来感知"物"的信息，并将所感知到的信息通过短距离通信系统传送到网络层的汇聚设备，通过汇聚设备的处理与转换后进入网络层，为综合应用层提供"物"的信息。同时，感知层内的物联网终端还要接收综合应用层的各种控制命令，这些控制命令是通过网络层、汇聚设备及短距离通信系统到达物联网的感知控制终端的。从感知控制终端到汇聚设备之间的通信系统可称为感知层通信系统。一般情况下，若干个感知控制设备负责某一区域，整个物联网可划分为众多感知控制区域，每个区域都通过一个汇聚设备接入到互联网中，即接入到网络层，如图 1-18 所示。

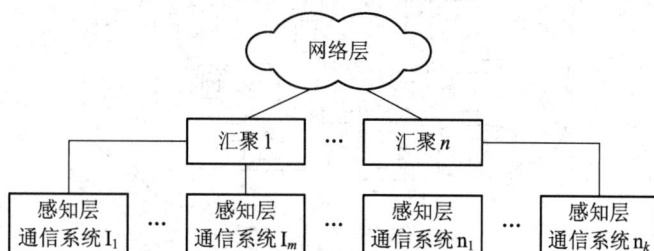

图 1-18 感知层通信系统

感知层的通信目的是将各种传感设备(或数据采集设备以及相关的控制设备)所感知的信息在较短的通信距离内传送到信息汇聚系统，并由该系统传送(或互联)到网络层。其通信的特点是传输距离近，传输方式灵活、多样。

感知层通信系统可分为有线通信系统和无线通信系统两类。有线通信系统和无线通信系统主要是采用各种短距离有线及无线通信技术来完成感知控制终端与汇集设备之间的数据传输。常用的短距离有线通信技术为各种串行通信、各种总线通信，如 RS-232/485、USB、CAN 工业总线等；常用的短距离无线通信系统主要由各种低功率、中高频无线数据传输系统构成，目前主要采用蓝牙、红外、超带宽、无线局域网、GSM、移动通信等技术来完成短距离无线通信任务。

无线传感器网络(Wireless Sensor Network，WSN)是一种部署在感知区域内的大量的微型传感器节点通过无线传输方式形成的一个多跳的自组织系统。如图 1-19 所示，它是一种网络规模大、自组织、多跳路由、动态拓扑、可靠性高、以数据为中心、能量受限的通信网络，是"狭义"上的物联网，也是物联网的核心技术之一。

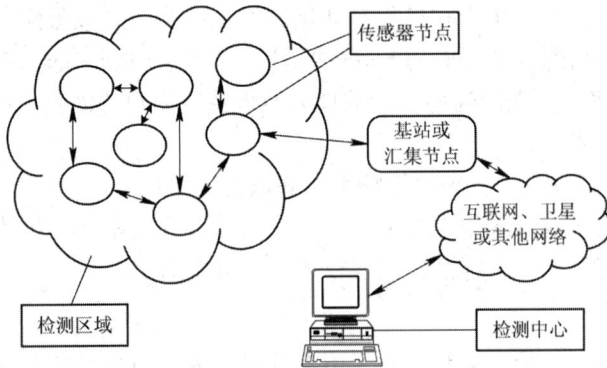

图 1-19   无线传感器网络体系结构

2) 网络层通信系统

网络层是由数据通信主机(或服务器)、网络交换机、路由器等构成的，在数据传送网络支撑下的计算机通信系统，其基本结构如图 1-20 所示。由公众移动网和其他专用传送网构成的数据传送平台是物联网网络层的基础设施，由主机、网络交换机及路由器等构成的计算机网络系统是物联网网络层的功能设施，不仅为物联网提供了各种信息存储、信息传送、信息处理等基础服务，还为物联网的综合应用层提供了信息承载平台，保障了物联网各专业领域的应用。

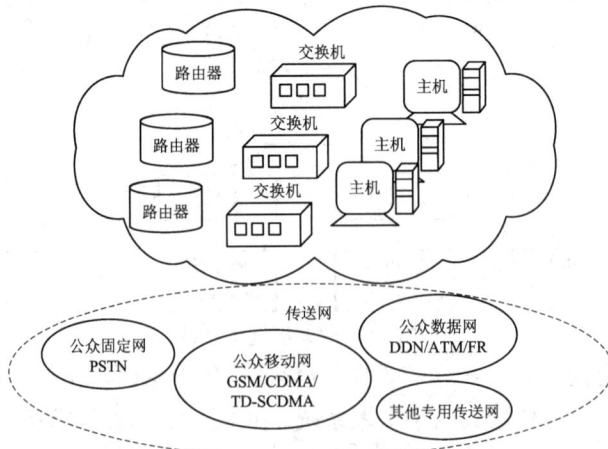

图 1-20   网络层通信系统基本结构

1.3.2　物联网通信技术的发展前景

1. 物联网通信技术发展中面临的问题

随着信息和网络技术的快速发展，物联网得到了广泛应用和推广，也对物联网的通信技术提出了更高的要求，在今后的物联网通信技术发展中，还面临着如下一系列重大问题需要解决。

(1) "无处不在"的通信问题。物联网追求的是"无处不在"的通信，但目前的通信技术还存在距离短、周边环境影响大、直接通信时受障碍物遮挡等问题，达不到"无处不在"的通信要求。

(2) 多种通信技术的融合问题。物联网的接入形式多样，多种通信技术手段并存，随着信息技术的发展，还会发展出更多的新型通信技术，如何保障它们之间的协调和资源分配、避免冲突是需要关注的问题。

(3) 物联网通信速度的问题。物联网发展快速，接入规模大，并在不断扩展中，对数据传输的速度、带宽要求高，但目前的通信技术还不能完全满足日益增长的物联网规模化需求。

(4) 物联网通信技术的安全问题。物联网主要采用的是无线通信技术，对外是开放的；许多无线通信技术还在演进中，存在着安全协议不全、安全模式简单等安全问题。

另外，随着5G(第五代移动通信)技术的发展也对物联网通信带来新的挑战。

首先，使用 5G 通信技术需要对现有物联网设备的通信模块进行升级，从而提高了物联网设备的生产成本。在物联网应用场景中，往往存在着大量的物联网设备，不同的物联网设备之间通过相应的通信或网络协议进行连接，使彼此之间能够进行数据信息的传输，而升级新的通信模块，可能导致各设备之间通信不畅，进而造成物联网用户的损失以及成本的提高。

其次，5G 通信技术升级对物联网设备处理海量数据的能力提出了更高的要求。物联网中应用 5G 通信技术，能够有效提升网络信息传输的速率并接入大量的物联网设备，同时高速的通信网络与大量的物联网设备会产生海量的数据需要进行处理，而对于使用体积小、功耗低且成本低廉的嵌入式系统技术的物联网设备而言，本身并不具有高效处理海量数据的能力。

最后，5G 通信技术应用于物联网中，意味着物联网设备在使用公共网络进行信息传输，随着接入用户量的增多，也使得原本安全防护能力薄弱的物联网面临着更高的安全性风险。

5G 技术不断发展极大地推动了物联网的发展，但也带来了成本增加、网络与信息安全等一系列问题。相信随着 5G 技术与相关产业的不断发展，相关芯片与通信模块的价格也会不断降低，物联网设备安全防护与处理海量数据的能力也会不断提升，而随着 5G 网络覆盖范围的不断扩大，物联网应用场景也一定会有更为广阔的发展空间。

2. 物联网通信技术的发展方向

物联网作为一种新兴的信息技术，是在现有的信息技术、通信技术、自动化技术等基础上的融合与创新。现阶段对物联网的研究，不论是理论方面，还是实践方面都处于起步阶段，而物联网通信技术更是如此。就目前而言，尚不能较清楚地看到信息技术发展的趋势，但可以从目前的研究方向看出端倪。目前，物联网通信技术的发展方向有以下几个方面。

1) 物联网扩频通信和频谱分配问题

无线通信是利用一定频段的电磁波来传输信息的。理论上，在一定区域范围内，传输信息的电磁波的频段是不能重叠的，若重叠则会形成电磁波干扰，从而影响通信质量。采用扩频技术可以通过重叠的频段来传输信息，但这要求扩频所采用的 PN(Pseudorandom Noise，伪随机噪声)码之间要相互正交或跳频、跳时调度图之间不能一致(或相似)，这就需要研究扩频通信技术及其规则，使大量部署的以扩频通信为无线传输方式的无线传感器网络之间的通信不因受到干扰而影响通信质量。

另外，还需要研究频谱分配技术，在充分利用时分、空分或时分+空分技术的基础上根据智能天线技术的原理，开发出合理、有效、成本低廉、体积微小的无线通信装置，以满足大量部署无线传感器网络对频谱资源的需求。

2) 基于软件无线电和认知无线电的物联网通信体系架构

物联网感知层内的终端具有多种接入网络层的通信方式，由于无线通信具有任何地点、任何时间都可接入并能进行通信的特点，因此无线通信方式是物联网终端接入网络层的首选。但随着终端数量的增多，随之而来的是需要大量的频段资源以满足接入网络的需求，另外，无线通信方式也随着通信技术的发展而不断进步，因此，需要研究能满足物联网不断发展的无线通信方式。由于软件无线电具有统一的硬件平台、多样化的软件调制方式和传输模式等特点，因此，它可以满足未来不断发展的无线通信模式变化的需求，而且成本低廉、升级方便。

认知无线电技术是解决无线频段资源紧张问题的一个关键技术。认知无线电技术可以识别利用率低的无线频段，并将这些无线频段给予回收，统一管理、优化分配，以解决无线频段资源紧张的难题。

思考题与练习题

1. 何为通信协议？
2. 举例说明通信协议的种类。
3. 物联网通信系统分为哪几类？
4. 感知层通信系统有哪些技术？
5. 简述网络层通信系统的结构。

实训 1　沙盘演示智慧农业

为了使学生能够掌握复杂的物联网技术，如何使用综合案例让学生学习物联网相关的组网、开发过程是教学中每一位物联网专业教师必须思考的首要问题。本实训采用手绘沙盘完成智慧农业中智能温室控制系统的演示。

基于学生知识基础，使用手绘沙盘来模拟物联网相关行业的应用，在项目化教学的过程中通过实物让学生在学习中真实感受到相关技术的应用，而且通过沙盘训练对学生的动手实践能力的锻炼也较课堂的实训效果更佳。

1. 任务目标

(1) 掌握物联网的三层架构。

(2) 了解物联网的应用。

(3) 了解智慧农业应用场景。

2. 任务内容

智慧农业是农业中的智慧经济，或智慧经济形态在农业中的具体表现。智慧农业是智慧经济重要的组成部分；对于我国而言，智慧农业是智慧经济主要的组成部分，是发展中国家消除贫困、实现后发优势、经济发展后来居上、实现赶超战略的主要途径。

通过沙盘模块化搭建智慧农业应用场景，了解物联网的各层技术特点与细节，帮助学生建立一个较为完整的知识体系，激发学生自主研究、自主求知的动力。

3. 任务实施

1) 分析智慧农业主要系统

智慧农业是物联网技术在现代农业领域的应用，智慧农业系统示意图如图 1-21 所示，主要有监控功能系统、监测功能系统、实时图像与视频监控功能。

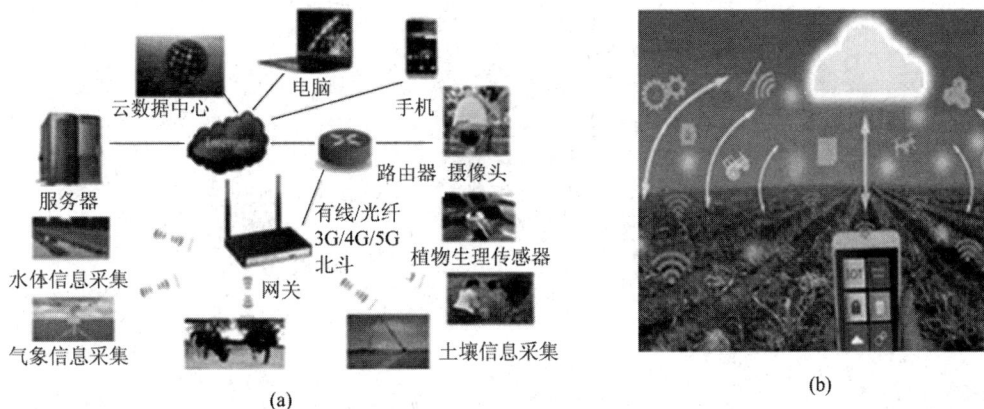

图 1-21　智慧农业系统示意图

(1) 监控功能系统：根据无线网络获取植物生长环境的信息，如监测土壤水分、土壤温度、空气温度、空气湿度、光照强度、植物养分含量等参数。其他参数也可以选配，如土壤的 pH 值、电导率等。监控功能系统可实现信息收集、接收无线传感汇聚节点发来的数据、存储数据、显示和管理数据，实现所有基地测试点信息的获取、管理、动态显示和分析处理，且以直观的图表和曲线的方式显示给用户，并根据以上各类信息的反馈对农业园区进行自动灌溉、自动降温、自动卷模、自动施肥(液体肥料)、自动喷药等自动控制。

(2) 监测功能系统：在农业园区内实现自动信息检测与控制，可以为太阳能供电系统、信息采集和信息路由设备配备无线传感传输系统，每个基点配置无线传感节点，每个无线智能控制系统传感节点可监测土壤水分、土壤温度、空气温度、空气湿度、光照强度、植物养分含量等参数。根据种植作物的需求提供各种声光报警信息和短信报警信息。

(3) 实时图像与视频监控功能：农业物联网的基本概念是实现农业上作物与环境、土壤及肥力间的物物相联的关系网络，通过多维信息与多层次处理实现农作物的最佳生长环境调理及施肥管理。但是作为管理农业生产的人员而言，仅靠数值化的物物相联并不能完全营造作物最佳生长条件。实时图像与视频监控为物与物之间的关联提供了更直观的表达方式。例如，哪块地缺水了，在物联网单层数据上仅仅能看到水分数据偏低，应该灌溉到什么程度也不能生搬硬套地仅仅根据这一个数据来作决策。因为农业生产环境的不均匀性决定了农业信息获取上的先天性弊端，而很难从单纯的技术手段上进行突破。视频监控的应用，直观地反映了农作物生产的实时状态，引入视频图像与图像处理，既可直观反映一些作物的生长长势，也可侧面反映作物生长的整体状态及营养水平，可以从整体上给农户提供更加科学的种植决策理论依据。

2) 沙盘模拟智能温室控制系统

(1) 根据如图 1-22 所示的智能温室控制系统，学生以小组为单位，绘制出智能温室控制系统对应的物联网三层架构——感知层、网络层、应用层，可参考图 1-23。

图 1-22　智能温室控制系统

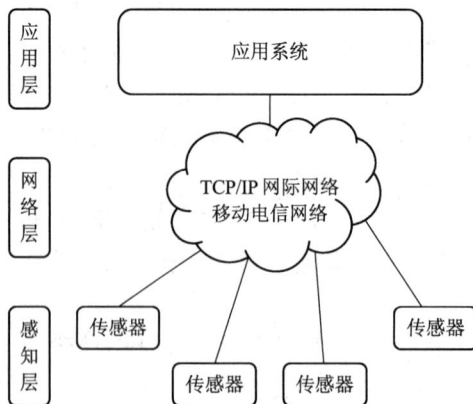

图 1-23　物联网架构

(2) 将智能温室控制系统中各层对应的技术填写到相应位置。

(3) 小组讨论完善智能温室控制系统架构,并补充各层对应技术。例如,智能温室控制系统感知层中有哪些传感器;网络层中采用哪些通信协议;应用层中还可以进行哪些应用。

3) 评价(任务评价单见附录 A)

(1) 小组成员之间自评;

(2) 小组间互评;

(3) 教师评价。

4. 实训报告(见附录 B)

写出实训小结,内容包括实训心得(收获)、不足之处和今后应注意的问题。

思政课堂 科技助力智慧冬奥

2015 年 7 月 31 日,2022 年冬奥会申办城市揭晓,北京、张家口成功获得举办权,北京更是成为历史上第一个荣获冬、夏两季奥运会举办权的城市。

乘坐自动驾驶汽车游逛园区,招招手就能在无人零售车消费,"碰一碰"即可完成数字人民币支付……利用 5G"大上行、低时延"的特性和北斗导航的信号服务,该系统可满足车辆 0.1 米级的连续高精度定位,在园区对接 4 种车型,可实现无人接驳摆渡、无人零售、无人配送等十大业务场景的示范运营,还可实现奥运历史上首次将 L4 级智能车联网业务整体应用于奥运场景。

物联网技术正深入到我们生活的每一个角落里,引发各个产业的彻底变革,不仅对于奥运会、冬奥会这样大型的国际体育赛事,对于我们每个人的生活都具有划时代的意义。

项目 2

电磁波与天线技术

项目目标

(1) 了解无线电波和超短波的基本知识；

(2) 了解天线辐射电磁波的基本原理；

(3) 了解天线传输线的海联；

(4) 了解基站天馈系统。

知识脉络图

```
                                                              无线通信与天线
            电磁技术发展历程                    解读无线通信中的天线    天线的主要性能参数
            电磁波的特点      了解电磁波的奇幻之旅                    馈电系统
        光、电磁波与通信的关系
                                电磁波与天线技术    实训项目  4G移动基站天馈线系统连接
            电磁波的形成      认识电磁波的形成与传播
          电磁波的无线传播                          思政课堂  中国天眼之父——南仁东
```

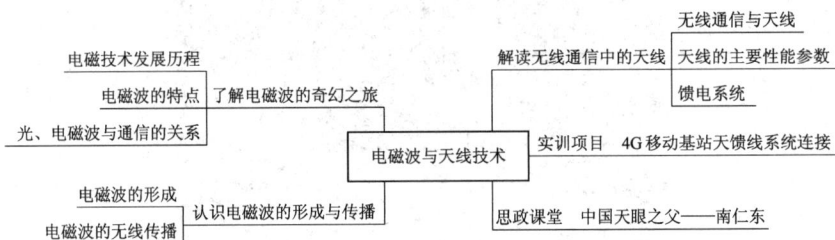

任务 2.1　了解电磁波的奇幻之旅

任务引入

"电磁波与天线技术"是从事电子、通信技术领域工作者的必备知识。随着电工与电子科技的飞速发展，尤其是电子计算机运行速度和通信传输速率的不断增加，电力电子设备数量的不断增多及技术性能的不断提高，电子工程师必须具备宽广的电磁理论知识才能适应快速变化。本任务通过介绍电磁技术发展历程，电磁波的特点，光、电磁波与通信的关系，帮助学生认识电磁波的基本特性，了解今后高度信息化社会与电磁波通信的紧密关系。

任务相关知识

2.1.1　电磁技术发展历程

早在两千多年前，人类就有了有关磁石和摩擦起电的知识。我们祖先发明的指南针，为人类文明做出了不朽的贡献。但是，对电磁现象进行系统的理论研究并加以应用则是在18世纪中叶，特别是19世纪中叶以后的事情。

在很长的时期内，人们把电和磁看成相互独立的现象，并不知道它们之间有什么联系。直到1820年奥斯特(Hans Christian Oersted，1777—1851)发现电流可使磁针偏转，即电流产生磁力，这是将电与磁联系起来的开端。此后，1825年，安培(Andre Marie Ampere，1775—1836)提出了确定两电流之间相互作用及载流导体所受磁力的定律，即安培定律，毕奥(Biot)和萨伐尔(Savart)确定了磁场和电流之间的定量关系，即毕奥-萨伐尔定律。至此，人们一直是在静止的或恒定的状态下研究电磁现象的。电磁学研究的一个重大发展是1831年法拉第(Michael Faraday，1791—1867)发现电磁感应现象，这是人们第一次对随时间变化的电磁场进行研究。电磁感应定律一方面推动了电磁在工程中的应用，另一方面它是电磁理论的一块基石。1864年，麦克斯韦(James Clerk Maxwell，1831—1879)在总结前人发现的实验定律的基础上，进行了创造性的理论研究工作，建立了以他的名字命名的麦克斯韦方程组，从而创立了完整的电磁理论体系。

麦克斯韦电磁理论体系的建立，是19世纪人类文明史上的重大事件，它标志着人类文明迈入了电的时代。从此，人们不再认为电与磁是平行且互不相连的，而是事物本身的两个方面。紧随其后，1866年，西门子(William Siemens，1823—1883)发明了发电机；1876年，贝尔(Alexander Graham Bell，1847—1922)发明了电话；1879年，爱迪生(Thomas Alva Edison，1947—1931)发明了电灯；1888年赫兹(Heinrich Rudolf Hertz，1857—1894)成功地做了电磁波实验，对麦克斯韦方程组的正确性提供了实验依据。赫兹实验后不到6年，意大利工程师马克尼(G. Marconi，1874—1937)和俄国地波波夫(A. S. Popv，1859—1906)分别实现了无线电远距离传播，并很快投入了实际应用。此后，无线电报、无线电广播、导航、无线电话、短波通信、传真、电视、微波通信、雷达以及近代的无线电遥测、遥控、卫星通信、光纤通信等如雨后春笋般涌现出来。

一个多世纪以来，电磁技术已被广泛应用，如图2-1所示。

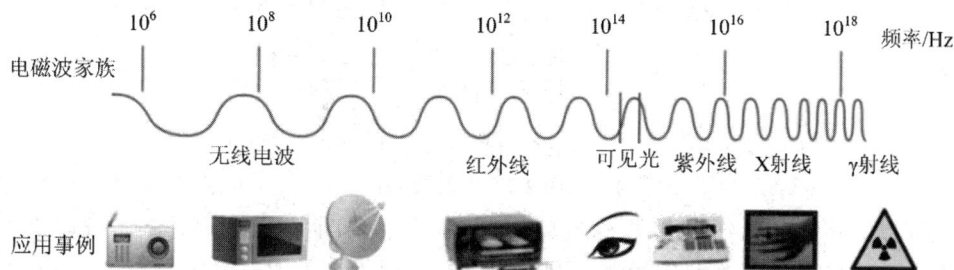

图 2-1　电磁技术的应用

由电磁学发展起来的现代电子技术已包含电力工程、电子工程、通信工程、计算机技术等多学科领域，并深入到人们的日常生活中。今天，对电磁学成果的广泛利用程度已成为现代化的标志之一。

2.1.2　电磁波的特点

让高频电流通过天线，天线周围的电场与磁场将会发生相互作用，形成波动并以光速(3×10^8 m/s)向周围扩散，通常将这种电波与磁波的结合体统称为电磁波，简称电波。电磁波的产生如图 2-2 所示。

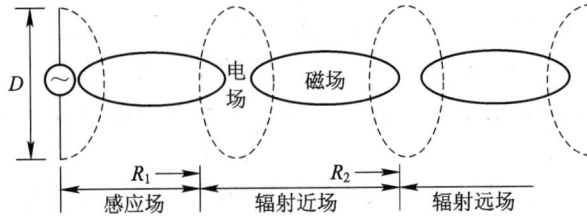

图 2-2 电磁波的产生

电磁波是客观存在的一种物质形式，通过专门设备可以感觉到它的存在。例如，用收音机可以收听到电台的广播节目，用电视机可以收看到电视台的电视节目，这些事实都表明，在我们周围的空间里存在着电台和电视台发射的电磁波。电磁波因波源不同(电流大小、时变性不同)，频率 f 不同，电磁波的波长 λ 是不同的，但在同一媒质中波速 v 是相同的(在真空中都以光速 c 传播，约 3×10^8 m/s)。电磁波包括了从所谓的超长波到长波、中波、短波、超短波、微波、毫米波、光波以至 X 射线、γ 射线等，它们的频率从几千赫兹延展到 10^{20} Hz，是物理量中范围延伸最广的量之一。电磁波的波长越长，其频率越低，它们之间有下列关系式成立：

$$\lambda = \frac{c}{f} \tag{2-1}$$

通常可以按照频率或波长的顺序把这些电磁波排列成图表，称之为电磁波谱(如图 2-3 所示)。

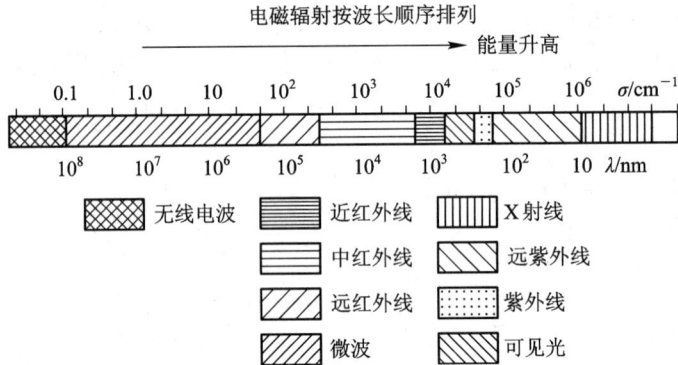

图 2-3 电磁波谱

为了便于区别，人们根据使用情况将电磁波进行了不同的划分并命名。现比较通用的是将波长为 30 km～0.1 mm(10 kHz～3000 GHz)的电磁波称为无线电波；将波长为 0.1 mm～6×10^{-9} m(3000 GHz～5×10^{16} Hz)的电磁波称为激光；紧接其后的是 X 射线；波长最短、频率最高的电磁波是 γ 射线。

实验表明，这些不同波长的电磁波既具有一些本质上的共性，又具有一些不同的表现特性。首先，它们均具有"波动性"，表现为它们随时间和空间均具有波动的特性，有偏振的现象，遇障碍物都有折射、反射、绕射、衍射等特性。其次，著名的"光电效应"实验又表明，电磁波还具有"粒子性"。在量子物理中电磁波被看成是由静止质量为零的光子组成的，光子与其他粒子一样具有能量 W 和动量 P，即

$$W = hf \tag{2-2}$$

$$P = \frac{h}{\lambda} \tag{2-3}$$

式中：$h = 6.626 \times 10^{-34}$ 焦耳秒(J·s)，称为普朗克常量。

式(2-2)和式(2-3)把电磁波的双重性质(简称波粒二象性)——波动性和粒子性联系起来了。动量和能量是描述粒子性的，而频率和波长则是描述波动性的。可以验证，频率较低的无线电波光子能量很低，如频率为 1 MHz 的光子能量仅有 4×10^{-9} eV，若要使接收系统产生反应，则一定是大量光子共同作用的结果。这说明监测其粒子性通常是比较困难的。这正如人类喝水时感觉不到水是由分子、原子等基本粒子组成的一样，而认为水是一个连续的整体。而 X 射线中每个光子的能量达到 10^4 eV，很容易使接收系统产生反应。显而易见，随着频率的升高，粒子性越来越明显，而波动性却难以察觉。

电磁波的传播速度是相当快的，在自由空间中等于光速，即约为 3×10^8 m/s。这一速度大致相当于电磁波 1 s 沿赤道绕地球传播 7.5 圈。

在实践中，人们利用电磁波的"波粒二象性"和传播速度快等特性，使电磁波进入人类生活的各个角落。被应用的电磁波波长有达 10^4 m 以上的，也有短到 10^{-14} m 以下的。

2.1.3 光、电磁波与通信的关系

1. 电磁波与通信

很久以来，人们曾寻求各种方式来实现信号的传输。我国古代就曾以烽火台的焰火来传递军情，用击鼓或鸣钟的响音传达战斗的命令，以后又出现了信鸽、旗语、驿站等传送消息的方法。这些传送方式只能传送简单的信号，在传送距离、速度、可靠性与有效性等方面均不能保证。随着人们实践活动及科学技术的日益发展，要求传送的信息内容越来越复杂，信号的形式(文字、图片)不断增多，传送的方法不断改进。麦克斯韦在提出光的电磁理论的同时，提出光的传播速度是 3×10^8 m/s。他的这一理论被赫兹通过实验证实，电磁波便作为信息的主要载体被研究和开发。

在刚开始利用电磁波进行通信时，由于人们错误地认为波长越长，传播的距离就可以越远，于是使用了 20 kHz 和 30 kHz 的超长波。可是这样的长波连声音都无法传递，因此，人们逐步转向了更高的使用频率，终于发现使用短波可以实现长距离的通信。

除了满足远距离通信的要求，现在移动无线电已经成为我们日常生活中的一个重要组成部分。1950 年日本在警车上开始配备无线电通话机，随后慢慢发展到消防部门、运输部门、业余无线电以及个人无线电、汽车无线通信等领域。

2. 光与电磁波

通常人们认为光与电磁波是性质完全不同的东西，实际上光也是电磁波。

利用光进行通信的想法自古以来就有，而真正开始使用光通信是在固体激光、半导体激光以及光纤等出现之后，随着集成电路技术的进步光通信才开始成为可能。

太阳光和白炽灯发出的光含有许多波长，而激光与通信使用的电磁波一样是由单一的波长组成的(如图 2-4 所示)，使用这种光进行通信可以实现大容量信息的传输。如果让激光和电磁波一样在空间传输，由于雨水和雾的原因，其衰减很大，很容易受到自然条件的限制。因此，光通信(如图 2-5 所示)通常采用光纤作为传播的载体，光纤的构造如图 2-6 所示。

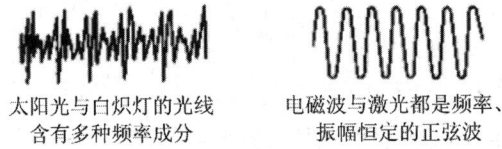

太阳光与白炽灯的光线
含有多种频率成分

电磁波与激光都是频率、
振幅恒定的正弦波

图 2-4   自然光与激光的波形比较

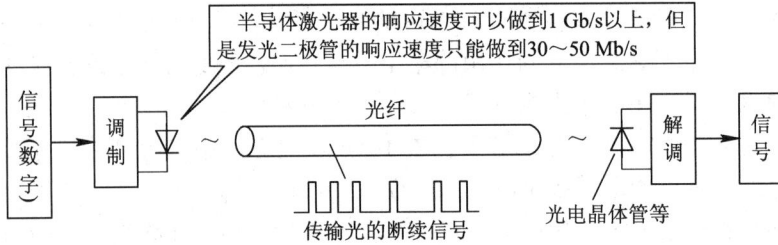

半导体激光器的响应速度可以做到 1 Gb/s 以上，但是发光二极管的响应速度只能做到 30～50 Mb/s

图 2-5   光通信原理

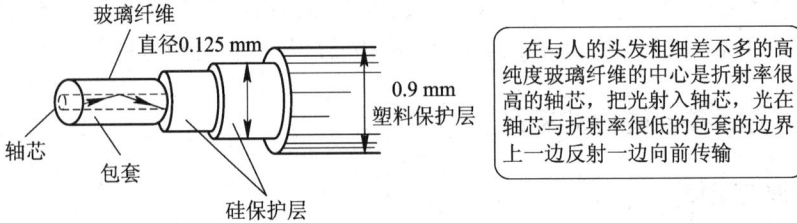

在与人的头发粗细差不多的高纯度玻璃纤维的中心是折射率很高的轴芯，把光射入轴芯，光在轴芯与折射率很低的包套的边界上一边反射一边向前传输

图 2-6   光纤的构造

3. 电磁波资源的合理应用

频率位于 10 kHz～3000 GHz 范围的电磁波称为无线电波。由于其具有波长短、易于实现、便于控制的特点，因而它是电磁波中应用最为广泛的一种。早期的通信系统几乎都选择此频段的电磁波作为信号的载体。近代物理的研究又表明，电磁波中的微波(分米波与厘米波的统称)具有一定的生物效应和穿透力，微波炉与微波烘干机、微波理疗就是基于它的这些特性而研制的。随着通信技术的不断发展，电磁波的合理使用是非常重要的，为此几乎所有的国家和地区以及地方都设有无线电管理部门。其职能是依据相关法规，对本区域内的无线台进行日常管理、规划使用频率等。表 2-1 为无线电频率分配表。

表 2-1   无线电频率分配表

名称	符号	频率	波段	波长	传播特性	主要用途
甚低频	VLF	3～30 kHz	超长波	100～1000 km	空间波为主	海岸潜艇通信，远距离通信，超远距离导航
低频	LF	30～300 kHz	长波	1～10 km	地波为主	越洋通信，中距离通信，地下岩层通信，远距离导航
中频	MF	0.3～3 MHz	中波	100～1000 m	地波与天波	船用通信，业余无线电通信，移动通信，中距离导航
高频	HF	3～30 MHz	短波	10～100 m	天波与地波	远距离短波通信，国际定点通信

续表

名称	符号	频率	波段	波长	传播特性	主要用途
甚高频	VHF	30～300 MHz	米波	1～10 m	空间波	电离层散射(30～60 MHz)，流星余迹通信，人造电离层通信(30～144 MHz)，对空间飞行体通信，移动通信
超高频	UHF	0.3～3 GHz	分米波	0.1～1 m	空间波	小容量微波中继通信(352～420 MHz)，对流层散射通信(700～10 000 MHz)，中容量微波通信(1700～2400 MHz)
特高频	SHF	3～30 GHz	厘米波	1～10 cm	空间波	大容量微波中继通信(3600～4200 MHz)，大容量微波中继通信(5850～8500 MHz)，数字通信，卫星通信，国际海事卫星通信(1500～1600 MHz)
极高频	EHF	30～300 GHz	毫米波	1～10 mm	空间波	再入大气层时的通信，波导通信

思考题与练习题

1. 电磁波具有什么特点？电磁波可应用于哪些方面？

2. 国际上通用的广播频段为 11.7～12.2 GHz 和 22.5～23 GHz，试指出所属的波段。

3. 同时同地发出的两束波，一束是微波，一束是米波，假设周围的环境接近自由空间，米波将比微波先到达预定的同一接收点。这种说法正确吗？为什么？

任务 2.2　认识电磁波的形成与传播

任务引入

电路理论和电磁场理论是近代无线电电子学的两大支柱，在后一根支柱的奠基石上，镌刻着一个金色的名字——詹姆斯·克拉克·麦克斯韦。1864 年，麦克斯韦发表了电磁学中划时代的著名论文——《电磁场的动力理论》。麦克斯韦继承了法拉第等的成果，加进了自己的创见，用严谨的数学方式揭示了电场与磁场的内在联系，以及它们所遵循的规律——麦克斯韦方程，从而建立了系统而完整的电磁场理论。

在电磁波的实际应用中，人们主要关心的是电磁波的产生以及电磁波如何携带信息传播到遥远的地方去。本任务就电磁波目前应用的现状，分析电磁波的形成、电磁波的无线传播。

任务相关知识

2.2.1 电磁波的形成

按照麦克斯韦建立的电磁场理论可以分析电磁波的形成及其传播规律。

在麦克斯韦建立电磁场理论以前，人们总认为传导电流——电子在导体中流动形成的电流，是唯一的电流。在一个由导线连接成的闭合的、有直流电作用的简单回路中，在同一瞬间，通过导体上任何截面上的电流强度总是相等的，即电流是连续的。可是，如图2-7所示，当电路中接入一个平板电容器时，便发生不可思议的情况：当电容充、放电时，或在交流电的作用下，电荷不能在平板电容两个极板之间的真空或介质内流动，其中并无传导电流流过，而导体和电阻中却有电流流过，这怎么解释电流的连续性？

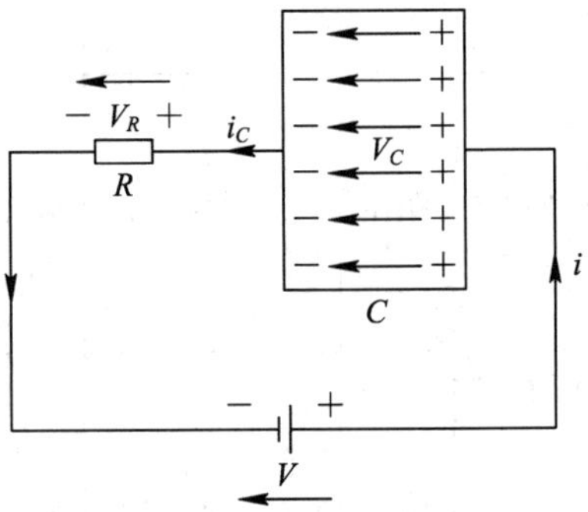

图 2-7 包含有电容器的电路

麦克斯韦提出了"位移电流"的假设，即除传导电流外，还存在着一种与电位移或电通量变化率成正比的电流，这就是位移电流，因为它与传导电流一样，也能够产生磁场。由于位移电流概念的引入，不但使直流电路理论与交流电路理论得到了完善和统一，而且揭示了电场与磁场之间的内在联系与转化规律。

麦克斯韦用数学严格的证明：变化的电场在它的周围产生变化的磁场，同样的，变化的磁场在它的周围产生变化的电场，这不但在有导线的电路中成立，而且在无导线的空间也是正确的。

如图 2-8 所示，假定有一个随时间变化的电流流过环形导线，则传导电流在电流环的周围引起磁场的环流，它也是随时间而变化的，因而又在其附近产生与磁力线交连的电场环流，这个变化的电场又引起变化的磁场，如此交替循环下去，结果便是电磁场在电流环的周围连续不断地扩展并传播到整个空间。

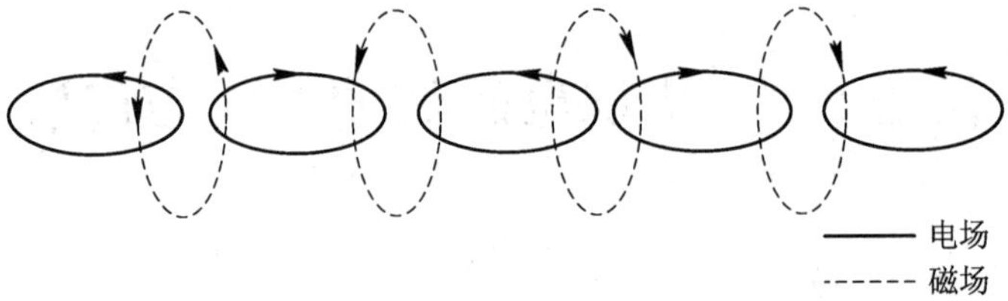

电场 ————
磁场 --------

图 2-8 由电流环引起的电磁场在空间的传播过程

由于电流环的电流是随时间而变化的，当电流值大时，磁场强，所感应产生的电场也强，当电流值小时，则相反。在空间某一点观察，将会"看到"电磁场随时间而作强弱和正负交替的变化，于是在空间传播的电磁场强度高低起伏，宛如水面上的波浪一样，因此称之为电磁波(如图2-9所示)。

既然是"波"，这就表明，电磁场变化的传播不是瞬时完成的，而是以有限速度进行的。根据麦克斯韦方程，得出这个速度恰等于光速，于是进一步得出结论：光也是一种电磁场变化的传播过程。

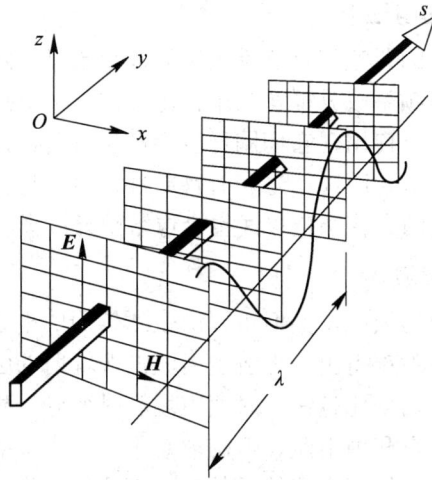

图 2-9　电磁波示意图

　　在电磁技术广泛应用的今天，电磁辐射现象是普遍存在的。例如，简单的一节导线，若通过电流，则在其周围空间必然有电场和磁场存在；若其电流恒定，则其周围的电场和磁场是彼此独立不相关联的，随传播距离拉大，场强迅速衰减；但若该导线工作在交流情况下，则其周围的场便也呈现时变性。由麦克斯韦理论可知，时变的电场、磁场在空间必将互相激发，这样由近及远就把电磁能量辐射出去了。电磁波的传播过程伴随着电磁能量的"辐射"过程，这也使得电磁波可携带有关的信息。

1. 大自然产生的电磁波

　　当我们登山时，有时遇到天气突然变化而不得不找躲避的地方，特别是碰到可怕的雷雨时，只能就近找地方躲避，其实这是很危险的。如果是有经验的登山爱好者，就会带上一台便携式晶体管收音机，可以提前 2～3 小时预知雷雨的到来。其原因就是可以从收音机听到"咔啦、咔啦"声音探知雷雨云发出的电磁波。因为，从雷雨云发出的放电电流是短时间大电流脉冲，它发射的电磁波频率分布在很宽的频带上。因此，中波收音机的电台调谐无论处于什么位置，都可以听到"咔啦、咔啦"的声音。大自然产生的电磁波如图 2-10 所示。

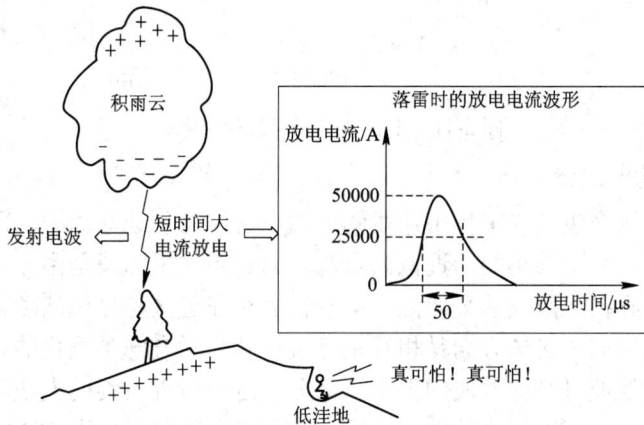

图 2-10　大自然产生的电磁波

2. 电器设备发出的有害电磁波

过去，发出有害电磁波的罪魁祸首首推水银灯和日光灯，水银灯和日光灯的离子碰到电极后产生电子流，会发出频率成分很宽的干扰电磁波。但是近年来，随着计算机、文字处理机以及无线通信机的广泛使用，它们同样也会产生有害电磁波。计算机、文字处理机等设备的内部有方波形状的数字脉冲信号和时钟脉冲信号，也会发出频率范围很宽的干扰电磁波。另外，汽车发动机的火花塞连接线也会像雷雨云一样，发出干扰电磁波。

3. 通信系统产生的电磁波

让电流通过架设在高空的天线，不但可以产生通信用的电磁波，还可以提高电磁波的发射效率。在理论和实践中不难得出，影响电磁波波源辐射的因素有两个：一个是波源的频率。频率越高，空间电磁场变化越快，时变电场和时变磁场相互转化越迅速，电磁能越易向空间辐射。显然，静电场和恒电流、恒磁场是不会产生辐射的。另一个就是波源的结构。例如，电容器是一个集中储存电能的元件，大部分能量集中在电容内。若要较多的能量向空间辐射，则必须加大极板间距，使电磁能充满周界，形成一个开放系统。在平行线中，电磁能受到导线的制约，绝大部分能量限制在传输线的周围。但是随着频率的升高，两线的相对距离加大，会有较多的能量辐射到空间。最简单的天线是由张开的双线组成的。图 2-11 为平行双线和半波振子天线，其中线长为 $\lambda/2$ 的线型天线，叫做半波对称振子。一种实用天线的尺寸总是与其工作波长相比拟的。当频率 $f = 300\,\mathrm{MHz}$ 时，半波振子的长度仅需 $0.5\,\mathrm{m}$，而工作频率为 $300\,\mathrm{kHz}$ 的电台，半波振子的长度达到 $500\,\mathrm{m}$。由此可见，随着工作频率的升高，天线的尺寸会缩短。

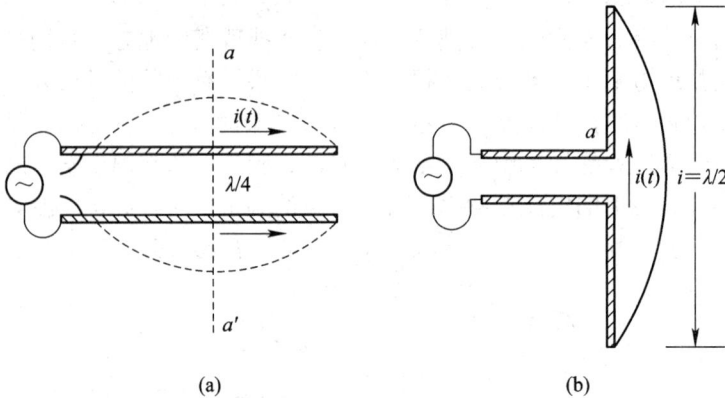

(a)   (b)

图 2-11   平行双线和半波振子天线

4. 天线辐射的电磁波

球面波是由点源产生的，工程中天线辐射的电磁波可看成球面波，因为从距天线较远的点来看，天线的尺寸是很小的，近似为点源。而理想的平面波是由无限大的平面源产生的，实际上不可能存在无限大的平面源。电磁辐射场在远区是呈现波动特性的，其等相位面是球面，其电场方向与磁场方向是相互垂直且均和传播方向是垂直的。当观察区域很小时，该范围内的电磁波只是球面波的很小一部分，这时所观察到的电磁波可近似看成一个个平面波。因此，空间辐射的这种电磁波又常称为横电磁波，简称 TEM 波。

空间辐射的电磁波是电波和磁波的混合体，不仅磁力线闭合，电力线也呈闭合的回线。

这表明电磁波可以不依赖波源而存在。正如向水中投入石块时会产生水波一样，石块虽已落入水底，但水波却继续向前传播。也就是说，电磁波的产生是需要波源的，但电磁波的继续传播却与波源无关。电波和磁波互相制约，同时并存(从这个意义上来讲，电磁波也被一些人简称为电波)，具体表现在方向上，电场 E、磁场 H 和传播方向是相互垂直的，如图 2-12 所示。电场、磁场和传播方向间的关系符合右手螺旋法则。

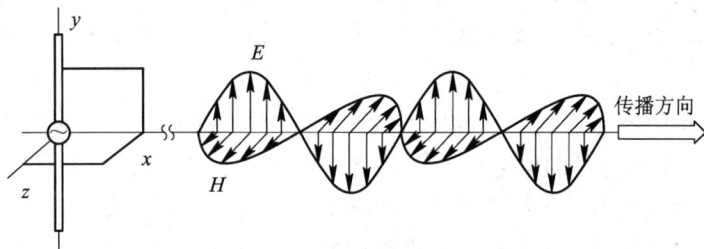

图 2-12　电场、磁场和传播方向间的关系

2.2.2　电磁波的无线传播

1. 电磁波传播的基本知识

发射天线或自然辐射源所辐射的电磁波，在自由空间通过自然条件下的各种不同媒质(如地表、地球大气层或宇宙空间等)到达接收天线的传播过程，称为无线电波传播。在传播过程中，无线电波有可能受到直射、反射、散射、绕射和透射(如图 2-13 所示)，电磁波强度将发生衰减，传播方向、传播速度或极化形式将发生变化，传输波形将发生畸变。此外，传输中还将引入干扰和噪声。

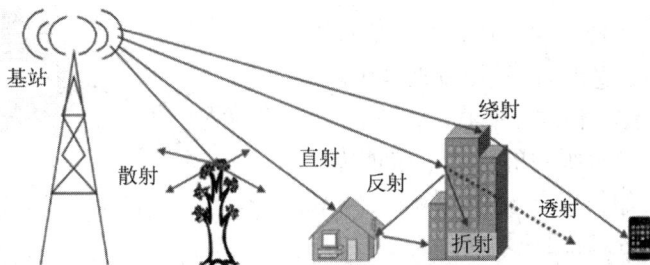

图 2-13　无线电波的传输方式

1) 直射

电磁波的直射传播，是指无线通信接收机天线能直接接收到无线通信发射机天线发出的电磁波，无线通信发射机发射的电磁波直接传播到无线通信接收机。

2) 反射

电磁波的反射传播，是指无线通信发射机发射的电磁波，照射到比载波波长大的平面物体(如高大建筑物的墙体、沙漠表面、平整的地表面、平静的海水表面等)，反射出来的电磁波再被无线通信接收机的天线接收。

3) 散射

无线通信电磁波的散射传播，是指无线通信发射机发射的电磁波，照射到比载波波长小的物体上(如路灯、树叶、交通标志等)，反射出多路不同的较弱的电磁波，再传播到无线通信接收机的天线处。

4) 绕射

无线通信电磁波的绕射传播,是指无线通信发射机发射的电磁波,照射到物体的不规则突出表面的边缘(如房顶的边缘、窗户的四角等),再传播到无线通信接收机的天线处。在地面上的障碍物高度一定的情况下,波长越长,电磁波传播的主要通道的横截面积越大,相对遮挡面积就越小,接收点场强就越大。因此,频率越低,绕射能力越强。

5) 透射

当空气中的电磁波照射到某一物体上时,一部分能量的信号经反射、绕射或散射后在空气中传播,另一部分能量的信号会直接穿透该物体,在该物体的背面空气中传播。例如,在室内接收室外天线发射的无线电信号,有很大的一部分电磁波信号是穿透墙体后进入室内的。电磁波的穿透传播,是无线通信电磁波的一种重要传播手段。

2. 电磁波传播方式

电磁波传播的情况直接影响无线通信系统的工作,随着传播情况的改变,系统中的信噪比、通信误码率等重要的技术指标也将随之改变。不同频率、不同波长的电磁波有不同的传播特性,根据不同频段的电磁波在媒质中传播的物理过程,可将电磁波传播方式分为地面波传播、天波传播和视距传播。

电磁波的传播特性同时取决于媒质结构特性和电磁波特征参量。当一定频率和极化的电磁波与特定媒质条件相匹配时,将具有某种占优势的传播方式。

1) 地面波传播

如图 2-14 所示,电磁波沿着地球表面传播的方式称为地面波传播。这种传播方式要求天线的最大辐射方向沿着地面,采用垂直极化,工作频率多位于超长波、长波、中波、短波波段,地面对电磁波的传播有很强的影响。这种传播方式的优点是传播的信号质量好,但随着电磁波频率的增高,传播损耗迅速增大,因此主要用于中波、长波和超长波的远距离传播。在军事中,短波常用于几千米以内的近距离通信、侦察和干扰。

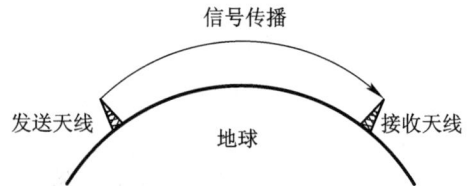

图 2-14　地面波传播

2) 天波传播

如图 2-15 所示,发送天线向高空辐射的电磁波在电离层内经过连续折射而返回地面到达接收点的传播方式称为天波传播。尽管中波、短波都可以采用这种传播方式,但是仍然以短波为主。它的优点是传播损耗小,从而可以用较小的功率进行远距离通信。天波传播特性与电离层密切相关,由于电离层具有随机变化的特点,因此在短波波段内信号很不稳定,有较严重的衰落现象,有时还因电离层暴等异常情况而造成信号中断。近年来,由于科学技术的发展,

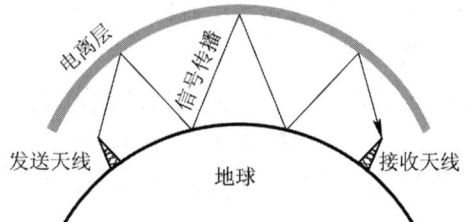

图 2-15　天波传播

特别是高频自适应通信系统的使用，大大提高了短波通信的可靠性，因此，天波传播仍广泛应用于短波远距离通信中。

3) 视距传播

如图 2-16 所示，电磁波依靠发送天线与接收天线之间直视的传播方式传播称为视距传播。它可以分为地—地视距传播和地—天视距传播。视距传播的工作频段为超短波及微波波段。这种工作方式要求天线具有强方向性并且有足够高的架设高度。信号在视距传播中所受到的主要影响来自直射波和地面反射波之间的干涉。在几千兆赫兹和更高的频率上，还必须考虑雨和大气因素的衰减及散射作用；在较高的频率上，山、建筑物和树木等对电磁波的散射和绕射作用变得更加显著。

除了上述三种基本的传播方式外，电磁波的传播方式还有散射传播，如图 2-17 所示。散射传播是利用低空对流层、高空电离层下缘的不均匀的"介质团"对电磁波的散射特性来达到传播目的的。散射传播的距离可以远远超过地—地视距传播的视距。对流层散射主要用于 100 MHz～10 GHz 频段，传播距离 $r < 800$ km；电离层散射主要用于 30～100 MHz 频段，传播距离 $r < 1000$ km。散射通信的主要优点是距离远、抗毁性好、保密性强。

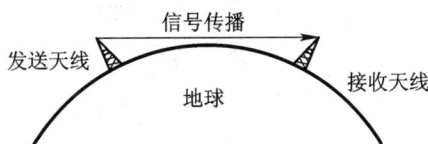

图 2-16　视距传播

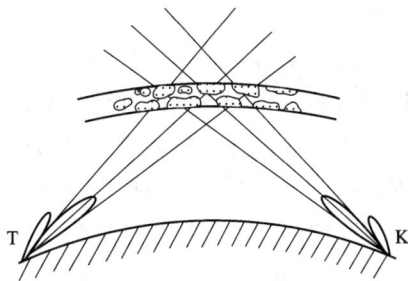

图 2-17　电离层散射传播

在各种传播方式中，媒质的电参量(包括介电常数、磁导率与电导率)的空间分布、时间变化及边界状态，是电磁波传播特性的决定性因素。

3. 电磁波的多径传播

电磁波除了直射传播外，遇到障碍物，如山丘、森林、地面或楼房等高大建筑物，还会产生反射。因此，到达接收天线的超短波不仅有直射波，还有反射波，这种现象就叫作多径传输，如图 2-18 所示。

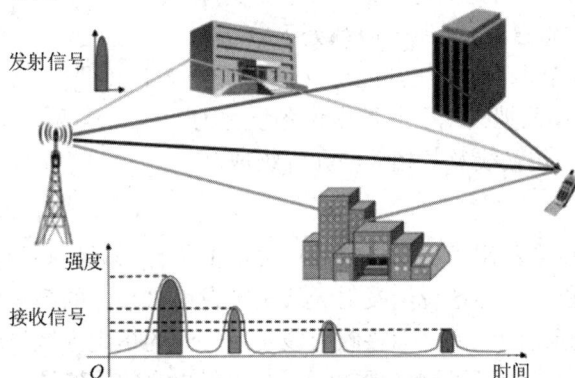

图 2-18　电磁波的多径传播

由于多径传播，使得信号场强分布相当复杂，波动很大，也会使电磁波的极化方向发生变化，因此，有的地方信号场强增强，有的地方信号场强减弱。另外，不同的障碍物对电磁波的反射能力也不同，如钢筋水泥建筑物对超短波的反射能力比砖墙强。应用中应尽量避免多径传输效应的影响，可采取空间分集或极化分集的措施加以对应。

思考题与练习题

1. 短波与中波相比，哪一个的绕射能力强？
2. 什么是电磁波的多径传播，如何避免多径传输的影响？

任务 2.3　解读无线通信中的天线

任务引入

在无线通信方式中，信号是借助于电磁波通过地球及其周围的空间区域，由发射端传送到接收端的。天线作为此类通信系统中一个不可或缺的重要组成部分，肩负着发射或接收电磁能的任务，合理慎重的选用天线，可以获得较远的通信距离和良好的通信效率。

天线作为电磁能的专门辐射或接收器件，对其认识和研究应包括天线辐射的场强及天线的系统组成、特征参数和设计技术等内容。

任务相关知识

2.3.1　无线通信与天线

1. 无线通信系统

发射电波、接收电波都需要天线。从工作过程来看，任何一个无线通信系统都应包含发射、接收和电磁波传播三大部分。图 2-19 为无线通信系统简图。为了有效辐射(发射)或接收电磁波，天线一般都处于较高的地理位置，因此，每一个收、发系统都配有一套天线馈电设备。在天线理论中，又把天线及其馈电设备统称为天馈系统，它由天线、传输线及其相关的元件组成。

图 2-19　无线通信系统简图

2. 天线的功能

作为无线电设备中专门用于辐射或接收电磁能的部件，天线必须按要求能定向地、有效地辐射或接收电磁能。具体地说，发射天线是把发射机输出的高频电流或导波能量有效地转换成电磁能传向指定的区域；而接收天线是从空间的指定区域拾取电磁能，并转换成接收机输入端的高频功率。可以这样理解，天线辐射出来的电磁波束是被限制在一定的区域内传送的，有点像手电筒或探照灯打出的光束，呈锥形或扇形波束。也就是说，要求天

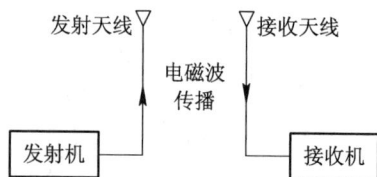

线能作定向的辐射或接收，即天线要具备方向性。天线如果没有方向性，对发射天线来说，它的功率只有很小的一部分向需要的方向辐射，大部分功率都浪费在不需要的方向上；对接收天线来说，在接收所需要的信号的同时，也接收到由所有方向传来的干扰和噪声，其结果是信号完全淹没在干扰和噪声中。不同的天线因服务领域不同，方向性的要求是不同的。广播天线，在水平面内是无方向性的，而在铅垂面内是有方向性的；导航天线的方向性则要求较高，电磁波束越窄小越好。

　　方向性好的天线，一方面可以降低发射机的发射功率，节省能源，另一方面可以提高接收系统的工作灵敏度，提高信噪比，并且对整个通信系统的工作稳定度、技术设计等问题都有重要的影响。

　　图 2-20 给出了一个全方位天线的典型例子——伞形天线。它的特点是发射电波的角度很低，在其服务的水平区域内几乎是无方向性的，这正好满足了广播通信的要求。

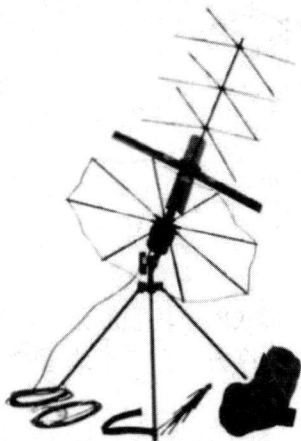

图 2-20　伞形天线

　　图 2-21 给出了具有方向性的高增益天线的典型代表——八木天线。其中，通过电线与接收机连接的是主振子，前面由多根导体构成的是引导体，后面的一根导体是反射体，实用天线至少由 3 根引导体构成。这种天线在引导体的方向上具有很好的方向性。

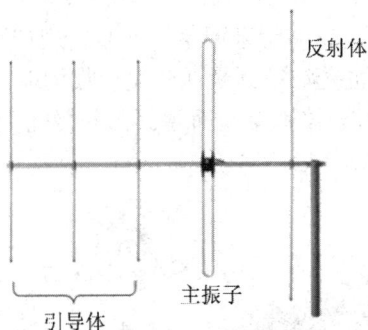

图 2-21　八木天线

　　天线的种类有很多，分类的方法也很多。例如，按用途分，有广播天线、电视天线、导航天线等；按工作波段分，有中波天线、米波天线、微波天线等；在天线理论中，比较合理的是按天线结构特点划分，有线天线和面天线两类。线天线一般由横向尺寸远小于波长的金属棍或棒做成，最常见的有对称振子天线、对称折合振子天线、环形天线、引向天线等，如图 2-22 所示。面天线是用尺寸远大于波长的金属或介质面构成的面状天线，常用的是抛物面天线，如图 2-23 所示。线天线主要用于长波、中波、短波波段，面天线主要用于微波和毫米波。

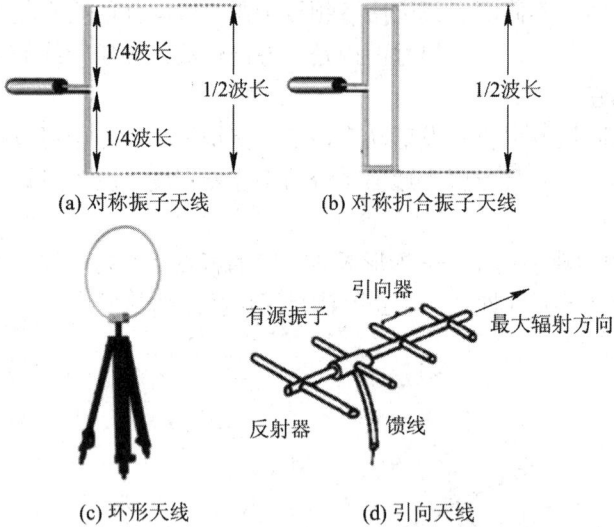
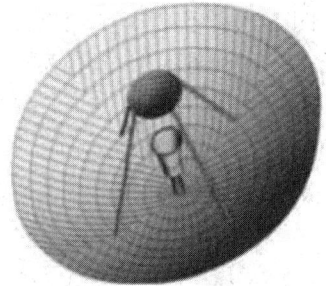

(a) 对称振子天线   (b) 对称折合振子天线

(c) 环形天线   (d) 引向天线

图 2-22   线天线   2-23   面天线

3. 天线的极化

天线的极化，是指天线辐射时形成的电场强度方向。当电场强度方向垂直于地面时，此电波就称为垂直极化波；当电场强度方向平行于地面时，此电波就称为水平极化波，如图 2-24 所示。

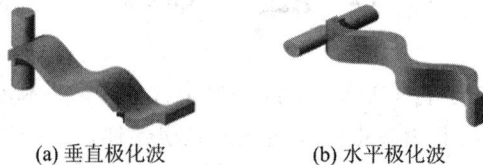

(a) 垂直极化波   (b) 水平极化波

图 2-24   垂直极化波和水平极化波

天线数目太多给基站建设、安装带来困难，安装费用居高不下，有的站点根本无法安装分集接收天线，即使安装了也无法得到最佳分集接收增益。因此，双极化天线(两个天线为一个整体，传输两个独立的波)技术应运而生。在双极化天线中，通常使用 +45° 和 -45° 正交双线极化，如图 2-25 所示。

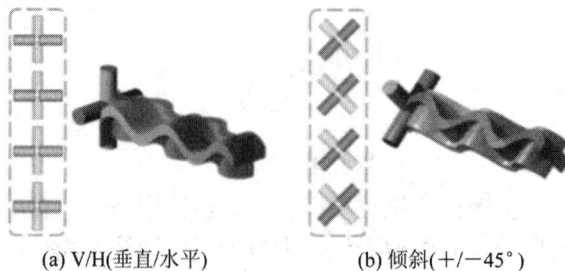

(a) V/H(垂直/水平)   (b) 倾斜(＋/－45°)

图 2-25   双极化天线

2.3.2　天线的主要性能参数

在天线的理论与工程中，引入了一些特征参数以考核天线的性能。

1. 天线工作频率

无论天线还是其他通信产品，总是在一定的频率范围(频带宽度)内工作，其取决于指标的要求。通常情况下，满足指标要求的频率范围即天线的工作频率。

工作频带是指在符合天线各项指标条件下，辐射功率下降到最大辐射功率 3 dB 时的频率范围。一般来说，在工作频带宽度内的各个频率点上，天线性能是有差异的。因此，在相同的指标要求下，工作频带越宽，天线设计难度越大。

2. 天线效率

发射天线的效率是用来衡量天线将高频电流或导波能量转换为电磁波能量的有效程度，是天线的一个重要电参数。它定义为天线的辐射功率 P_A 与输入功率 P_{Ain} 之比，记为 η_A，即

$$\eta_A = \frac{P_A}{P_{Ain}} \tag{2-4}$$

3. 方向图和波束宽度

天线的方向性是指天线向一定方向辐射电磁波的能力。对于接收天线而言，方向性表示天线对不同方向传来的电波所具有的接收能力。天线的方向性特性曲线通常用方向图来表示。方向图可用来说明天线在空间各个方向上所具有的发射或接收电磁波的能力。

通常用垂直平面及水平平面上不同方向辐射(或接收)电磁波功率大小的曲线来表示天线的方向性，并称为天线辐射的方向图。同时用半功率点之间的夹角表示天线方向图中的水平波束宽度及垂直波束宽度，如图 2-26 所示。因方向图常分裂成波瓣状，故又称为波瓣图，其中含最大辐射方向的波瓣称为主瓣，其他依次称为旁瓣(边瓣)、后瓣(尾瓣)等。

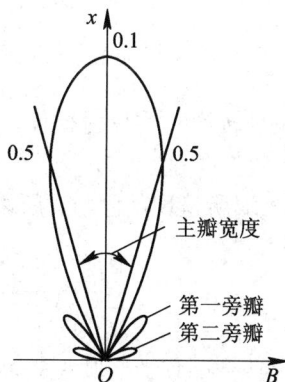

图 2-26　天线花瓣状方向图

天线辐射是否集中，可用波束宽度来表示。它定义为主波瓣两侧半功率点之间的夹角，记为 HP。

天线的方向性越好，辐射能量越集中，则方向图越尖锐，波束宽度越小，以使到达接收点的场强或功率密度得到提高，相当于增加了发射功率。

4. 前后辐射比

前后辐射比是指主瓣的前向最大辐射功率(或场强)与后瓣的后向最大辐射功率(或场强)之比，表明了天线对后瓣抑制的好坏，通常以分贝数表示。天线前后辐射示意图如图 2-27所示。前后辐射比越大，天线对后向的干扰或排除后向干扰的能力越强，典型值为 25 dB 左右。前后辐射比低的天线，后瓣有可能产生越区覆盖，导致切换关系混乱，产生掉话。

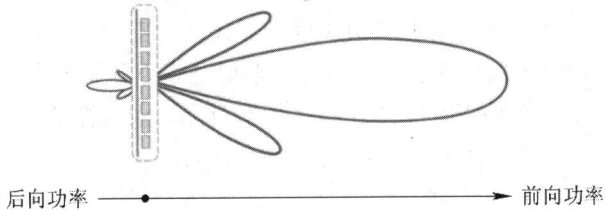

后向功率 ←——————————→ 前向功率

图 2-27   天线前后辐射示意图

5. 天线增益

天线工程中还常用天线增益 G 这个物理量,其定义为:保持天线的输入功率 P_{Ain} 不变,取某天线最大辐射方向和理想点源在同一位置点的功率密度之比，即

$$G = \frac{某天线最大辐射功率密度}{理想点源的辐射功率密度} \tag{2-5}$$

天线增益用来衡量天线向某一个特定方向收发信号的能力，它是选择基站天线最重要的参数之一。一般来说，天线增益的提高主要依靠减小垂直面辐射的波束宽度，而在水平面上保持全向的辐射性能。天线增益对移动通信系统的运行质量极为重要，因为它决定蜂窝边缘的信号电平。增加增益就可以在一确定方向上扩大网络的覆盖范围，或者在确定范围内增大增益余量。任何蜂窝系统都是一个双向过程，增加天线的增益能同时减少双向系统增益预算余量。另外，表征天线增益的参数有 dBd 和 dBi。dBi 是相对于点源天线的增益，在各方向的辐射是均匀的；dBd 是相对于对称阵子天线的增益。两者的关系为 dBi = dBd + 2.15。相同的条件下，增益越高，电磁波传播的距离越远。一般地，GSM 定向基站的天线增益为18 dBi，全向为 11 dBi。

6. 天线的输入阻抗

天线总要与馈线相连，为了减少转换时的反射损耗，天线的输入阻抗应与馈线匹配，因此天线输入阻抗是必须掌握的参数。

天线输入阻抗 Z_{in} 是指天线输入端所呈现的阻抗，所以，它应是天线馈电点的电压和电流之比，即

$$Z_{in} = \frac{U_{in}}{I_{in}} \tag{2-6}$$

一般情况下，天线的输入阻抗是一个复数，其电阻部分由辐射电阻和热电阻决定，而电抗部分取决于天线的相对长度。输入阻抗与天线的结构和工作波长有关,基本半波振子,即由中间对称馈电的半波长导线，其输入阻抗为$(73.1 + j42.5)\Omega$。

输入阻抗的电抗分量会减少从天线进入馈线的有效信号功率。因此，必须使电抗分量尽可能为零，使天线的输入阻抗为纯电阻。天线的匹配工作就是消除天线输入阻抗中的电抗分量，使电阻分量尽可能地接近馈线的特性阻抗，匹配的优劣一般用四个参数来衡量，

即反射系数、行波系数、驻波比和回波损耗，这四个参数之间有固定的数值关系，使用哪一个纯出于习惯。在日常维护中，用得较多的是驻波比和回波损耗。一般移动通信天线的输入阻抗为 50 Ω。

驻波比是行波系数的倒数，取值范围为 1～∞。驻波比为 1，表示完全匹配；驻波比为∞，表示全反射，完全失配。在移动通信系统中，一般要求驻波比小于 1.5，但实际应用中驻波比应小于 1.2。驻波比过大会减小基站的覆盖，加大系统内干扰，影响基站的服务性能。

回波损耗是反射系数绝对值的倒数，以分贝值表示。回波损耗的取值范围为 0 dB～∞，回波损耗越小表示匹配越差，回波损耗越大表示匹配越好，0 表示全反射，∞ 表示完全匹配。在移动通信系统中，一般要求回波损耗大于 14 dB。

2.3.3　馈电系统

1. 馈线

连接天线和发射(或接收)机输出(或输入)端的导线称为传输线或馈线。馈线的主要任务是有效传输信号能量。因此它应能将天线接收的信号以最小的损耗传送到接收机输入端，或将发射机发出的信号以最小的损耗传送到发射天线的输入端，同时它本身不应拾取或产生杂散干扰信号。这就要求馈线必须屏蔽或平衡。

当馈线的几何长度等于或大于所传送信号的波长时叫作长馈线，简称长线。

1) 馈线的种类

超短波段的馈线一般有两种，即平行线馈线和同轴电缆馈线(微波馈线有波导和微带等)，如图 2-28 所示。

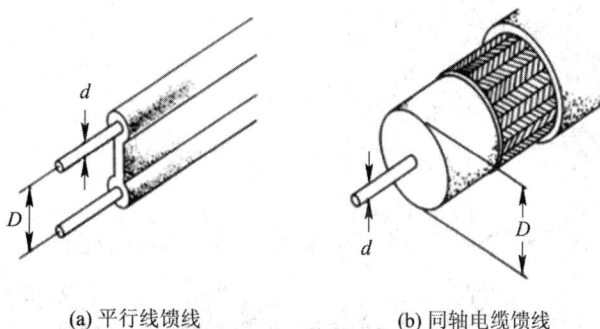

(a) 平行线馈线　　　　(b) 同轴电缆馈线
图 2-28　两种馈线

平行线馈线通常由两根平行导线组成。它是对称式或平衡式的馈线。这种馈线损耗大，不能用于超高频频段。同轴电缆馈线的两根导线为芯线和屏蔽铜网，因铜网接地，两根导体对地不对称，因此它是不对称式或不平衡式的馈线。

2) 阻抗匹配

什么叫匹配？可以简单地认为，当馈线终端所接负载阻抗 Z 等于馈线特性阻抗 Z_0 时，称为馈线终端是匹配连接的。

在实际工作中，天线的输入阻抗还会受周围物体存在和杂散电容的影响。为了使馈线与天线严格匹配，在架设天线时还需要通过测量，适当地调整天线的结构，或加装匹配装置。

当馈线和天线匹配时,高频能量全部被负载吸收,馈线上只有入射波,没有反射波。馈线上传输的是行波,馈线上各处的电压幅度相等,馈线上任意一点的阻抗都等于它的特性阻抗。当天线和馈线不匹配时,即天线阻抗不等于馈线特性阻抗,负载不能将馈线上传输的高频能量全部吸收,而只能吸收部分能量,入射波的一部分能量反射回来形成反射波,造成反射损耗,如图2-29所示。

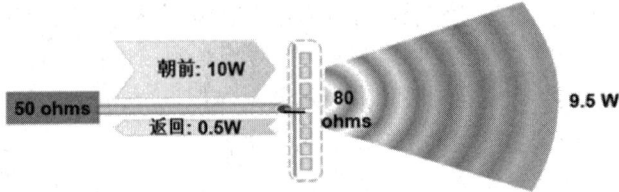

图 2-29   反射损耗

2. 基站天馈系统

天馈设备是蜂窝系统中空中接口实现的重要环节,其工程设计、工程施工的质量直接关系到整个系统工作性能的优劣。天馈设备的安装是基站收发信台安装中工程量最大的部分,一般占整个基站收发信台安装调测工程近70%的时间,它涉及天线的安装、馈线的布放、避雷系统的安装及跳线的连接等。因安装环境和采用的天线不同,在安装方法和工序上有所不同,安装督导应根据机柜的工程设计文件、安装人员的人数、安装环境和天线类型灵活掌握,合理安排。在整个天馈设备的安装过程中,特别是天线的安装,安装人员的安全应引起高度重视,并落实相关安全措施。基站天馈系统示意图如图2-30所示。

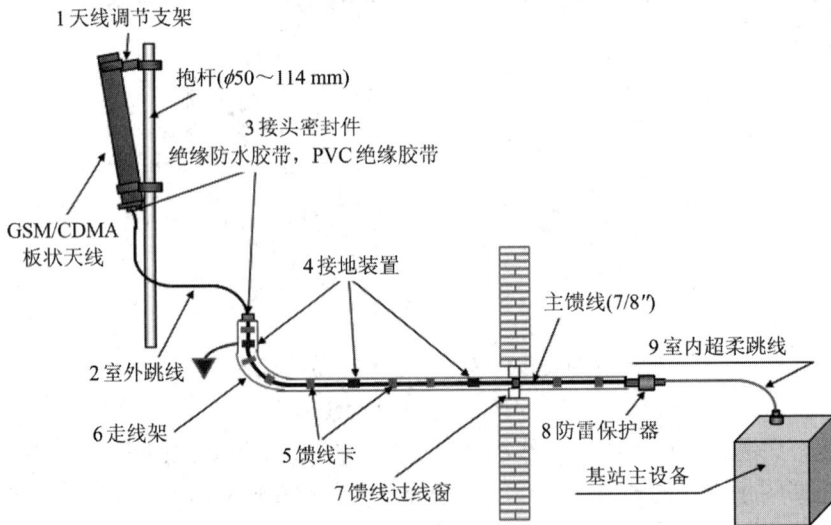

图 2-30   基站天馈系统示意图

(1) 天线调节支架:用于调整天线的俯仰角度,一般调节范围为0～15°。

(2) 室外跳线:用于天线与7/8″主馈线之间的连接。常用的跳线采用1/2″馈线,长度一般为3米。

(3) 接头密封件:用于室外跳线两端接头(与天线和主馈线相接)的密封。常用的材料有绝缘防水胶带(3M2228)和PVC绝缘胶带(3M33+)。

(4) 接地装置(7/8″馈线接地件)：主要用来防雷和泄流，安装时与主馈线的外导体直接连接在一起。一般每根馈线装三套，分别装在馈线的上、中、下部位，接地点方向必须顺着电流方向。

(5) 7/8″馈线卡：用于固定主馈线，在垂直方向，每间隔 1.5 米装一个，水平方向每间隔 1 米安装一个(在室内的主馈线部分，不需要安装馈线卡，一般用尼龙白扎带捆扎固定)。常用的 7/8″馈线卡有两种，即双联和三联。7/8″双联馈线卡可固定两根馈线；三联馈线卡可固定三根馈线。

(6) 走线架：用于布放主馈线、馈线、电源线及安装馈线卡。

(7) 馈线过线窗：主要用来穿过各类线缆，并可用来防止雨水、鸟类、鼠类及灰尘的进入。

(8) 防雷保护器(避雷器)：主要用来防雷和泄流，装在主馈线与室内超柔跳线之间，其接地线穿过馈线过线窗引出室外，与塔体相连或直接接入地网。

(9) 室内超柔跳线：用于主馈线(经避雷器)与基站主设备之间的连接，常用的跳线采用 1/2″超柔馈线，长度一般为 2～3 米。由于各公司基站主设备的接口及接口位置有所不同，因此室内超柔跳线与主设备连接的接头规格亦有所不同，常用的接头有 7/16DIN 型、N 型，有直头、弯头。

思考题与练习题

1. 简述发射天线与接收天线的功能。
2. 怎样理解天线方向性的好坏？
3. 水平极化波和垂直极化波的区别是什么？
4. 天线输入阻抗的定义是什么？
5. 匹配的概念是什么？

实训 2　4G 移动基站天馈线系统连接

1. 任务目标

(1) 认识基站的天馈线系统。
(2) 能够完成 4G 移动基站天馈线系统的安装与连接。

2. 任务内容

在讯方 5G 仿真软件上完成 4G 移动基站天馈线系统的连接。

无线规划操作

3. 任务实施

1) 添加设备

选择进入临水市 A 站点机房，单击最上方箭头，进入室外天线部分，板型天线以安装在设备塔上，将 RRU 设备添加到相应位置，如图 2-31 所示，一共三个 RRU 都要添加进去。

返回上一层，进入机房内部，添加 BBU 设备。添加完成后机房拓扑图如图 2-32 所示。

图 2-31   添加 RRU 设备

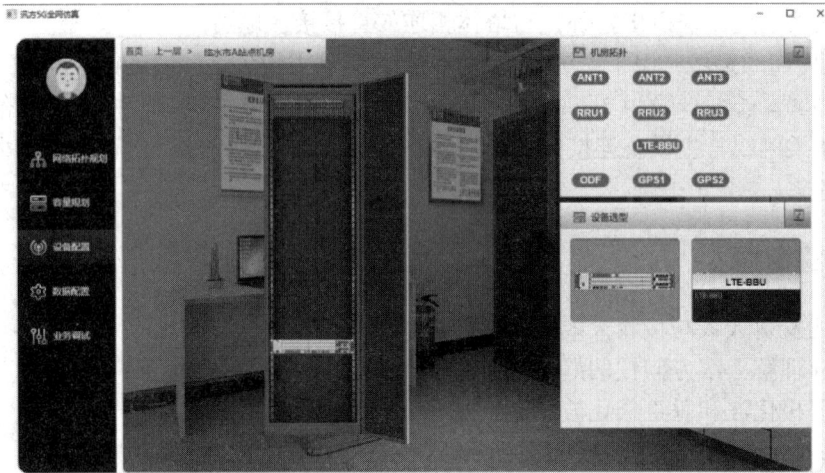

图 2-32   机房拓扑图

2) 硬件连接

首先完成天线和 RRU 的连接。单击机房拓扑图中的 ANT1，选择天线馈线，分别连接 ANT1 和 RRU1 的 1、4 两个接口，如图 2-33 所示。ANT2(ANT3)和 RRU2(RRU3)连接方法同 ANT1。

图 2-33   ANT1 和 RRU1 的连接

然后完成 RRU 和 BBU 的连接。用 LC-LC 光纤一端连接 RRU1 的 CPRI 本端光口，另一端连接到 LTE-BBU 上。RRU2、RRU3 的连接与 RRU1 相同。全部完成后机房拓扑图如图 2-34 所示。

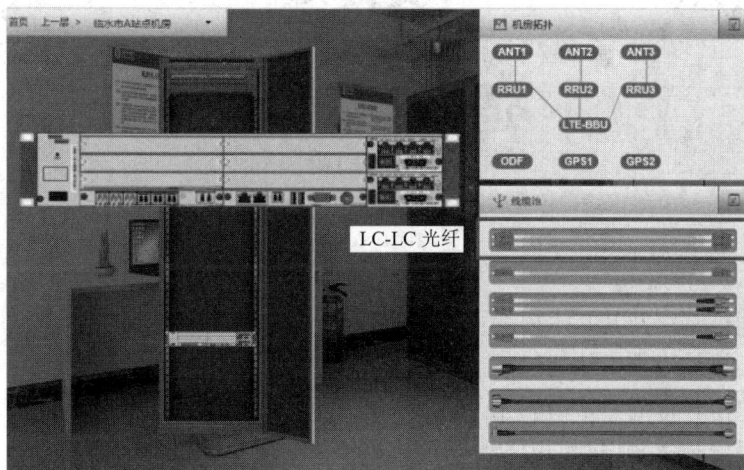

图 2-34　实验完成机房拓扑图

4. 实训报告(见附录 B)

写出实训小结，内容包括实训心得(收获)、不足之处和今后应注意的问题。

思政课堂　中国天眼之父——南仁东

南仁东于 1945 年出生，1963 年就读于清华大学，于中国科学院研究生院获硕士、博士学位。后在日本国立天文台任客座教授，1982 年进入中国科学院北京天文台工作。1994 年起，一直负责 FAST 的选址、预研究、立项、可行性研究及初步设计。作为项目首席科学家、总工程师，负责编订 FAST 科学目标，全面指导 FAST 工程建设，并主持攻克了索疲劳、动光缆等一系列技术难题。2016 年 9 月 25 日，主持的 FAST 落成启用。

项目 3

通 信 原 理

项目目标

(1) 了解通信系统及其基本概念；

(2) 了解模拟信号数字化的过程；

(3) 掌握数字基带信号常用码型及其传输波形；

(4) 掌握二进制数字调制的方法；

(5) 了解纠错编码技术。

知识脉络图

```
通信系统的基本概念
通信系统的一般模型
模拟通信系统模型与数字通信系统模型
通信系统的分类          了解通信系统                         振幅键控调制 2ASK
通信方式                                                  频移键控调制 2FSK
通信系统的主要性能指标                    学会二进制数字调制方法      相移键控调制 2PSK
眼图                                                     差分相移键控调制 2DPSK

模拟信号抽样
模拟信号调制 PAM    掌握模拟信号的                                差错控制编码的基本知识
脉冲编码调制 PCM    数字传输技术       通信原理    熟知纠错编码技术      线性分组码
差分脉冲编码调制 DPCM

数字基带传输的基本码型   认识数字基带信号                实训  抽样定理仿真
                    及其常见编码
数字基带传输系统                      思政课堂  "中国光纤之父"——赵梓森
```

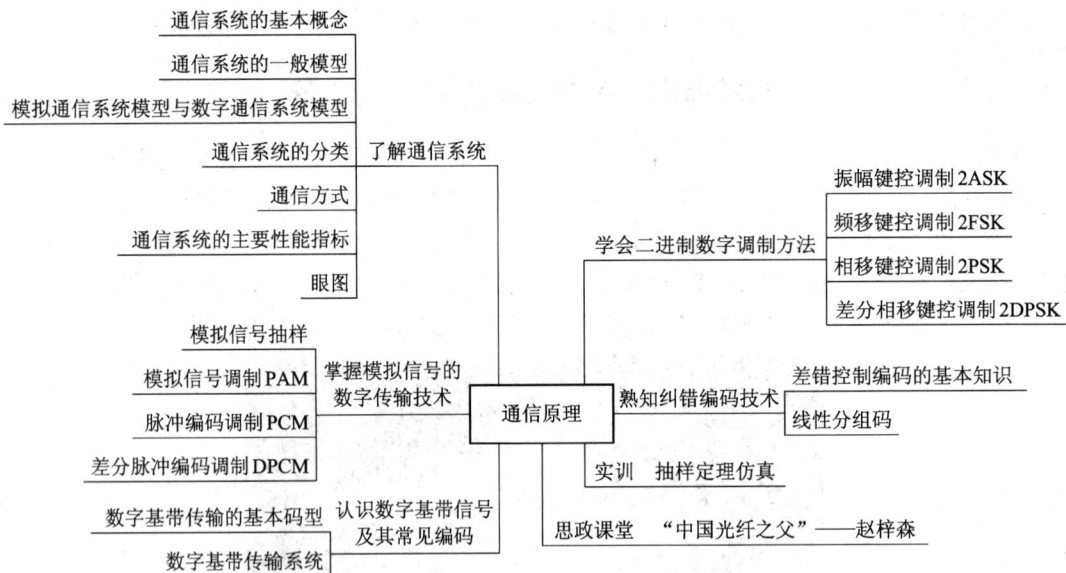

任务 3.1 了解通信系统

任务引入

自古以来，在人类社会的发展进程中，通信始终与人类社会的各种活动密切相关。对于很多人来说,通信是一个非常笼统的概念。从字面上看,通信,就是通联信息——我把信息发给你,你把信息发给我。更严谨一点,通信可定义为:人与人,或人与自然之间,通过某种行为或媒介,进行的信息交流与传递。通信是世间万物的一种权力,是一种行为。有生命的,没有生命的,都可以发起这个行为。这个行为是每个人或每个物融入世界的一种必要方式。通过信息的交换,可以表达自身的"存在感"和"价值"。

对于使用各种通信工具的用户来说,他们并不一定需要知道通信传输的完整过程,但是对于组织通信联络的人员,特别是研究设计和维护修理各种通信设备的人员,他们必须清楚通信传输的过程以及各种通信设备的工作原理。

任务相关知识

3.1.1 通信系统的基本概念

1. 信息及其度量

通信(communication)的根本目的在于传输消息中所包含的信息。信息(information)是消息(message)中所包含的有效内容,或者说是消息中不确定的部分。不同形式的消息,可以包含相同的信息。例如,用语音和文字发送的天气预报,所含信息内容相同。传输信息的多少可直观地用"信息量"来衡量。

度量信息量的原则:能度量任何消息,并与消息的种类无关;度量方法应该与消息的重要程度无关;消息中所含信息量和消息内容的不确定性有关。

在一切有意义的通信中,对于接收者而言,某些消息所包含的信息量比另外一些信息更多。例如,有两条消息:一是某客机坠毁;二是今天下雨。第一条消息表达的事件极不可能发生,它使人感到惊讶和意外;而第二条消息表达的事件很有可能发生,不足为奇。这表明,对接收者来说,信息量的多少与接收者收到消息时感到的惊讶程度有关,消息所表达的事件越不可能发生,越不可预测,就会使人感到越惊讶和意外,信息量就越大。

事件的不确定程度可以用其发生的概率来描述。因此,消息中包含的信息量多少与消息所表达事件的发生概率密切相关。若事件发生的概率越小,则消息中包含的信息量就越大,反之则越小。

根据以上认知,消息中所含的信息量 I 与消息发生概率 $P(x)$ 的关系应当满足以下规律。

(1) 消息 x 中所含的信息量 I 是该消息发生的概率 $P(x)$ 的函数,即

$$I = I[P(x)] \tag{3-1}$$

(2) 若消息发生的概率 $P(x)$ 越小,则 I 越大;反之则 I 越小。且当 $P(x) = 1$ 时,$I = 0$;$P(x) = 0$ 时,$I = \infty$。

(3) 若干个相互独立事件构成的消息 $(x_1, x_2, \cdots)$,所含信息量等于各独立事件 $x_1, x_2, \cdots$ 信息量之和,也就是说,信息量具有相加性,即

$$I = [P(x_1)P(x_2)\cdots] = I[P(x_1)] + I[P(x_2)] + \cdots \tag{3-2}$$

可以看出,若 I 与 $P(x)$ 之间的关系式为

$$I = \log_a \frac{1}{P(x)} = -\log_a P(x) \tag{3-3}$$

则可满足上述三项要求，所以定义式(3-3)为消息 x 所含的信息量。

信息量 I 的单位取决于式(3-3)中对数的底 a 的取值。当 $a = 2$ 时，信息量 I 的单位为比特(bit)，可简写为 b；当 $a = e$ 时，信息量 I 的单位为奈特(nat)，可简写为 n；当 $a = 10$ 时，信息量 I 的单位为哈特莱(Hartley)。

通常信息量 I 广泛使用的单位是比特，即

$$I = \text{lb}\frac{1}{P(x)} = -\text{lb}P(x) \tag{3-4}$$

2. 信号及其分类

表示信息的数据通常都要经过适当的变换和处理，变成适合在信道上传输的信号(signal)(电或光信号)才可以传输。可以说，信号是信息的一种电磁表示方法，它利用某种可以被感知的物理参量——如电压、电流、光波强度或频率等来携带信息，即信号是信息的载体。

信号一般以时间为自变量，以表示信息的某个参量(如电信号的振幅、频率或相位等)为因变量。根据信号因变量的取值是否连续，可将信号分为模拟信号和数字信号。这两类信号的差异只是在于自变量的取值连续与否。模拟信号就是因变量完全连续的随信息的变化而变化的信号，其自变量可以是连续的，也可以是离散的，但因变量一定是连续的。电视图像信号、语音信号、温度压力传感器的输出信号以及许多遥感遥测信号等都是模拟信号；脉冲幅度调制信号(PAM)、脉冲相位调制信号(PPM)以及脉冲宽度调制信号(PWM)等也属于模拟信号。

模拟信号的特点是信号的强度(如电压或电流)取值随时间而发生连续的变化，如图3-1(a)所示。正是由于这个原因，模拟信号通常又被称为连续信号。这个连续的含义是指在某一取值范围内，信号的强度可以有无限多个取值。

数字信号是因变量和自变量取值都是离散的信号。由于因变量离散取值，其状态数量即强度的取值个数必然有限，故通常又把数字信号称为离散信号，如图 3-1(b)所示。图3-1(b)为二进制数字信号，即该信号只有 0、1 两种可能的取值。计算机以及数字电话等系统中传输和处理的都是数字信号。

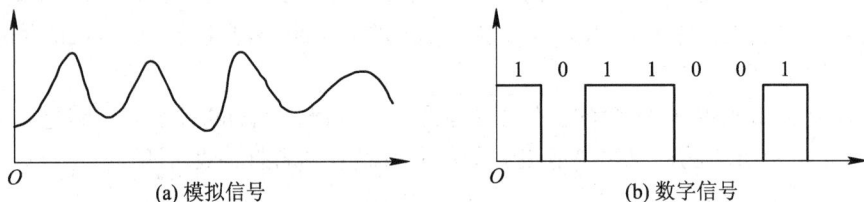

图 3-1 模拟信号与数字信号

由于模拟信号与数字信号物理特性不同，因此它们对信号传输通路的要求及其各自的信号传输处理过程也各不相同，但二者之间并非不可逾越，在一定条件下它们也可以互相转化。模拟信号可以通过抽样、编码等处理过程转化成数字信号，而数字信号也可以通过解码、平滑等处理过程转化成模拟信号输出。

3.1.2 通信系统的一般模型

尽管通信系统种类繁多、形式各异，但其实质都是完成从一地到另一地的信息传递或

交换。因此，可以把通信系统概括为一个统一的模型，如图 3-2 所示。

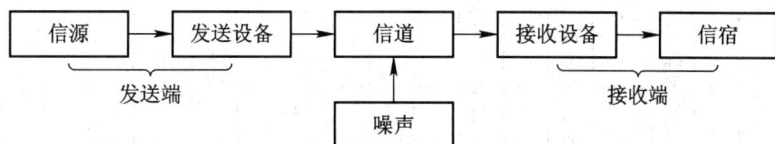

图 3-2　通信系统的基本模型

从图 3-2 中可以看出，一个通信系统最少应包括信源、发送设备、信道、接收设备、信宿及噪声六个部分。

信源是信息的发出者，是将信息转变成电信号的装置，如电话通信中的话筒；在接收端完成相反功能的装置则称为信宿，信宿是信息传送的终点，也就是信息接收者，如电话通信中的耳机。

信号传输需要通过信道。狭义的信道指的是传输媒介，如电缆、光纤、无线电波传播的空间等。因此，信道也是通信系统构成的一部分。与此同时，在信道中还会存在一定噪声，其影响不可低估。

为了使信号能够适应信道的特性，顺利地传送并实现有效的、高质量的通信，在发送端及接收端均需要有相应的发送和接收设备。针对不同的信道特性，相应收、发设备的技术特点及实现手段是不同的。不同通信系统的差异往往很大，这样便形成了各种不同的通信系统及不同的技术体制。但不管什么样的通信系统，它们都有着共同的通信原理以及许多相同的基本技术。

3.1.3　模拟通信系统模型与数字通信系统模型

1. 模拟通信系统组成

用于传输与处理模拟信号的通信系统称为模拟通信系统，其方框图如图 3-3 所示。模拟通信系统的信源为经过输入转换器得到的模拟信号。发送设备包括很多部件，如调制、放大、滤波、天线等，在方框图中为突出调制器的重要性只画出了调制器。同理，在接收端也只画出了解调器。所以，图 3-3 是一个简化了的模拟通信系统方框图。

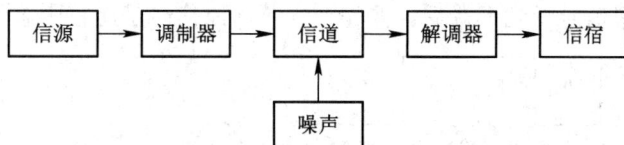

图 3-3　模拟通信系统方框图

2. 数字通信系统组成

用于传输与处理数字信号的通信系统称为数字通信系统，其组成框图如图 3-4 所示。从结构看，数字通信系统要比模拟通信系统复杂一些。数字通信系统通常具有信源编码器、信道编码器及相应的解码部分。信源编码器的主要功能是将模拟信号进行模/数转换并进行编码，将信号转换为数字编码信号。所谓信道编码，是指数字信号为了适应信道的传输特性，达到高效可靠的传输而进行的相应信号处理过程。属于信道编码范畴的技术有数字信号的差错控制编码及扩频编码，此外，还有用于通信保密的加密编码与解密译码等部分。

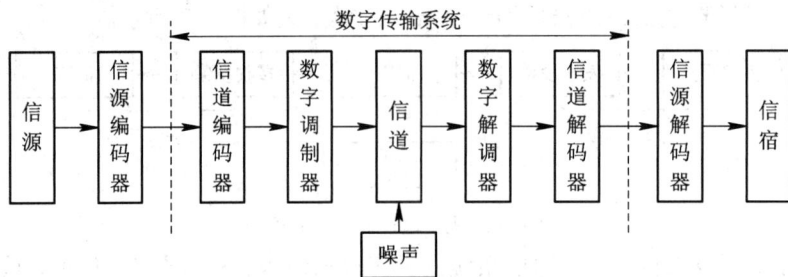

图 3-4　数字通信系统方框图

在实际的数字通信系统中，图 3-4 中的各部分不一定都是必须具备的。例如，有的数字通信系统不特别强调安全及抗干扰性能，则该系统中就可能没有加密编、译码与信道编、译码部分；有的信源原本就是数字终端，也就不需要信源编码部分；对于数字基带传输系统，数字编码信号是未经调制而直接送入信道的，因此没有数字调制、数字解调部分。

3. 数字通信的优点

数字通信发展十分迅猛，在整个通信领域中所占的业务比重日益增长。当前，数字通信已成为通信系统的主流。由于数字通信采用了数字信号处理技术，因此能把信源产生的信息(消息、信号)有效、可靠地传送到目的地，具有模拟通信无法比拟的特点。与模拟通信相比，数字通信的优点主要表现在以下几个方面。

1) 抗干扰能力强

抗干扰能力强是数字信号的主要优点。数字信号在中继或接收端利用判决系统进行判"1"或判"0"，以实现整形和再生，只要干扰不是太大，就能恢复出原信号，不会产生噪波和失真的累积。而模拟信号由于是连续信号，只能通过各种滤波器滤除干扰，但对于同一频带内的干扰信号却无能为力，并且随着传输距离的增加，叠加在信号上的噪声会被逐级放大，导致传输质量不断下降。

用判决系统恢复原数字信号的判决方法是：若信号电平大于判决电平，则判为"1"，若信号电平小于判决电平，则判为"0"，只要干扰不是太大，没有超出判决电平的范围，就能完全恢复出原数字信号，如图 3-5 所示。图 3-5(a)中显示出了数字信号恢复的情况，图 3-5(b)说明了模拟信号受到干扰后，要完全恢复出原信号是比较困难的。

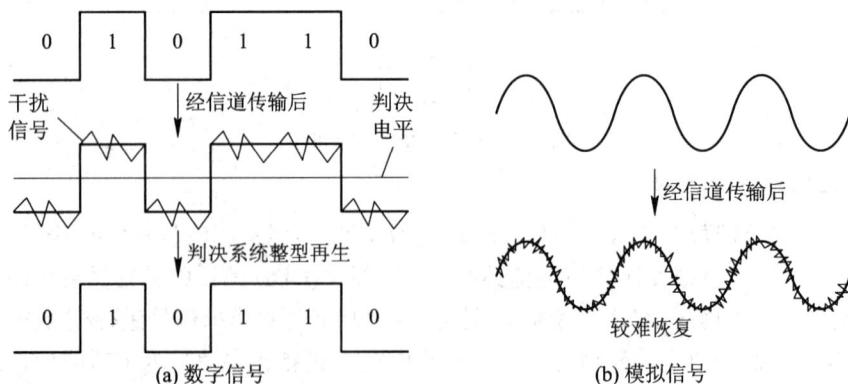

图 3-5　信号的抗干扰能力

2) 便于纠错编码

数字信号的检错、容错、纠错能力很强，在数字信号传输放大过程中如出现误码，很容易实现检错与纠错。

3) 便于数据存储

数字信息是以"0"和"1"的形式记录存储在介质中的，便于存储、控制、修改，存储时间与信号特点无关，存储媒体的存储容量大。

4) 便于加密

通信系统的安全性和保密性在现实的信息社会中非常重要。数字信号便于实现加密/解密技术和加扰/解扰技术，便于专业应用(军用、商用、民用)或条件接收、视频点播、双向互动传送等。

5) 便于数字设备间的连接

现代计算机技术、数字存储技术、数字交换技术及数字信号处理技术发展迅猛，多数设备处理的信号和接口都是数字化的，与数字通信中的数字信号完全一致，因此，数字通信设备可以很方便地与它们直接连接，只要有一套数字信号传输、编码、调制协议，就可以做到互连、互通。

6) 便于数字通信设备集成化、小型化、智能化

数字通信设备大多由数字电路构成，而数字电路比模拟电路更易于集成化。数字信号处理(DSP)技术和各种微处理芯片(CPU)的迅速发展为数字通信设备的智能化提供了良好的条件。大规模集成器件的出现为数字通信设备的小型化和大规模生产奠定了基础，而且性能一致性好，成本低。

4. 数字通信的缺点

与模拟通信相比，数字通信的主要缺点有以下两个方面。

1) 频带利用率低

数字通信的最大缺点是占用的信道频带较宽。

2) 对同步的要求高

在数字通信中，要准确地在接收端恢复信号，必须使接收端与发送端保持严格同步，因而也导致了数字通信系统比较复杂、设备比较庞大。

3.1.4　通信系统的分类

为了便于学习及实际工作中的管理，根据通信的用途、制式、频段以及传输媒介等的不同，通信系统有不同的分类方法，常见的一些分类方法如下。

按照传输媒质的不同分为有线通信(双绞线、同轴电缆、光缆)、无线通信(电磁波)；按照传输信号不同分为模拟通信(连续波)、数字通信(脉冲波)；按照不同频率的波长分为长波通信(海事通信、电力通信)、中波通信(调幅广播、业余无线电)、短波通信(调频广播、军用、国际通信)、微波通信(雷达、移动通信、卫星通信、天文探测)；按照是否有调制过程分为基带传输(周期性脉冲序列作为载波)、频带传输(正弦波作为载波)；按照接收终端是否运动分为固定通信(固定电话)、移动通信(手机、车载电话)；按照多址方式不同分为频分多址通

信(FDMA)、时分多址通信(TDMA)、码分多址通信(CDMA);按数字信号码元的排列方法不同分为串行通信(远距离数字通信,如图 3-6(b)所示)、并行通信(近距离数字通信,如图 3-6(a)所示)。

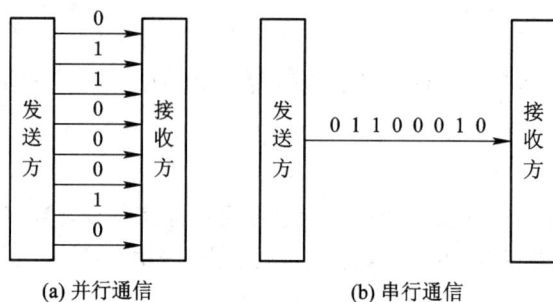

(a) 并行通信   (b) 串行通信

图 3-6   并行通信与串行通信

3.1.5   通信方式

按照消息传送方向与时间关系,通信方式可分为单工通信、半双工通信、全双工通信三种。

1. 单工通信

单工通信(simplex communication)是指消息只能单方向传输的工作方式,如图 3-7 所示。

图 3-7   单工通信

在单工通信中,通信的信道是单向的,发送端与接收端也是固定的,即发送端只能发送信息,不能接收信息,接收端只能接收信息,不能发送信息。基于这种情况,数据信号从一端传送到另外一端,信号流是单方向的。

例如,生活中的广播就是一种单工通信的工作方式。广播站是发送端,听众是接收端。广播站向听众发送信息,听众接收获取信息。广播站不能作为接收端获取到听众的信息,听众也无法作为发送端向广播站发送信号。

2. 半双工通信

半双工通信(half-duplex communication)可以实现双向的通信,但不能在两个方向上同时进行,必须轮流交替地进行,如图 3-8 所示。在这种工作方式下,发送端可以转变为接收端;相应地,接收端也可以转变为发送端。但是在同一时刻,信息只能在一个方向上传输。因此,也可以将半双工通信理解为一种切换方向的单工通信。

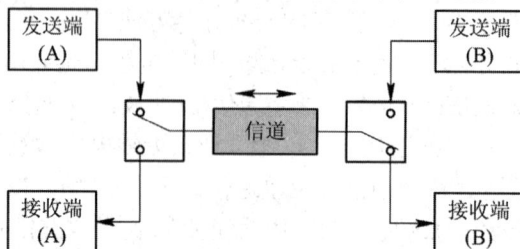

图 3-8   半双工通信

例如，对讲机是日常生活中最为常见的一种半双工通信方式，手持对讲机的双方可以互相通信，但是同一时刻，只能由一方讲话。

3. 全双工通信

全双工通信(full-duplex communication)是指在通信的任意时刻，线路上存在 A 到 B 和 B 到 A 的双向信号传输，如图 3-9 所示。全双工通信允许数据同时在两个方向上传输，又称为双向同时通信，即通信的双方可以同时发送和接收数据。

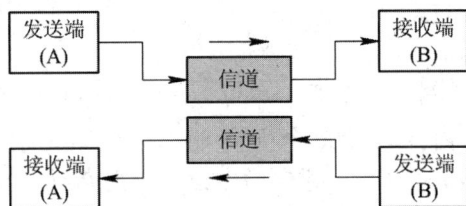

图 3-9　全双工通信

在全双工通信方式下，通信系统的每一端都设置了发送器和接收器，因此，能控制数据同时在两个方向上传送。全双工通信方式无须进行方向的切换，因此，没有切换操作所产生的时间延迟，这对那些不能有时间延误的互动式应用(如远程监测和控制系统)十分有利。这种通信方式要求通信双方均有发送器和接收器，同时，需要两根数据线传送数据信号。

3.1.6　通信系统的主要性能指标

通信系统的性能指标涉及有效性、可靠性、标准性、经济性及可维护性等，但设计或评价通信系统的主要性能指标是传输信息的有效性和可靠性。有效性主要是指消息传输的"速度"，而可靠性主要是指消息传输的"质量"。

对于模拟通信系统来说，有效性可以用消息占用的有效传输带宽来度量，可靠性可以用接收端的输出信噪比来度量。

对于数字通信系统来说，度量其有效性的主要性能指标是码元速率、信息速率和频带利用率，度量可靠性的主要指标是错误率。

1. 模拟系统的性能指标

1) 有效传输带宽

模拟通信系统的有效性可用有效传输带宽来衡量。同样的消息用不同的调制方式传输，需要不同的频带宽度，所需的频带宽度越小，则有效性越高。

2) 输出信噪比

模拟通信系统的可靠性用接收端最终的输出信噪比来衡量。输出信噪比是指输出信号的平均功率与输出的噪声平均功率之比，用 S/N 表示。不同模拟通信系统在同样的信道信噪比下所得到的输出信噪比是不同的，信噪比越高，说明噪声对信号的影响越小。

2. 数字系统的性能指标

1) 有效性指标

有效性是通信系统传输信息数量上的表征，是指给定信道和给定时间内传输信息的多少。数字通信系统中的有效性通常用码元速率 R_B、信息速率 R_b 和频带利用率 η 来衡量。

(1) 码元速率。

码元速率 R_B 也称为传码率、符号传输速率等。码元速率 R_B 是指每秒钟传输码元的数目，单位为波特(Baud)，简记 B。例如，某系统在 2 s 内共传送 4800 个码元，则该系统的码元速率为 2400 B。

虽然数字信号有二进制和多进制的区分，但码元速率与信号的进制无关，只与一个码元占有时间 T_b 有关，$R_B = 1/T_b$。

(2) 信息速率。

信息速率 R_b 是指每秒传输的信息量，单位为比特/秒(bit/s)，简记 b/s。

例如，若某信源在 1 s 内传送 1200 个符号，且每一个符号的平均信息量为 1 bit，则该信源的信息速率为 1200 b/s。若传输二进制数字信号，则 R_b 为二进制码元数目/秒；若传输 M 进制数字信号，则有

$$R_b = R_B \text{lb} M \tag{3-5}$$

式中：R_B 为 M 进制数字信号的码元速率。

二进制时，码元速率与信息速率数值相等，只是单位不同。

(3) 频带利用率 η。

在比较不同数字通信系统效率时，仅看它们的信息传输速率是不够的。因为即使两个系统的信息传输速率相同，它们所占用的频带宽度也可能不同，从而效率也不同。对于相同的信道频带，传输的信息量越来越高。所以用来衡量数字通信系统传输效率的指标(有效性)应当是单位频带内的传输速率，即：

$$\eta_B = \frac{\text{码元速率}}{\text{占用的频带宽度}} \tag{3-6}$$

$$\eta_b = \frac{\text{信息速率}}{\text{占用的频带宽度}} \tag{3-7}$$

2) 可靠性指标

可靠性是通信系统传输信息质量上的表征，是指接收信息的准确程度。衡量数字通信系统可靠性的重要指标是错误率，具体有误码率 P_e 和误信率 P_b 两种。

(1) 误码率 P_e。

误码率用 P_e 表示，是指接收的错误码元数与总的传输码元数之比，即在传输中出现错误的码元概率，记为

$$P_e = \frac{\text{接收的错误码元数}}{\text{总的传输码元数}} \tag{3-8}$$

(2) 误信率 P_b。

误信率又称误比特率，用 P_b 表示，是指接收的错误比特数与总的传输比特数之比，即在传输中出现错误信息量的概率，记为

$$P_b = \frac{\text{接收的错误比特数}}{\text{总的传输比特数}} \tag{3-9}$$

显然，在二进制中 $P_e = P_b$；在 M 进制符号传输时，两者的关系较复杂，一般有 $P_e > P_b$。

错误率一般由通路的系统特性和信道质量决定。不同信号对错误率的要求为 $10^{-3} \sim 10^{-6}$，而传输计算机的数据信息时常常要求更高，即 P_b 更小。当信道不能满足要求时，必须加纠错编码。需要指出的是，可靠性和有效性指标是互相矛盾且可以交换的，即可通过降低有效性的方法来提高系统的可靠性，或反之。

3.1.7 眼图

眼图是指利用实验的方法估计和改善传输系统性能时在示波器上观察到的一种图形。观察眼图的方法是：用一个示波器跨接在接收滤波器的输出端，然后调整示波器扫描周期，使示波器水平扫描周期与接收码元的周期同步，这时示波器屏幕上看到的图形像人的眼睛，故称为"眼图"，从"眼图"上可以观察出码间串扰和噪声的影响，从而估计系统优劣程度。

1. 无噪声时的眼图

图 3-10(a)为无码间串扰的双极性基带脉冲序列，将示波器的水平扫描周期调到与码元周期 T_s 一致，利用示波器的余晖效应，扫描所得的每一个码元波形重叠在一起，形成如图 3-10(b)所示的线迹细而清晰的大眼睛；图 3-10(c)为有码间串扰的双极性基带脉冲序列，由于存在码间串扰，此波形已经失真，当用示波器观察它时，示波器的扫描线不会完全重合，于是形成眼图线迹杂乱且不清晰，"眼睛"张开的较小，且眼图不端正，如图 3-10(d)所示。

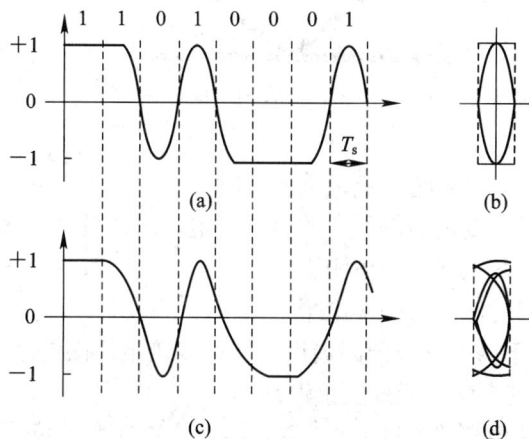

图 3-10 基带信号波形及眼图

对比图 3-10(b)和图 3-10(d)可知，眼图中"眼睛"张开的大小反映着码间串扰的强弱。"眼睛"张得越大，且眼图越端正，表示码间串扰越小；反之表示码间串扰越大。

2. 有噪声时的眼图

当存在噪声时，噪声将叠加在信号上，观察到的眼图的线迹会变得模糊不清，如图 3-11 所示。若同时存在码间串扰，则"眼睛"将张开得更小，与无码间串扰时的眼图相比，原来清晰端正的细线迹变成了比较模糊的带状线，而且很不端正。噪声越大，眼图线迹越宽，越模糊；码间串扰越大，眼图越不端正。

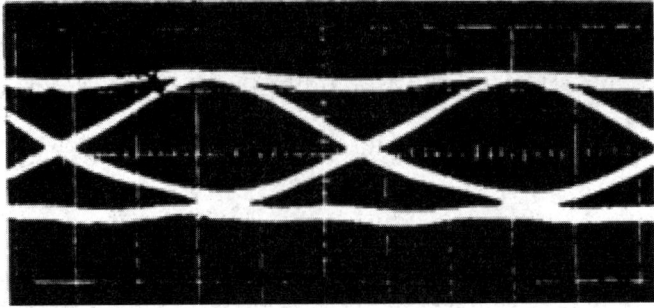

图 3-11   有噪声时的眼图

3. 眼图的模型

眼图对于展示数字信号传输系统的性能提供了很多有用的信息，可以从中看出码间串扰的强弱，可以指示接收滤波器的调整，以减小码间串扰。为了说明眼图和系统性能的关系，可以把眼图简化为如图 3-12 所示的形状，称之为眼图的模型。

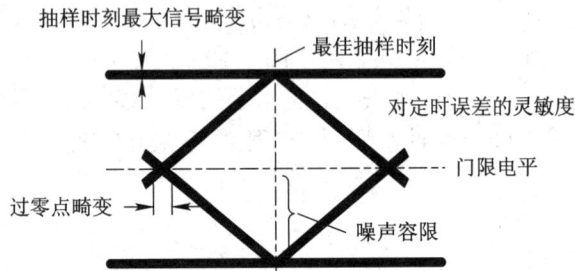

图 3-12   眼图的模型

图 3-12 具有如下意义：

(1) 最佳抽样时刻是在"眼睛"张最大的时刻。

(2) 对定时误差的灵敏度由眼图斜边的斜率决定，斜率越大，对定时误差就越灵敏。

(3) 在抽样时刻，眼图上下两分支阴影区的垂直高度，表示最大信号畸变。

(4) 眼图中横轴位置对应判决门限电平。

(5) 抽样时刻，上、下两分支离门限最近的一根线迹至门限的距离表示各相应电平的噪声容限，噪声瞬时值超过它就可能发生错误判决。

(6) 倾斜分支与横轴相交的区域大小，表示零点位置的变动范围，这个变动范围的大小对提取定时信息有重要的影响。

思考题与练习题

1. 试画出通信系统的一般模型，并说明各部分的作用。

2. 试画出数字通信系统的组成框图，并说明数字通信的优点。

3. 通信系统的主要性能指标是什么？在模拟通信系统和数字通信系统中分别用什么来衡量这些指标？

4. 眼图的作用是什么？有码间串扰和无码间串扰的眼图有什么不同？

任务 3.2 掌握模拟信号的数字传输技术

任务引入

数字通信与模拟通信相比具有明显的优势，它已成为现代通信发展的必然趋势。然而自然界中的许多信源直接产生或经简单转换后得到的电信号都是模拟量,如话音、图像等。因此这些信号若要进行数字通信，就必须先将其转换成数字信号，再在数字通信系统中传输，即所谓的模/数转换；而在接收端相应的完成数/模转换，使传输的数字信号恢复成原始的模拟信号。

任务相关知识

3.2.1 模拟信号抽样

将时间上连续的模拟信号转换成时间上离散样值的过程称为抽样，如图 3-13 所示。抽样以后的信号仍为模拟信号。抽样会造成原始信号部分信息的丢失，因此为了在接收端无失真地恢复出原始模拟信号，抽样必须满足抽样定理的要求。

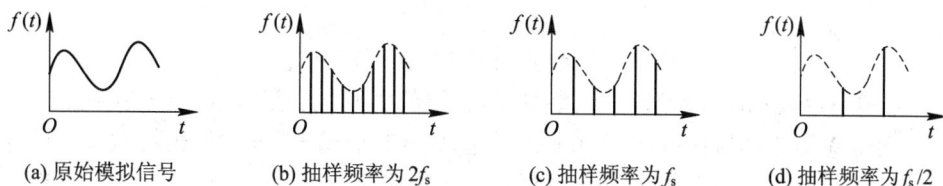

(a) 原始模拟信号   (b) 抽样频率为 $2f_s$ (c) 抽样频率为 f_s (d) 抽样频率为 $f_s/2$

图 3-13 模拟信号的抽样

由图 3-13 可知，若抽样频率太低，如图 3-13(d)所示，则抽样后的离散样值将丢失原始信号中的许多信息，导致不能无失真地恢复原始的模拟信号；若抽样频率太高，如图 3-13(b)所示，则导致离散的样值过多，从而增加系统处理的负担。那么抽样频率究竟为多少才比较合适呢?

1. 低通抽样定理

一个频带限制在$(0, f_H)$范围内，时间上连续的信号 $f(t)$，如果抽样频率大于等于信号最高频率的 2 倍，即 $f_s \geqslant 2f_H$，则 $f(t)$ 将被所得的抽样值完全确定，这就是低通抽样定理。该定理也可以这样理解：做抽样时，时间间隔必须足够小，才能保证抽样所造成的信息丢失不会影响到接收端原始信号的恢复。

图 3-14 列出了 $f_s > 2f_H$、$f_s = 2f_H$、$f_s < 2f_H$ 三种情况下信号的时域与频域的对应关系。

图 3-14(a)为基带信号 $f(t)$ 的时域信号与其频谱的对应关系图。

(1) 如图 3-14(b)所示，当抽样频率大于信号最高频率的两倍，即 $f_s > 2f_H(\omega_s > 2\omega_H)$时，抽样后的信号频谱在频域内没有重叠，此时可用一个低通滤波器提取信号的原始频谱，从而恢复原始信号，有用信号频谱之间还存在间隔，因此对低通滤波器精度要求不是很高。

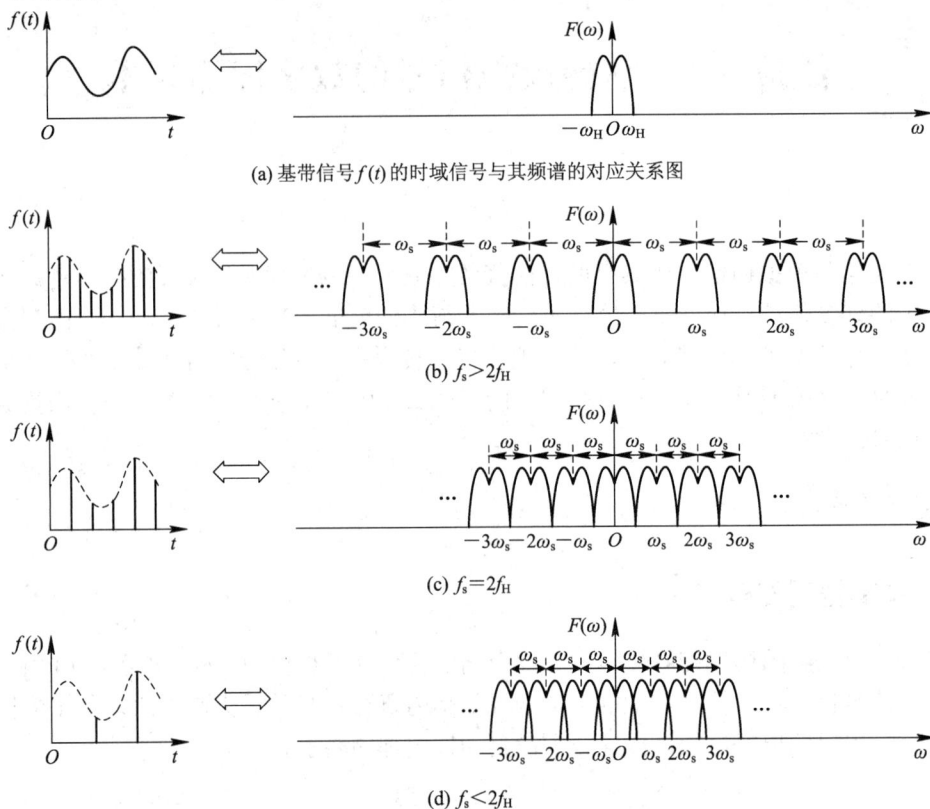

(a) 基带信号 $f(t)$ 的时域信号与其频谱的对应关系图

(b) $f_s > 2f_H$

(c) $f_s = 2f_H$

(d) $f_s < 2f_H$

图 3-14   抽样频率与信号恢复

(2) 如图 3-14(c)所示，当抽样频率等于信号最高频率的两倍，即 $f_s = 2f_H(\omega_s = 2\omega_H)$ 时，抽样后的信号频谱在频域内刚刚没有重叠，此时也可用一个低通滤波器提取信号的原始频谱，从而恢复原始信号，但是由于信号频谱之间没有间隔，此时对低通滤波器的精度要求较高。

(3) 如图 3-14(d)所示，当抽样频率小于信号最高频率的两倍，即 $f_s < 2f_H(\omega_s < 2\omega_H)$ 时，抽样后的信号频谱在频域内互相重叠，此时用低通滤波器无法将原始信号的频谱分离出来，因此不能恢复原始信号。

例如，在标准的电话系统中，由于语音信号的频带通常都在 $300 \sim 3400\,\mathrm{Hz}$ 之间，根据抽样定理可知，只要抽样频率大于语音信号最高频率的 2 倍，即 $6800\,\mathrm{Hz}$，接收端就可以无失真地恢复发送端的语音信号。在实际的电话系统中，通常留有一定的余地，取抽样频率为 $8000\,\mathrm{Hz}$，即每秒采样 8000 个语音样值。

2. 带通抽样定理

实际中经常遇到带通信号：信号的频率分量被限制在 (f_L, f_H) 内，信号的带宽 $B = f_H - f_L$，且信号带宽 B 远小于信号的中心频率。

如果抽样频率 f_s 介于 $2B$ 到 $4B$ 之间(B 为信号带宽)，就可以无失真地还原信号。需要注意的是，若信号带宽 B 大于 f_L，则把信号看作低通信号，应该应用低通抽样定理。可以看出，带通信号的抽样频率 f_s 不需要满足 $f_s > 2f_H$，只需满足 $f_s > 2B$，这是带通抽样定理与低通抽样定理的区别。

3.2.2 模拟信号调制

脉冲的幅度随基带调制信号幅度的变化而改变的调制称为脉幅调制(PAM)。调制信号的幅度越大，脉冲幅度越大；调制信号的幅度越小，脉冲幅度越小。

在脉冲振幅调制系统中，若脉冲载波是由理想冲激脉冲组成的，则前面所说的抽样定理，就是脉冲振幅调制的原理。但是，实际上真正的冲激脉冲串是不可能实现的，而通常只能采用窄脉冲串来实现，因此，研究窄脉冲作为脉冲载波的 PAM 方式，更具有实际意义。

脉冲载波用 $c(t)$ 表示，它由脉宽为 τ 秒、重复周期为 T_s 秒的矩形脉冲串组成，其中 T_s 是按抽样定理确定的，即 $T_s \leqslant \dfrac{1}{2f_H}$。脉幅调制的原理如图 3-15 所示。

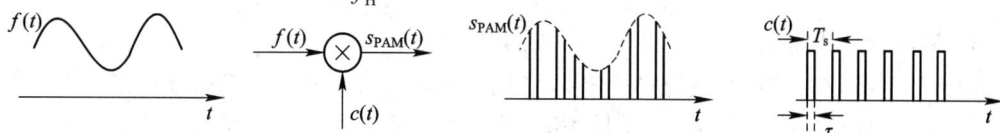

图 3-15 脉幅调制的原理

图 3-16 为脉冲抽样信号 $s_{PAM}(t)$ 恢复原始信号的原理，恢复的信号用 $f_d(t)$ 表示，它和原始信号 $f(t)$ 的形状相同。图 3-17 为脉冲调幅的波形及频谱，ω_H 为基带信号的截止频率，τ 为脉冲载波的脉宽，T_s 为脉冲载波的周期。其中，基带信号的波形及频谱如图 3-17(a)所示，脉冲载波的波形及频谱如图 3-17(b)所示，已抽样信号的波形及频谱如图 3-17(c)所示。

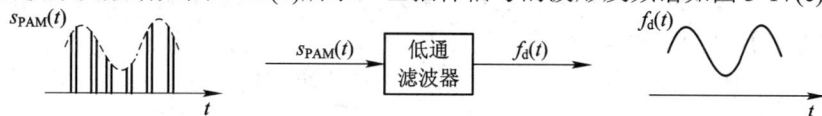

图 3-16 脉冲抽样信号 $s_{PAM}(t)$ 恢复原始信号的原理

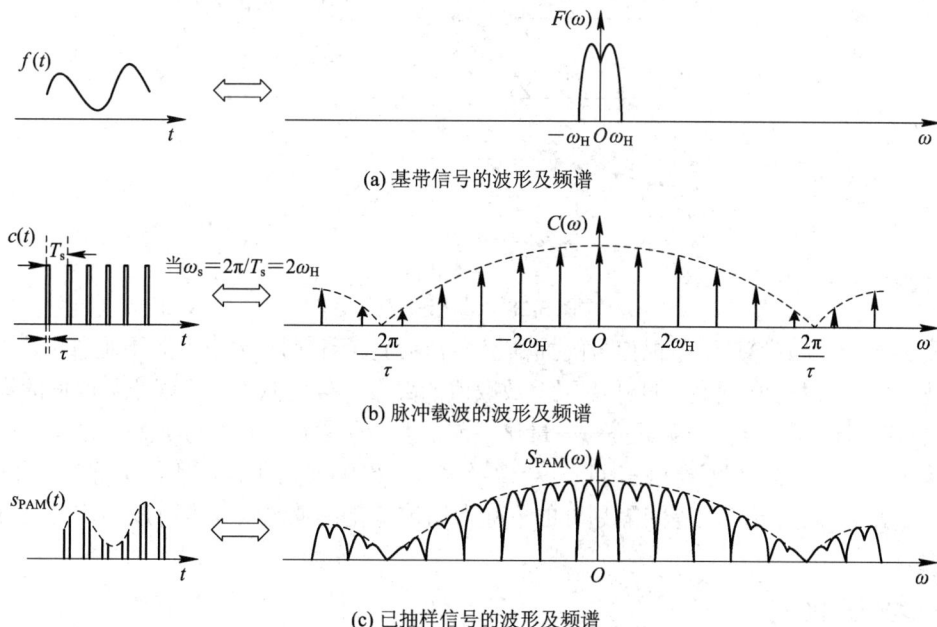

(a) 基带信号的波形及频谱

(b) 脉冲载波的波形及频谱

(c) 已抽样信号的波形及频谱

图 3-17 脉冲调幅的波形及频谱

比较如图 3-17 所示的矩形窄脉冲抽样与如图 3-14 所示的冲激脉冲抽样(理想抽样)的过程和结果，可以得到以下结论。

(1) 它们的调制(抽样)与解调(信号恢复)过程完全相同，只是采用的抽样信号不同。

(2) 矩形窄脉冲抽样时包络的总趋势是随 ω 上升而下降，因此带宽是有限的；而理想抽样的带宽是无限的。矩形窄脉冲抽样时包络的总趋势按 Sa 函数曲线下降，带宽与 τ 有关。τ 越大，带宽越小；τ 越小，带宽越大。

(3) τ 的大小要兼顾通信中信号带宽和脉冲宽度互相矛盾的要求。通信中一般要求信号带宽越小越好，因此要求 τ 大；但为了增加时分复用的路数又要求 τ 小，因此二者是矛盾的。

3.2.3 脉冲编码调制

1. 量化的基本原理

模拟信号经过抽样后得到 PAM 信号，由于 PAM 信号的幅度仍然是连续的，即它的幅度有无穷多种取值，有限 n 位二进制的编码最多能表示 2^n 种电平，那么幅度连续的样值信号无法用有限位数字编码信号来表示，这样就必须对样值信号的幅度进行离散，使其取值为有限多种状态。对幅度进行离散化处理的过程称为量化，实现量化的器件称为量化器。

在量化过程中，每个量化器都有一个量化范围 $a \sim b$，若输入的模拟信号的幅度超过此范围则称为过载。将量化范围划分成 M 个区间(称为量化区间)，每个量化区间用一个电平(称为量化电平)表示(共有 M 个量化电平，M 称为量化电平数)，量化区间的间隔称为量化间隔。图 3-18 为量化过程图。

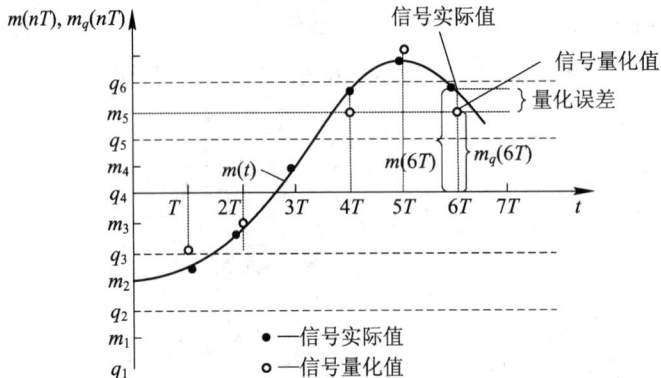

图 3-18   量化过程图

图 3-18 中，$m(nT)$ 表示模拟信号的抽样值，$m_q(nT)$ 表示信号的量化值，不难看出，量化过程就是一个近似表示的过程，即用有限个数取值的离散信号近似表示无限个数取值的模拟信号。这一近似过程一定会产生误差——量化误差，即量化前后 $m(nT)$ 与 $m_q(nT)$ 之差。由于量化误差一旦形成，在接收端无法消除，会像噪声一样影响通信质量，所以又称为量化噪声。

图 3-18 中量化区间是等间隔划分的，称为均匀量化；量化区间也可以不均匀划分，称为非均匀量化。

2. 均匀量化

均匀量化的量化间隔 ΔV 为常数，设模拟抽样信号的取值范围在 a 和 b 之间，量化电

平数为 M，则均匀量化时的量化间隔为

$$\Delta V = \frac{b-a}{M} \tag{3-10}$$

量化区间的端点 m_i 为

$$m_i = a + i\Delta V \ , \quad i = 0, \ 1, \ 2, \ \cdots, \ M \tag{3-11}$$

若输出的量化电平 q_i 取量化间隔的中点，则

$$q_i = \frac{m_i + m_{i-1}}{2} \ , \quad i = 0, \ 1, \ 2, \ \cdots, \ M \tag{3-12}$$

为了衡量整个量化过程对通信系统的影响，可以采用量化信噪比的概念，量化信噪比是指模拟输入信号的功率与量化噪声功率之比。据推算在量化器输入为单频余弦或语音信号且不过载的情况下，量化信噪比近似为：

$$\text{SNR}_{\text{dB}} \approx 4.77 + 20\lg D + 6.02n \tag{3-13}$$

式中：D 为输入信号幅度的均方根值与量化器最大量化电平之比；n 为所需二进制编码位数。

由式(3-13)可知，量化器的输出信噪比与输入信号的幅度和编码位数有关。当输入大信号时所产生的输出信噪比高，信号失真小，可靠性强；而当输入小信号时所产生的量化信噪比低，信号容易失真，因此对小信号不利。同时，当编码位数增加时，输出信噪比也相应提高，并且每增加一位编码，输出信噪比提高 6 dB。

均匀量化被广泛应用于计算机的 A/D 变换中。n 表示 A/D 变换器的位数，常用的 A/D 变换器有 8 位、12 位、16 位等不同精度，主要根据应用中所允许的量化误差来确定。图像信号的数字化接口 A/D 也是均匀量化器。但在数字电话通信中，从通信线路的传输效率考虑，采用非均匀量化更为合理，其主要原因是：对于普通的话音信号，其统计特性是大信号出现的概率小，而小信号出现的概率大，因而不适合采用均匀量化。

3. 非均匀量化

量化间隔不相等的量化就是非均匀量化，它是根据信号的不同区间来确定量化间隔的。当信号抽样值小时，量化间隔 ΔV 也小；当信号抽样值大时，量化间隔 ΔV 也大。实际中，非均匀量化的实现方法通常是在进行量化之前，先对抽样信号进行压缩，再进行均匀量化。所谓压缩，是用一个非线性电路将输入电压 x 变换成输出电压 y，$y = f(x)$。

如图 3-19 所示(图中仅画出了曲线的正半部分，第三象限的对称部分没有画出)，纵坐标 y 是均匀刻度的，横坐标 x 是非均匀刻度的。所以输入电压 x 越小，量化间隔也就越小。也就是说，小信号的量化误差也小，这样就可以保证大信号和小信号在整个动态范围内的信噪比基本上一致。

需要说明的是，上述压缩器的输入和输出电压范围都限制在 0 和 1 之间，即作归 1 化处理。

对于电话信号的压缩，美国最早提出 μ 律压缩以及相应的近似算法——15 折线法，后来欧洲提出 A 律压缩以及相应的近似算法——13 折线法，它们都是 ITU 建议共存的两个标准。

我国大陆、欧洲和非洲大都采用 A 律压缩及相应的 13 折线法，美国、日本和加拿大等国家采用 μ 律压缩及 15 折线法。

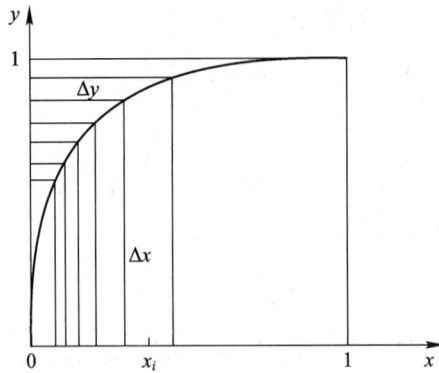

图 3-19　非均匀量化曲线

4. 脉冲编码调制(PCM)的编码和译码原理

模拟信号经过抽样和量化后，可以得到一系列的离散输出，共有 N 个电平状态。当 N 较大时，若直接传输 N 进制的信号，则抗噪声性能会很差。因此，通常在发送端通过编码器把 N 进制信号变换为 k 位二进制数字信号($2^k \geqslant N$)，而在接收端将收到的二进制码元经过译码器再还原为 N 进制信号，这种系统就是脉冲编码调制(PCM)系统。

把量化后的信号变换成代码的过程称为编码，其相反的过程称为译码。编码广泛应用于通信、计算机、数字仪表等领域，其方法也是多种多样的，按编码速度，大致可分为低速编码和高速编码两大类，通信中一般采用高速编码。编码器的种类大体上可以归结为逐次比较(反馈)型、折叠级联型和混合型三种。本节仅介绍目前应用较为广泛的逐次比较型编码和译码原理。

讨论编码原理以前，需要明确常用的二进制编码码型及基于 A 律 13 折线的码位安排。

1) 常用的二进制编码码型

二进制码具有很好的抗噪声性能，并易于再生，因此 PCM 中一般采用二进制码。对于 N 个量化电平，可以用 k 位二进制码来表示，其中每一种组合称为一个码字。通常可以把量化后的所有量化电平按某种次序排列起来，并列出各对应的码字，而这种整体的对应关系就称为码型。常用的二进制码型有三种，即自然二进制码(NBC)、折叠二进制码(FBC)和格雷二进制码(RBC)。以 4 位二进制码字为例，上述三种码型的码字如表 3-1 所示。

表 3-1　4 位二进制码码型的码字

电平序号	自然二进制码 NBC				折叠二进制码 FBC				格雷二进制码 RBC			
	b_1	b_2	b_3	b_4	b_1	b_2	b_3	b_4	b_1	b_2	b_3	b_4
15	1	1	1	1	1	1	1	1	1	0	0	0
14	1	1	1	0	1	1	1	0	1	0	0	1
13	1	1	0	1	1	1	0	1	1	0	1	1
12	1	1	0	0	1	1	0	0	1	0	1	0
11	1	0	1	1	1	0	1	1	1	1	1	0
10	1	0	1	0	1	0	1	0	1	1	1	1
9	1	0	0	1	1	0	0	1	1	1	0	1

续表

电平序号	自然二进制码 NBC				折叠二进制码 FBC				格雷二进制码 RBC			
	b_1	b_2	b_3	b_4	b_1	b_2	b_3	b_4	b_1	b_2	b_3	b_4
8	1	0	0	0	1	0	0	0	1	1	0	0
7	0	1	1	1	0	0	0	0	0	1	0	0
6	0	1	1	0	0	0	0	1	0	1	0	1
5	0	1	0	1	0	0	1	0	0	1	1	1
4	0	1	0	0	0	0	1	1	0	1	1	0
3	0	0	1	1	0	1	0	0	0	0	1	0
2	0	0	1	0	0	1	0	1	0	0	1	1
1	0	0	0	1	0	1	1	0	0	0	0	1
0	0	0	0	0	0	1	1	1	0	0	0	0

自然二进制码是大家最熟悉的二进制码，从左至右其权值分别为8、4、2、1，因此又被称为8421码。

折叠二进制码是目前 A 律 13 折线 PCM30/32 路设备所采用的码型。这种码是由自然二进制码演变而来的，除去最高位，折叠二进制码的上半部分与下半部分呈倒影关系(折叠关系)。这种码的最高位表示电压的极性正负，而其他位表示电压的绝对值。也就是说，在用最高位表示极性后，双极性电压可以采用单极性编码方法处理，从而使编码电路和编码过程大为简化。

除此之外，折叠二进制码还有一个特点，就是在传输过程中如果出现误码，对于小信号影响较小。例如，大信号 1111 误判为 0111，从表 3-1 中可看到，对于自然二进制码解码后得到的样值脉冲与原信号相比，误差为 8 个量化级；而对于折叠二进制码，误差为 15 个量化级。显然，大信号时误码对折叠二进制码影响较大。如果误码发生在小信号上，例如，1000 误判为 0000，对于自然二进制误差仍为 8 个量化级，而对于折叠二进制码，误差却只有 1 个量化级。这一特性十分可贵，因为，话音信号中小幅度信号出现的概率比大幅度信号出现的概率大，所以折叠二进制码有利于减小语音信号的平均量化噪声。

在介绍格雷二进制码之前，首先了解码距的概念。码距是指两个码字对应位取值不同的位数。格雷二进制码是按照相邻两组码字之间只有一个码位的取值不同(即相邻两组码的码距均为1)而构成的，如表 3-1 所示。其编码过程为：从 0000 开始，由后(低位)往前(高位)每次只变一个码位数值，而且只有当后面的那位码不能变时，才能变前面的一位码。这种码通常用于工业控制中的继电器控制，以及通信中采用编码管进行的编码过程。

上述分析是在 4 位二进制码字基础上进行的，实际上码字位数的选择在数字通信中非常重要，它不仅关系到通信质量的好坏，而且还涉及通信设备的复杂程度。码字位数的多少，决定了量化级的多少。反之，若信号量化分层数一定，则编码位数也就被确定。可见，当输入信号变化范围一定时，用的码字位数越多，量化分层越细，量化噪声就越小，通信质量就越好，但码字位数越多，总的传输码率会相应增加，会使信号的传输量和存储量增大，编码器也将较复杂。在话音通信中，通常采用 8 位的 PCM 编码就能够保证满意的通信质量。

2) 基于 A 律 13 折线的码位安排

在 A 律 13 折线编码中，正负方向共有 16 个段落，在每一个段落内有 16 个均匀分布的量化电平，因此总的量化电平数 $M=256$，编码位数 $n=8$。其中：第 1 位 C_1 称为极性码，用数值 "1" 或 "0" 分别代表抽样量化值的正、负极性；后面的 7 位分为段落码和段内码两部分，用于表示量化值的绝对值。第 2~4 位 $(C_2C_3C_4)$ 称为段落码，共计 3 位，8 种可能状态分别代表 8 个段落；其他 4 位称为段内码，16 种可能状态分别代表每一段落内的 16 个均匀划分的量化电平。表 3-2 和表 3-3 给出了段落码和段内码的编码规则。上述编码是将压缩、量化和编码合为一体的方法。根据上述分析，8 位码的排列为：

极性码　　　段落码　　　段内码

C_1　　　$C_2C_3C_4$　　　$C_5C_6C_7C_8$

表 3-2　段　落　码

段落序号	段落码 $C_2C_3C_4$	段落单位(量化单位)
8	111	1024~2048
7	110	512~1024
6	101	256~512
5	100	128~256
4	011	64~128
3	010	32~64
2	001	16~32
1	000	0~16

表 3-3　段　内　码

量化间隔	段内码 $C_5C_6C_7C_8$	量化间隔	段内码 $C_5C_6C_7C_8$
15	1111	7	0111
14	1110	6	0110
13	1101	5	0101
12	1100	4	0100
11	1011	3	0011
10	1010	2	0010
9	1001	1	0001
8	1000	0	0000

从折叠二进制码的规律可知，用折叠二进制码表示两个极性不同，但绝对值相同的样值脉冲时，除极性码 C_1 不同外，其余几位码是完全一样的。因此在编码过程中，只要将样值脉冲的极性判别出后，编码器是以样值脉冲的绝对值进行量化和输出码组的。这样只考虑 13 折线中正输入信号的 8 段折线就可以了。

在上述编码方法中，虽然各段内的 16 个量化级是均匀的，但因段落长度不等，故不同段落间的量化级是非均匀的。当输入信号小时，段落短，量化级间隔小；反之，量化级间隔大。在 13 折线中，第 1、2 段最短，第 1、2 段的归一化长度是 1/128，再将其等分为 16 段后，每一小段的长度为(1/128) × (1/16) = 1/2048，这就是最小的量化间隔，后面将此最小量化间隔(1/2048)称为 1 个量化单位，记为 1Δ。第 8 段最长，其横坐标 x 的动态范围为 1/2。将其 16 等分后，每段长度为 1/32。若采用均匀量化而仍希望对于小电压保持有同样的动态范围 1/2048，则需要用 11 位的码组才行。目前采用非均匀量化，只需要 7 位就够了。

3.2.4 差分脉冲编码调制

A 律或 μ 律的对数压扩 PCM(64 kb/s 数码率)已经在大容量的光纤通信系统和数字微波系统中得到了广泛的应用，但是在频率资源紧张的移动通信系统(采用超短波段，每路电话带宽要求小于 25 Hz)和费用昂贵的卫星通信系统中，64 kb/s 的 PCM 电话由于经济性而受到限制。要拓宽数字通信的应用领域，就必须开发更低速率的数字电话，在相同质量指标的条件下降低数字化话音的数码率，以提高数字通信系统的频率利用率。

通常把低于 64 kb/s 数码率的话音编码方法称为话音压缩编码技术。为了减小过载量化误差，提高通信容量，常采用差分脉冲编码调制(DPCM)。PCM 是一种最通用的无压缩编码。PCM 方式是把取样值变成二进制数再进行传输或存储的，它没有记录样值本身。如果同时也记录取样值之间的差值，这种方式就称为 DPCM。

通常自然界的声音是频率越高声压级越低，人耳特性也是随着频率的增高，灵敏度急剧下降。可以说频率越高声音的动态范围越小。可见 DPCM 方式是非常适合自然界规律的。

思考题与练习题

1. 简述低通抽样定理的内容。
2. 如果频带信号的最低频率为 f_L，最高频率为 f_H，带宽 $B = f_H - f_L$，对这样的带通信号进行抽样时，抽样频率 $f_s \geqslant 2f_H$ 后抽样信号的频谱会不会出现重叠？如果不会出现重叠，那么抽样频率是否就选择 $f_s \geqslant 2f_H$？实际应用中，f_s 应怎样选择？
3. 比较均匀量化和非均匀量化的不同，说明各自的特点。
4. 模拟信号数字化要经过哪几步？画出 PCM 通信系统的构成示意图并简要说明各功能模块的作用。

任务 3.3 认识数字基带信号及其常见编码

任务引入

利用 PCM 方式和 DPCM 方式编码得到的信号是二进制信号，由数字设备终端直接发出的信号也是二进制数字信号，它们都是典型的矩形电脉冲信号，其频谱包括直流、低频和高频等多种成分。在数字信号频谱中，把直流(零频)开始到能量集中的一段频率范围称为基本频带，简称基带。数字信号又被称为数字基带信号，在信道中直接传输这种基带信号就称为基带传输。基带传输信道只传输一种信号，因此通信信道利用率低。

数字通信系统有两个基本的变换，一个是把消息变换成数字基带信号，另一个是把数字基带信号变换成信道信号。在实际的数字通信中这两个变换并不一定都要进行，也可只进行第一种变换，就直接传输。这种不经过调制和解调过程直接传输基带信号的系统称为基带传输系统；对应地将包括调制与解调过程的传输系统称为数字频带传输系统。

直接传送基带信号一般是因为传送信号的信道带宽与基带信号的频带宽度大致相当，如计算机的网线、电传机的电话线、石油测井的井下仪到地面设备的测量电缆等。在上述信道情况下，如果再将基带信号调制到高频上，就无法传送。在 4G 制式移动通信中，用户可以通过手机上网，基站在接收到用户的频带信号后，同样要将频带信号解调为基带信号，再通过路由器接入到 IP 网络中。

从通信的有效性考虑，基带传输没有频带传输应用广泛，但在基带传输中要讨论的许多问题在频带传输中也必须考虑，因此掌握好数字信号的基带传输原理是十分重要的。由于在近距离范围内，基带信号的功率衰减不大，从而信道容量不会发生变化，因此，在局域网中通常使用基带传输技术。在基带传输中，需要对数字信号进行编码。

任务相关知识

3.3.1 数字基带传输的基本码型

一般情况下，数字信息可以表示为一个数字序列，即

$$a_{-n}, \cdots, a_{-2}, a_{-1}, a_0, a_1, \cdots, a_n$$

上述序列被记作 $\{a_n\}$，其中 a_n 是数字序列的基本单元，称为码元。每个码元只能取离散的有限个值，例如，在二进制中，a_n 只能取 0 或 1 两个值；在三进制中，可取 0、1、2；在 M 进制中，可取 0，1，2，$\cdots$，$M-1$ 共 M 个值，或者取二进制码的 M 种排列。通常用不同幅度的脉冲表示码元的不同取值，这样的脉冲信号就是数字基带信号。也就是说，数字基带信号是数字信息的电脉冲表示，电脉冲的形式称为码型。在有线信道中传输的数字基带信号又称为线路传输码型。把数字信息表示为电脉冲的过程称为码型编码，而由码型还原为数字信息的过程称为码型译码。

1. 码型设计原则

不同形式的数字基带信号(又称为码型)具有不同的频谱结构，从而频率特性不尽相同，合理地设计数字基带信号的频谱结构，使数字信息变换为更适合于给定信道的传输，是基带传输首先要考虑的问题。通常选择码型时应该考虑的主要因素有以下几点。

(1) 码型中低频、高频分量应尽量少。码型的低、高频分量在传输中均有较大的衰减，其低频分量要求元件尺寸大，高频分量会对邻近线路造成较大干扰。这样做还可以节省传输频带，提高信道的频谱利用率。

(2) 码型中应包含定时信息，以便定时提取。在基带传输系统中，位定时信息是接收端再生原始信息所必需的。在某些应用中位定时信息可以用单独的信道与基带信号同时传输，但在远距离传输系统中这样做常常是不经济的，因而需要从基带信号中提取位定时信息，

这就要求基带信号或经简单的非线性变换后能产生位定时信号的频谱。

(3) 码型应具有一定检错能力，若传输码型有一定的规律，则可根据这一规律来检测传输质量，以便进行自动监测。

(4) 编码方案对发送消息的类型不应有任何限制，应适合于所有的二进制信号。这种与信源的统计特性无关的特性称为对信源具有透明性。不受信源统计特性影响的线路码型，不会长时间出现高电平或低电平的现象。

(5) 低误码增值。误码增值是指单个的数字传输错误在接收端解码时，造成错误码元的平均个数增加。从传输质量要求出发，它越小越好。

(6) 码型变换(编译码)设备要简单可靠。

(7) 高编码效率。

上述各项原则不是任何基带传输码型均能完全满足的，往往是依照实际要求满足其中的若干项。

数字基带信号的码型种类繁多，根据数字基带信号中每个码元的幅度取值不同，可将其分为二元码、三元码和多元码。

2. 二元码

幅度取值只有两种电平的码型称为二元码。最简单的二元码基带信号的波形为矩形波，幅度的两种取值分别对应于二进制码中的 1 和 0。图 3-20 给出了常用的几种二元码的波形图。

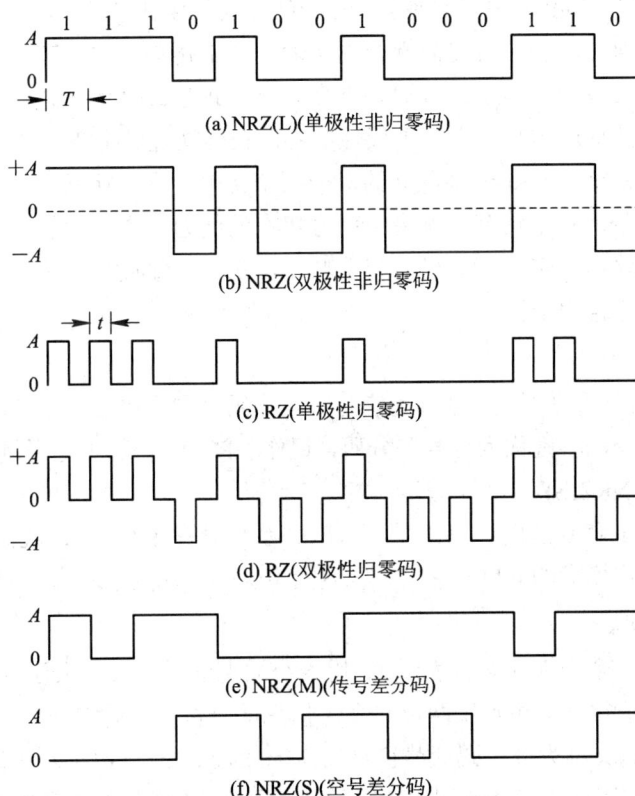

图 3-20　常用的几种二元码的波形图

1) 单极性非归零码

单极性非归零码用高电平和低电平(通常为零电平)两种取值分别表示二进制码的 1 和 0,在整个码元期间电平保持不变,一般记作 NRZ(L)。由于这种码的低电平常取作零电平,而一般设备都有固定的零电平,因此应用非常方便。其波形如图 3-20(a)所示。

2) 双极性非归零码

双极性非归零码用正电平和负电平分别表示 1 和 0,在整个码元期间电平保持不变,常记作 NRZ。双极性非归零码的优点是无直流分量,可以在无接地的传输线上传输,因此应用也较为广泛。其波形如图 3-20(b)所示。

3) 单极性归零码

单极性归零码与单极性非归零码的区别在于:当发送 1 时,高电平在整个码元期间 T 内只保持一段时间 $\tau(\tau < T)$,其余时间则返回到零电平;当发送 0 时,用零电平表示。单极性归零码常记作 RZ。τ/T 称为占空比,单极性归零码一般使用半占空比码,即 $\tau/T = 0.5$。这种码的优点是码中含有丰富的位定时信息,其波形如图 3-20(c)所示。

4) 双极性归零码

双极性归零码是用正极性的归零码表示 1,用负极性的归零码表示 0。显然它有 3 种幅度取值,但它用脉冲的正、负极性表示两种信息,因此一般仍归类于二元码中。这种码兼有双极性和归零的特点。其波形如图 3-20(d)所示。

上述 4 种码型是二元码中最简单的。在它们的功率谱中有着丰富的低频分量,有些码甚至有直流分量,显然不能在有交流耦合的传输信道中传输。非归零码常常不含有定时信息,当信息中包含长串的连续 1 或 0 时,非归零码呈现出连续的固定电平,由于信号中不出现跳变,因而无法提取定时信息。单极性归零码在传送连续 0 时,存在同样的问题。在上述二元码信息中每个 1 与 0 分别独立的对应某个传输电平,相邻信号之间不存在任何制约,从而使这些基带信号不具有检测错误信号状态的能力。由于信道频带受限并且存在其他干扰,经信道传输后基带信号波形会产生畸变,从而导致接收端错误地恢复原始信息。因此,这 4 种码型通常用于机内和近距离传输。

5) 差分码

在电报通信中,1 称为传号,0 称为空号。差分码分别用电平的跳变和不变来表示 1 和 0。若用电平跳变表示 1,则称为传号差分码,记作 NRZ(M)。若用电平跳变表示 0,则称为空号差分码,记作 NRZ(S)。

差分码与信息 1 和 0 之间没有绝对的对应关系,只有相对关系,它在相移键控信号的解调中用来解决相位模糊的问题。差分码又称为相对码。其波形如图 3-20(e)、(f)所示。

6) 数字双相码

数字双相码用一个周期的方波表示 1,用一个周期的反相波形表示 0,二者均为双极性归零脉冲。这相当于数字双相码用两位码表示信息的一位码,通常规定用 10 表示 0,用 01 表示 1。数字双相码又称为分相码或曼彻斯特(Manchester)码。数字双相码的特点是含有丰富的位定时信息,因为数字双相码在每个码元间隔的中心部分都存在电平跳变,因此其频谱中存在很强的定时分量;不受信源统计特性的影响;无直流分量;00 和 11 为禁用码组,具有一定的宏观检错能力。但上述优点是用频带加倍换来的，通常用于终端设备的短距离传输。其波形如图 3-21(a)所示。

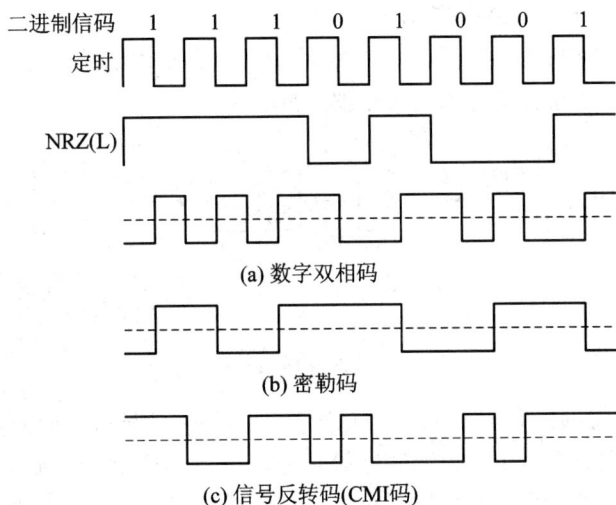

(a) 数字双相码

(b) 密勒码

(c) 信号反转码(CMI码)

图 3-21　1B2B 波形图

7) 密勒码

密勒码是数字双相码的一种变形，它用码元间隔中心出现跃变表示 1，即用 01 或 10 表示 1；而在单 0 时，码元间隔内不出现电平跃变，相邻码元边界处也无跃变；出现连 0 时，在两个 0 的边界处出现电平跃变，即 00 与 11 交替。这种码不会出现多于 4 个连码的情况。其波形如图 3-21(b)所示。

密勒码实际上是数字双相码经过一级触发器后得到的。因此，密勒码是数字双相码的差分形式，它也能解决数字双相码中存在的相位不确定的问题。利用密勒码最大宽度为两个码元周期而最小宽度为一个码元周期这一特点，可以检测传输误码或线路故障。

8) 信号反转码

信号反转码与数字双相码类似，也是一种双极性二电平非归零码。它用 00 和 11 两位码交替的表示 1，用 01 表示 0，10 为禁用码组，常记作 CMI。其波形如图 3-21(c)所示。

CMI 码无直流分量，含有位定时信息，用负跳变可直接提取位定时信号，不会产生相位不确定问题。另外，CMI 码具有一定的宏观检错能力，这是因为"1"相当于用交替的"00"和"11"两位码组表示，而"0"则固定用"01"表示，在正常情况下，"10"是不可能在波形中出现的，连续的"00"和"11"也是不可能出现的，这种相关性可以用来检测因信道而产生的部分错误。

CMI 码实现起来也比较容易，在高次群脉冲编码调制终端设备中广泛用作接口码型。

数字双相码、密勒码和 CMI 码的原始二元码在编码后都用一组两位的二元码来表示，因此这类码又称为 1B2B 码。

3.3.2　数字基带传输系统

通常在传输距离不太远的情况下，数字基带信号可以不经调制，直接在电(光)缆中传输，利用中继方式也可以实现长距离的直接传输。好比人们出行一般，有的人徒步到达终点，全然不依靠车、船等交通工具，所以距离不能太远。

1. 数字基带传输系统的基本组成

数字基带传输系统的基本框图如图3-22所示，它通常由脉冲形成器、发送滤波器、信道、接收滤波器、抽样判决器与码元再生器组成。

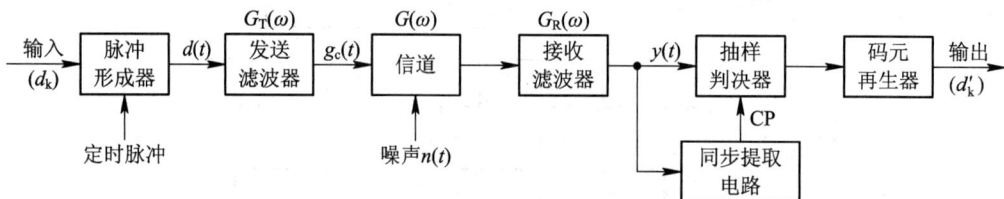

图3-22　数字基带传输系统的基本框图

基带传输不需要调制，但要对数字信息源产生的基带信号进行码型变换和波形形成(如图3-22中发送滤波器、信道和接收滤波器等部分)。波形形成就是使数据传输即满足可靠性的要求，也能达到足够高的有效性的要求的一种数据传输技术。脉冲形成器输入的是由电传机、计算机等终端设备发送来的二进制数据序列或是经模数转换后的二进制(也可是多进制)脉冲序列，用(d_k)表示，一般是脉冲宽度为T_b的单极性码，它并不适合信道传输，脉冲形成器的作用是将(d_k)变换成适合信道传输的码型$d(t)$，并提供同步定时信息，使信号适合信道传输，保证收发双方同步工作。

不同的码型具有不同的频域特性，以适应信道的传输特性。码型变换后的信号，经发送滤波器变换成适合信道传输的波形。发送滤波器(传递函数为$G_T(\omega)$)的作用是将输入的矩形脉冲变换成适合信号传输的波形。这是因为矩形波含有丰富的高频成分，若直接送入信道传输，容易产生失真。

数字基带传输系统的信道(传输函数$G(\omega)$)通常采用电缆、架空明线、光纤等。信道既传送信号，同时又因存在噪声和频率特性不理想对数字信号造成损害，使波形产生畸变，严重时发生误码。

接收滤波器(传递函数$G_R(\omega)$)是接收端为了减小频率特性不理想和噪声对信号传输的影响而设置的。其主要作用是滤除带外噪声并对已接收的波形均衡，以便抽样判决器正确判决。

抽样判决器的作用是对接收滤波器输出的信号，在规定的时刻(由定时脉冲控制)进行抽样，然后对抽样值判决，以确定各码元是"1"码还是"0"码。

码元再生器的作用是对抽样判决器输出的"0""1"码进行原始码再生，以获得与输入码型相应的原脉冲序列。

另外，接收端还要附加同步提取电路，其作用是提取接收信号中的定时信息。

数字基带传输系统各点的波形如图3-23所示，显然传输过程中第7个码元发生误码。前文已指出，误码的原因是信道加性噪声和频率特性不理想引起的波形畸变，使码元之间相互干扰，如图3-24所示。此时实际抽样判决值是本码元的值与几个邻近脉冲拖尾及加性噪声的叠加。这种脉冲拖尾的重叠，并在接收端造成判决困难的现象称为码间串扰(或码间干扰)。

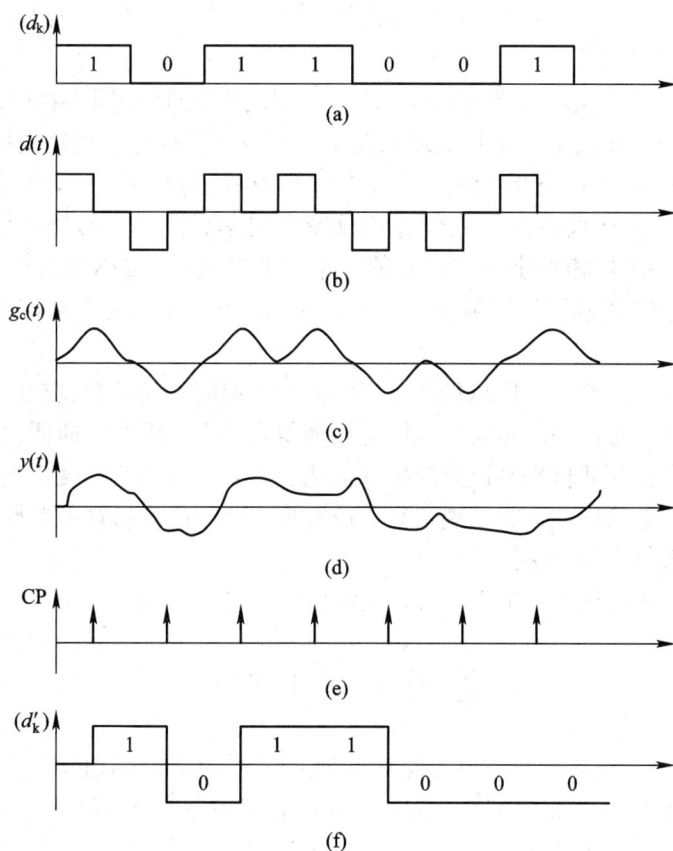

图 3-23　数字基带传输系统各点的波形

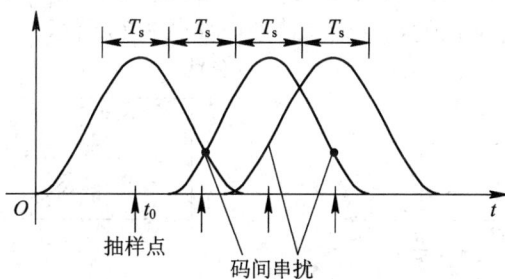

图 3-24　码间串扰

2. 数字基带传输中的码间串扰与噪声

实际通信系统中信道的带宽不可能无穷大，而数字基带信号在频域内又是无限延伸的，如果信道带宽设在 0 至第一个谱零点处，那么当这个基带信号通过该信道时，第一个谱零点后的频率会被截掉，成为一个带限信号，这就会引起较大的波形传输失真。

1) 码间串扰

一个时间有限的信号，如门信号，它的傅里叶变换在频域上就是正负频率方向无限延伸的；反之一个频带受限的频域信号在时域上必定是无限延伸的。这样，前面的码元对后面的若干码元就会造成不良影响。这种影响就是码间串扰或码间干扰。它是影响基带信号进行可靠传输的主要因素，不光存在于基带传输中，频带传输中也经常发生。

怎样才能保证信号在传输时不出现或少出现码间串扰？这是关系到信号可靠传输的一个关键问题。奈奎斯特对此进行了研究，提出了不出现码间串扰的理论条件：当一个数字基带信号的码元在某一理想低通信道中传输时，若信号的传输速率为 $R_b = 2f_s$(f_s 为理想低通截止频率)，各码元的间隔 $T_s = 1/R_b = 1/(2f_s)$，则此时系统输出波形在码元响应的最大值处将不产生码间串扰，且信道的频带利用率达到最高极限，即 $\eta_B = R_B/R_N = 2$ Baud/Hz。上述条件是传输数字基带信号的一个重要准则，通常称为奈奎斯特第一准则。也就是说，传输数字基带信号所需要的信道带宽 B_W 应该是码元传输速率的一半，即 $B_W = R_b/2 = 1/(2T_s)$。

在数字基带信号传输中，信息是携带在码元波形幅度上的。接收端经过再生判决若能准确地恢复出幅度信息，则原始信号就能无误地得到传送，因此，即便信号经传输后整个波形发生了变化，但只要再生判决点的抽样值能反映其所携带的幅度信息，那么仍然可以准确无误地恢复原始信码。也就是说，只需研究特定时刻的波形幅值怎样可以无失真传输即可，而不必要求整个波形保持不变。

在无码间串扰的时域条件下，基带传输特性应满足

$$\sum_{n=-\infty}^{\infty} H\left(\omega + \frac{2n\pi}{T_s}\right) = T_s \mid \omega \mid \leqslant \frac{\pi}{T_s} \tag{3-14}$$

式(3-14)的物理意义是，把传输函数在 ω 轴上以 $2\pi/T_s$ 为间隔切开，然后分段沿 ω 轴平移到($-\pi/T_s$, π/T_s)区间内，将它们叠加起来，其结果应当为一个常数。

2) 无码间串扰的传输特性

满足式(3-14)的函数有多种，如直线滚降和升余弦特性等。直线滚降是理想情况下的波形，而在实际中得到广泛应用的是升余弦特性，如图 3-25 所示。

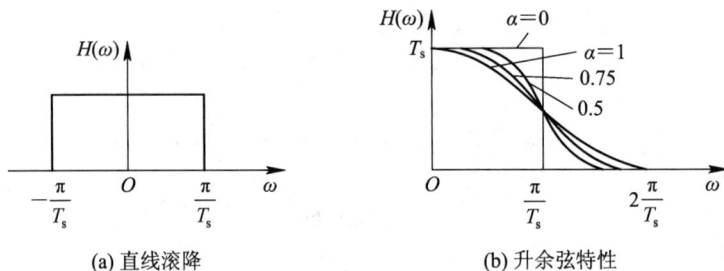

(a) 直线滚降   (b) 升余弦特性

图 3-25   直线滚降和升余弦特性

综上所述，理想低通传输系统在码间串扰、频带利用率、取样判决点处信噪比等方面都能达到理想要求。然而理想低通特性是无法实现的，即实际传输中不可能有绝对理想的基带传输系统。这样就不得不降低频带利用率，采用具有奇对称滚降特性的低通滤波网络作为传输网络。"滚降"是指信号的频域过渡特性或频域衰减特性是缓慢下降的。升余弦滚降特性就是一种常用的滚降特性。

具有滚降特性的低通滤波网络，由于幅频特性在 f 处呈平滑变化，所以容易实现。问题的关键是，滚降低通滤波网络作为传输网络是否满足无码间串扰的条件，或者说，当滚降低通特性符合哪些要求时，可做到其输出波形在取样判决点无码间串扰。

根据推论可得：若滚降低通的幅频特性以点 $C(\pi/T_s,\ 1/2)$(设该幅频特性的最大振幅值为1)呈对称滚降，则可满足无码间串扰的条件。

图 3-26 给出了滚降系数 $\alpha=0$、$\alpha=0.5$、$\alpha=0.75$、$\alpha=1$ 时的传输函数和冲激响应。由图 3-26 可知，升余弦滚降信号在前后抽样值处的串扰始终为 0，因而满足抽样值无码间串扰的传输条件。随着滚降系数 α 的增加，两个零点之间的波形振荡起伏变小。但随着 α 的增大，所占频带的带宽增加。当 $\alpha=0$ 时，为理想基带传输系统；当 $\alpha=1$ 时，所占频带最宽，是理想基带传输系统的 2 倍，用滚降系统作为传输网络时，实际占用的频带展宽了，而传输效率有所下降，因而频带利用率为 1 Baud/Hz；当 $0<\alpha<1$ 时，系统的频带利用率 $\eta=2/(1+\alpha)$Baud/Hz。滚降系数 α 不能太小，通常选择 $\alpha\geqslant0.2$。

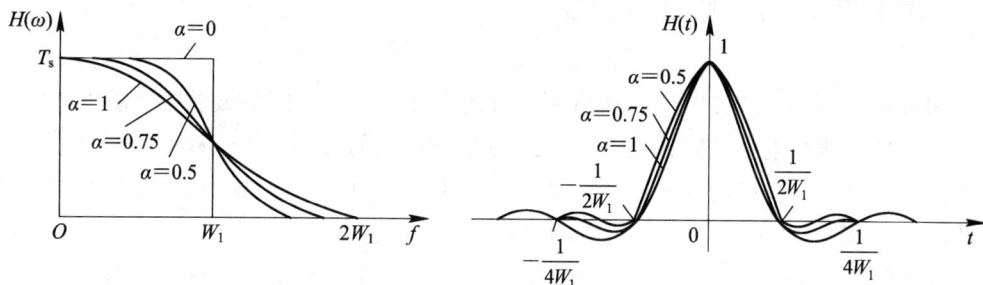

图 3-26　与理想低通等效的滚降特性

思考题与练习题

1. 数字基带传输系统对数字基带信号的码型有何要求？
2. 画出数字基带传输系统的方框图，并说明各部分的作用。
3. 什么是码间串扰？为了消除码间串扰，数字基带传输系统的传输特性 $H(\omega)$ 应满足什么条件？

任务 3.4　学会二进制数字调制方法

任务引入

现代移动通信系统都使用数字调制，用于调制的信号是由"0"和"1"组成的离散信号，其载波是连续波。为了使数字信号在有限带宽的信道中传输，必须用数字信号对载波进行调制。实际应用中，在发送端用基带数字信号控制高频载波，把基带数字信号变换为频带数字信号——数字调制；在接收端通过解调器把频带数字信号还原成基带数字信号——解调。通常把数字调制与解调合起来称为数字调制，把包括调制和解调过程的传输系统称为数字信号的频带传输系统。

一般而言，数字调制技术可分为两种类型：一是利用模拟方法实现数字调制，也就是把数字基带信号当作模拟信号的特殊情况来处理；二是利用数字信号的离散取值特点键控载波，从而实现数字调制。第二种技术通常称为键控法，如用基带数字信号对载波的振幅、频率、相位进行键控，便可获得振幅键控(ASK)、频移键控(FSK)及相移键控(PSK)调制方式。也有同时改变载波振幅和相位的调制技术，如正交调幅(QAM)。键控法一般由数字电路来实现，它具有调制变换速率快、调整测试方便、体积小和设备可靠性高等特点。

任务相关知识

3.4.1 振幅键控调制 2ASK

1. 二进制振幅键控的调制机理

1) 信号波形

在振幅键控系统中载波幅度随着调制信号的变化而变化，即载波的幅度随着数字信号在"1"和"0"两个电平之间转换。图 3-27 为 2ASK 信号波形，正弦载波的有无受信码控制。当信码为"1"时，2ASK 的波形是若干个周期的高频等幅波(图 3-27 中为 3 个周期)；当信码为"0"时，2ASK 信号的波形是零电平。可见，当数字信号为"1"时，调制的结果为原载波正弦波，当数字信号为"0"时调制结果为 0，如同开关键一样，具有通断键控的效果。这种调制称为振幅键控(Amplitude Shift Keying，ASK)。

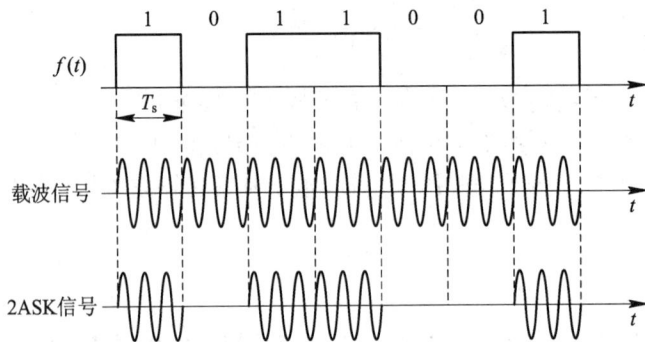

图 3-27　2ASK 信号波形

2) 二进制振幅键控信号的调制

根据线性调制的原理，一个二进制振幅键控信号可以表示成一个单极性矩形脉冲序列与一个正弦载波的乘积，即

$$S_{2ASK}(t)=\left[\sum_n a_n g(t-nT_s)\right]\cos\omega_c t \tag{3-15}$$

式中：$g(t)$为持续时间为 T_s 的矩形脉冲；ω_c 为载波角频率；a_n 为二进制数字，其值服从下述关系：

$$a_n=\begin{cases}1, & 概率为P\\0, & 概率为1-P\end{cases} \tag{3-16}$$

若令

$$f(t) = \sum_n a_n g(t - nT_s) \qquad (3\text{-}17)$$

则式(3-15)可写为

$$S_{2ASK}(t) = f(t)\cos\omega_c t \qquad (3\text{-}18)$$

2ASK 的一般原理框图如图 3-28 所示。

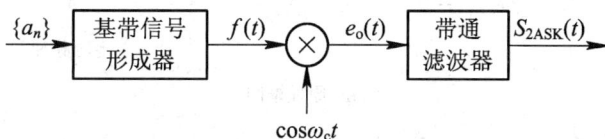

图 3-28 2ASK 的一般原理框图

图 3-28 中，基带信号形成器把数字序列$\{a_n\}$转换成所需的单极性基带矩形脉冲序列 $f(t)$，$f(t)$与载波相乘后即把 $f(t)$ 的频谱搬移到载频 f_c 处，从而实现 2ASK。带通滤波器滤出所需的已调信号，防止带外辐射影响邻近电台。

2ASK 信号之所以称为 OOK(On Off Keying，即开关键控)信号，是因为振幅键控的实现可以用开关电路来完成。开关电路以数字信号为门脉冲来选通载波信号，在开关电路输出端获得 2ASK 信号。2ASK 信号的电路模型如图 3-29 所示。

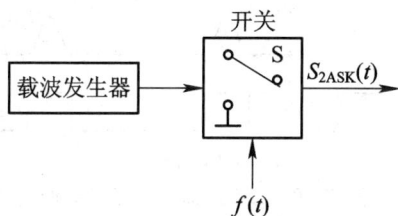

图 3-29 2ASK 信号的电路模型

2ASK 的频带利用率低，即在给定信道带宽的条件下，单位频带内所能传送的数码率较低。为了提高频带利用率，可以用单边带调幅。从理论上说，单边带调幅的频带利用率比双边带调幅的高一倍，其每单位带宽所能传输的数码率可达 1 Baud/Hz。

2ASK 信号的主要优点是易于实现，缺点是抗干扰能力较差，主要应用在低速数据传输中。

2. 二进制振幅键控信号的解调

2ASK 信号的解调由振幅检波器来完成，具体方法主要有包络解调法和相干解调法两种。

1) 包络解调

包络解调的原理框图如图 3-30(a)所示。带通滤波器恰好使 2ASK 信号完整通过，经过包络检波器后，输出其包络。低通滤波器的作用是滤除高频杂波，使基带包络信号通过。抽样判决器包括抽样、判决及码元形成，有时又称译码器。定时脉冲是很窄的脉冲，通常位于每个码元的中央位置，其重复周期等于码元宽度。

图 3-30(b)中，a 为不计噪声影响时，带通滤波器输出的 2ASK 信号，即 $a = f(t)\cos\omega_c t$；b 为整流后的信号；c 为低通滤波器输出的信号；经抽样、判决后将码元再生，d 为恢复出的数字序列，$d = \{a_n\}$。

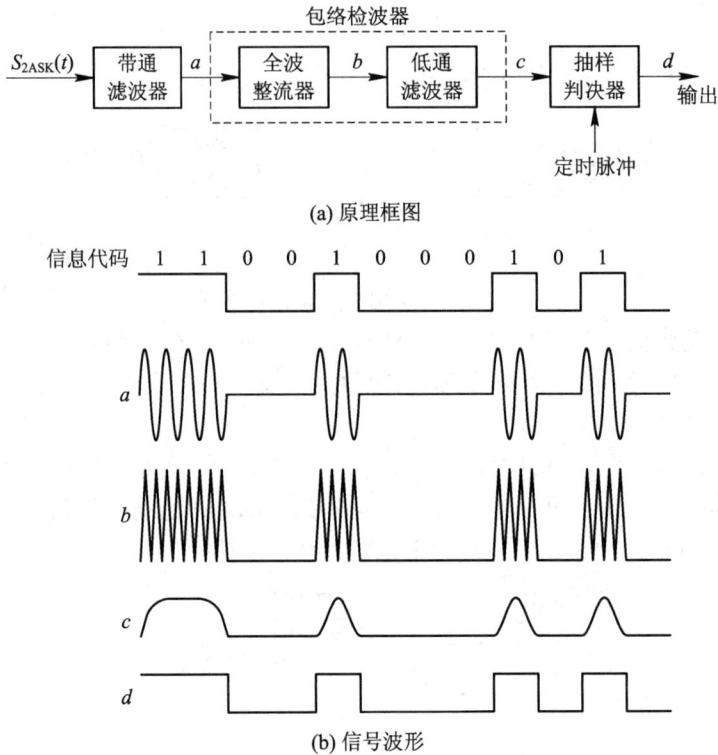

(a) 原理框图

(b) 信号波形

图 3-30　2ASK 信号的包络解调

2) 相干解调

相干解调的原理框图如图 3-31(a)所示。相干解调又称为同步解调。相干解调时，接收机要产生一个与发送载波同频同相的本地载波信号，称之为同步载波或相干载波。利用此载波与接收到的已调波相乘，可得

$$e_0(t) = S_{2ASK} \cdot \cos\omega_c t = f(t)\cos^2\omega_c t = \frac{1}{2}f(t)[1+\cos2\omega_c t] = \frac{1}{2}f(t) + \frac{1}{2}f(t)\cos2\omega_c t \qquad (3\text{-}19)$$

式中，第一项是基带信号，第二项是以 $2\omega_c$ 为载波的成分，两者频谱相差很远。经低通滤波器后，即可输出 $f(t)/2$。低通滤波器的截止频率与基带数字信号的最大频率相等。由于噪声影响及传输特性的不理想，低通滤波器输出波形有失真，经抽样、判决、整形后可再生数字基带脉冲。

图 3-31(b)中，a 为 2ASK 信号，b 为同步载波波形，c 为 a、b 相乘的波形，d 为低通滤波器输出的低频信号波形。

虽然 2ASK 信号含有载波分量，原则上讲可以通过窄带滤波器或锁相环来提取同步载波，但是，从 2ASK 信号中提取载波需要相应的电路，会增加设备的复杂性。因此，在实际中为了简化设备，很少采用同步检波来解调 2ASK 信号。

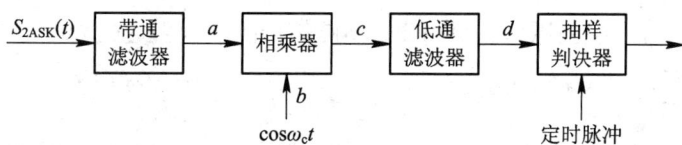

(a) 原理框图

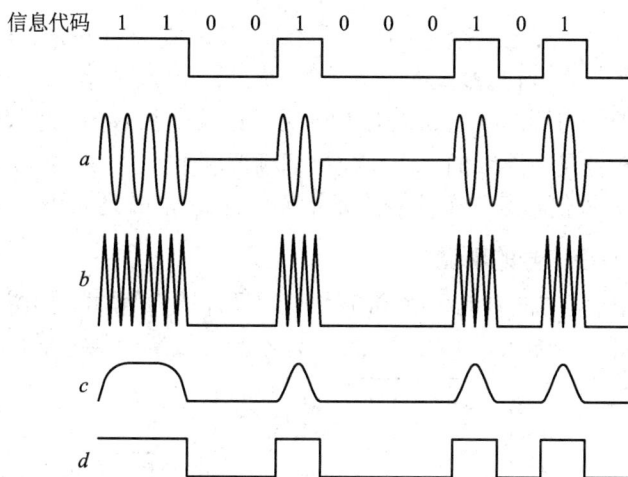

(b) 信号波形

图 3-31 2ASK 信号的相干解调

3.4.2 频移键控调制 2FSK

频移键控是利用数字调制信号的正负极性不同控制载波的频率。当数字信号的振幅为正时，载波频率为 f_1；当数字信号的振幅为负时，载波频率为 f_2。

1. 二进制频移键控信号的调制

设信源的有关特性相同，则二进制频移键控 2FSK 信号便是输入 $s(t)$ 中的 "0" 对应于载频 ω_1，而 "1" 对应于载频 $\omega_2(\omega_1 \neq \omega_2)$ 的已调波形，且 ω_1 与 ω_2 两种频率之间的改变是瞬间完成的。由这一描述可以很容易地想到利用矩形脉冲序列对正弦载波信号进行调频而获得 2FSK 信号，而这正是频移键控通信方式早期所使用的调制方法，这是一种利用模拟调频来实现数字调频的方法。2FSK 信号的另一种产生方法就是键控法，即利用受矩形脉冲序列控制的开关电路对两个不同且彼此独立的频率源分别进行选通。

以上两种 2FSK 信号的产生电路及输出波形如图 3-32 所示，其中 $s(t)$ 为信息的二进制矩形脉冲序列，$e_0(t)$ 为 2FSK 信号。

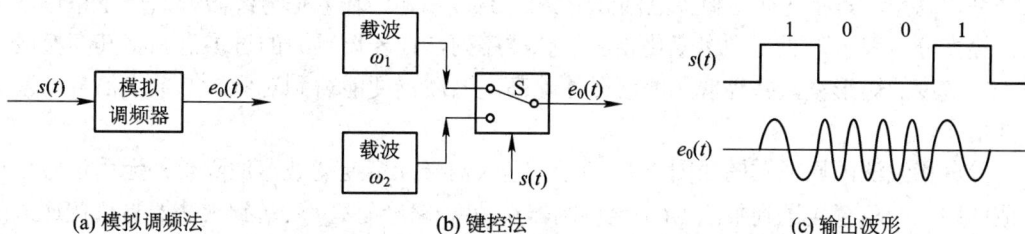

(a) 模拟调频法　　　　　　(b) 键控法　　　　　　(c) 输出波形

图 3-32 二进制频移键控 2FSK 信号的产生电路及输出波形

根据 2FSK 信号产生的原理，可写出 2FSK 信号的数学表达式为

$$e_0(t) = \sum_n a_n g(t - nT_s)\cos(\omega_1 t + \varphi_n) + \sum_n \bar{a}_n g(t - nT_s)\cos(\omega_2 t + \theta_n) \tag{3-20}$$

式中：$g(t)$ 为脉宽 T_s 的单个矩形脉冲；φ_n、θ_n 分别为第 n 个信号码元的初相位；$\bar{a}_n$ 为 a_n 的反码，即

$$a_n = \begin{cases} 0, & \text{概率为 } P \\ 1, & \text{概率为 } 1-P \end{cases} \quad , \quad \bar{a}_n = \begin{cases} 0, & \text{概率为 } 1-P \\ 1, & \text{概率为 } P \end{cases}$$

一般说来，键控法得到的 φ_n、θ_n 与序列 n 无关，反映在 $e_0(t)$ 上也仅仅表现出 ω_1 与 ω_2 之间发生改变时其相位是不连续的，而在模拟调频调制中，当 ω_1 与 ω_2 改变时 $e_0(t)$ 的相位是连续的，故 φ_n、θ_n 不仅与第 n 个信号码元相关，且 φ_n 与 θ_n 之间还应保持一定的关系。

2. 二进制频移键控信号的解调

2FSK 信号常用解调方法有包络解调(非相干解调)和相干解调，如图 3-33 所示。其中抽样判决器用于判定哪一个输入样值大，此时可以不专门设置门限电平。

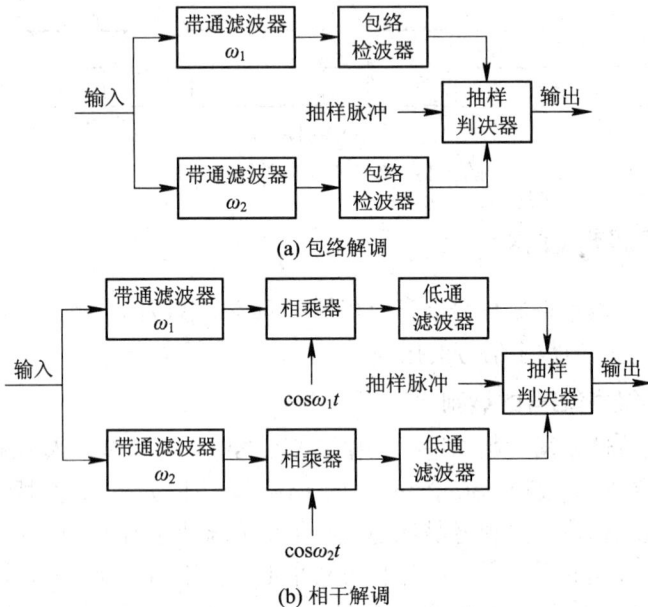

(a) 包络解调

(b) 相干解调

图 3-33   二进制频移键控信号常用解调方法

2FSK 信号还有其他解调方法，如鉴频法、过零检测法及差分检波法等。数字调频波的过零点数随载频不同而不同，故检出过零点数可以得到关于频率的差异。这就是过零检测法的基本思想，其原理框图和各点的波形如图 3-34 所示。输入信号经限幅后产生矩形波序列，经微分、整流形成与频率变化相应的脉冲序列，代表调频波的过零点。将其变换成具有一定宽度的矩形波，并经低通滤波器滤除高次谐波，便能得到对应于原数字信号的基带脉冲信号。

差分检波法的原理框图如图 3-35 所示，输入信号经带通滤波器滤除带外无用信号后被分成两路，一路直接送到乘法器(平衡调制器)，另一路经时延 τ 后送到乘法器与直接送入的调制信号相乘，再经低通滤波器便可提取出解调信号。

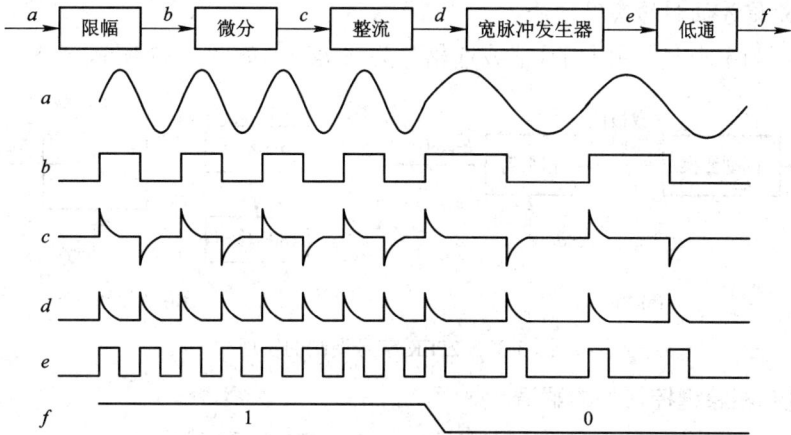

图 3-34 过零检测法的原理框图及各点的波形

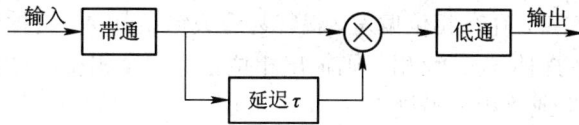

图 3-35 差分检波法的原理框图

3.4.3 相移键控调制 2PSK

1. 二进制相移键控信号的调制

1) 2PSK 信号的时域表达式和波形

2PSK 利用二进制数字信号控制载波的两个相位，这两个相位通常相隔 π，如用相位 0 和 π 分别表示 "1" 和 "0"，所以这种调制又称为二相相移键控。二进制相移键控信号的时域表达式为：

$$S_{2PSK}(t)=\left[\sum_n a_n g(t-nT_s)\right]\cos\omega_c t \tag{3-21}$$

式中：a_n 为双极性信号，即

$$a_n=\begin{cases}+1，概率为 P\\-1，概率为 1-P\end{cases} \tag{3-22}$$

如果 $g(t)$ 是周期为 T_s、宽度为 1 的矩形脉冲，则 2PSK 信号可以表示为

$$S_{2PSK}(t)=\pm\cos\omega_c t \tag{3-23}$$

当数字信号的传输速率 $R_s=1/T_s$ 与载波频率间有整数倍关系时，2PSK 信号的典型波形如图 3-36 所示。2PSK 信号是双极性非归零码的双边带调幅，而 2ASK 信号是单极性非归零码的双边带调幅。由于双极性非归零码没有直流分量，所以 2PSK 信号是抑制载波的双边带调制。这样，2PSK 信号的功率谱与 2ASK 信号的功率谱相同，只是少了离散的载波分量。

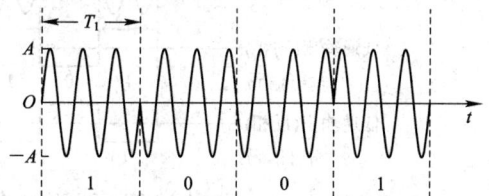

图 3-36 2PSK 信号的典型波形

2) 2PSK 信号调制的实现方法

2PSK 信号调制可以利用相乘器或选相开关来实现，如图 3-37 所示。

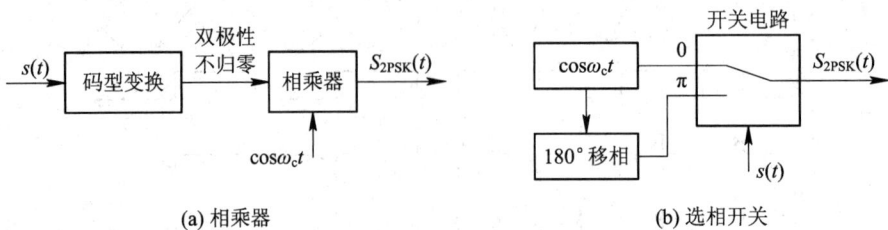

(a) 相乘器　　　　　　　　　　(b) 选相开关

图 3-37　2PSK 信号调制的实现

2. 二进制相移键控信号的解调

由于 2PSK 信号的功率谱中无载波分量，因此可以采用相干解调的方式进行解调。2PSK 信号是以一个固定初相的未调载波为参考的，因此，解调时必须有与其同频同相的同步载波。如果同步不完善，存在相位偏差，就容易造成错误判决，这种现象称为相位模糊。

若本地参考载波的相位与其反相，则输出相位正好完全相反，这种相位关系的不确定性也称为"倒 π 现象"或"相位模糊"。

2PSK 相干解调器如图 3-38 所示。图 3-39 为 2PSK 在不同的载波相位下的解调波形。

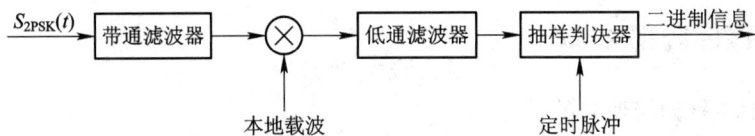

图 3-38　2PSK 相干解调器

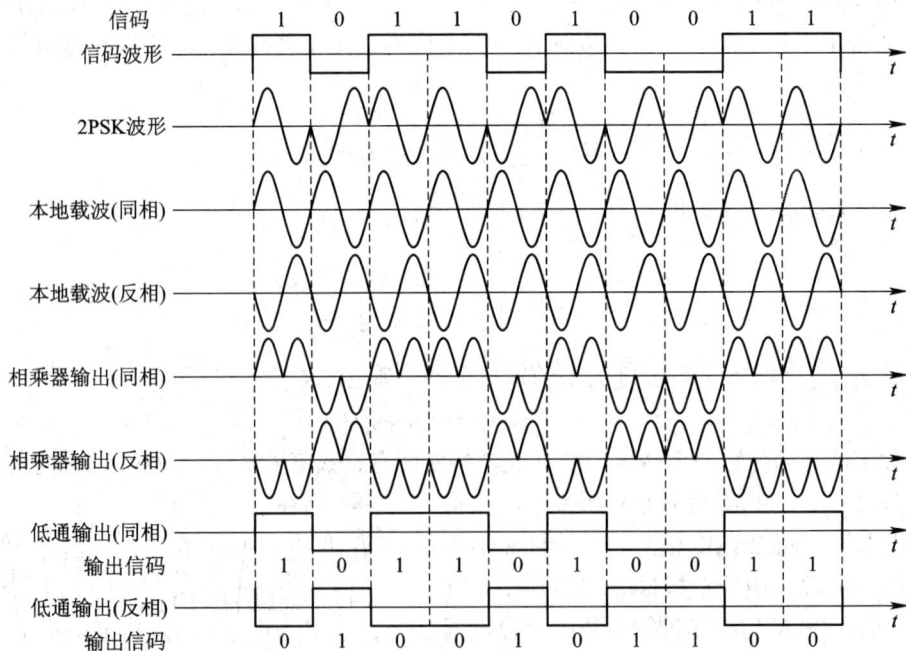

图 3-39　2PSK 在不同的载波相位下的解调波形

从图 3-39 中可以看出，本地载波相位的不确定性可能使解调后的数字信号的极性完全相反，形成"1"和"0"的倒置。这对于数字信号的传输来说当然是不允许的。为了防止"倒 π 现象"对相干解调的影响，实际通信系统中会采用相对(或差分)相移键控的方法。

3.4.4 差分相移键控调制 2DPSK

前面讨论的 2PSK 信号中，相位变化是以未调载波的相位作为参考基准的。由于它利用载波相位的绝对数值传送数字信息，因而又称为绝对相移。相对相移是利用载波的相对相位变化来表示数字信号的相移方式。所谓相对相位，是指码元初相与前一码元末相的相位差(即向量偏移)。为了讨论问题方便，也可用相位偏移来描述。在这里，相位偏移指的是本码元的初相与前一码元(参考码元)的初相相位差。在实际系统设计时，一般均保证载波频率是码元速率的整数倍，因此向量偏移与相位偏移是等效的。

为了解决 2PSK 信号解调过程的"倒 π 现象"，提出了二进制相对相移键控调制，又称为二进制差分相移键控(2DPSK)。所谓 2DPSK 信号，就是用前后相邻码元的载波相对相位变化来表示的数字信息。假设前后相邻码元的载波相位差为 $\Delta\varphi$，可定义一种数字信息与 $\Delta\varphi$ 之间的关系为

$$\Delta\varphi=\begin{cases} 0, & \text{表示数字信息 0} \\ \pi, & \text{表示数字信息 1} \end{cases} \tag{3-24}$$

同样地，数字基带信号与 $\Delta\varphi$ 之间的关系也可表示为

$$\Delta\varphi=\begin{cases} 0, & \text{表示数字信息 1} \\ \pi, & \text{表示数字信息 0} \end{cases} \tag{3-25}$$

假设输入的数字基带序列为 10010110，则已调 2DPSK 信号的波形如图 3-40 所示。

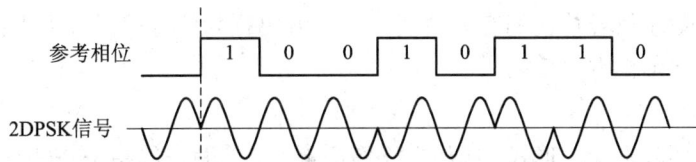

图 3-40   已调 2DPSK 信号的波形图

思考题与练习题

1. 什么是数字调制？它与模拟调制有什么区别？

2. 已知某 2ASK 系统，码元速率为 1000 Baud，载波信号为 $\cos 2\pi f_c t$，设数字基带信息为 10110。

(1) 画出 2ASK 调制器框图及其输出的 2ASK 波形(设 $f_s = 2R_s$)。

(2) 求 2ASK 信号的带宽。

(3) 画出 2ASK 相干解调器框图及各点波形。

(4) 画出 2ASK 包络解调器框图及各点波形。

3. 已知 2FSK 调制系统，码元速率为 1000 Baud，载波频率分别为 2000 Hz 及 4000 Hz。

(1) 写出 2FSK 信号的时域表达式,当二进制数字信息为 1100101 时,画出对应的 2FSK 信号波形。

(2) 求传输 2FSK 信号所需的最小信道带宽。

(3) 画出 2FSK 信号相干解调框图。

4. 已知数字信息 $[a_n]$=1011010,码元速率为 1200 Baud,载波频率为 1200 Hz。

(1) 分别画出 2PSK 和 2DPSK 信号的波形。

(2) 求出 2DPSK 信号的带宽。

任务 3.5   熟知纠错编码技术

任务引入

差错控制编码,又称为信道编码、纠错编码、抗干扰编码或可靠性编码,它是提高数字信号传输可靠性的有效方法之一。它产生于 20 世纪 50 年代,发展于 60 年代,70、80 年代发展活跃。本任务主要介绍差错控制编码的基本知识、线性分组码。

任务相关知识

3.5.1   差错控制编码的基本知识

1. 信源编码与信道编码的基本概念

设计通信系统的目的就是把信源产生的信息有效可靠地传送到目的地。在数字通信系统中,为了提高数字信号传输的有效性而采取的编码称为信源编码;为了提高数字通信的可靠性而采取的编码称为信道编码。

1) 信源编码

信源可以有各种不同的形式,例如在无线广播中,信源一般是一个语音源(语音或音乐);在电视广播中,信源主要是活动图像的视频信号源。这些信源的输出都是模拟信号,所以称之为模拟源。而数字通信系统传送数字形式的信息,所以,这些模拟源如果想利用数字通信系统进行传输,就需要将模拟信息源的输出转化为数字信号,这个转化过程就称为信源编码。

在移动通信系统中,信源编码(语音编码)决定了接收到的语音的质量和系统容量,其目的就是在保持一定算法复杂程度和通信时延的前提下,运用尽可能少的信道容量,传送尽可能高的语音质量。目前较为常用的语音编码形式有脉冲编码调制(PCM)、差分脉冲编码调制(DPCM)、自适应差分脉冲编码调制(ADPCM)、增量调制(ΔM)等。

2) 信道编码

在实际信道传输数字信号的过程中,引起传输差错的根本原因在于信道内存在的噪声以及信道传输特性不理想所造成的码间串扰。为了提高数字传输系统的可靠性,降低信息传输的差错率，可以利用均衡技术消除码间串扰，利用增大发射功率、降低接收设备本身的噪声、选择好的调制与解调方法、加大天线的方向性等措施，提高数字传输系统的抗噪性能。但是上述措施也只能将差错减少至一定程度。要进一步提高数字传输系统的可靠性，就需要采用差错控制编码，对可能或已经产生的差错进行控制。差错控制编码是在信息序列上附加一些监督码元，利用这些冗余的码元，使原来不规律的或规律性不强的原始数字信号变为有规律的数字信号，差错控制译码则利用这些规律性来鉴别传输过程是否发生错误，或进而纠正错误。

2. 信道编码的分类

在差错控制系统中，信道编码有多种实现方式，同时也有多种分类方法，具体如下。

(1) 按照信道编码的功能不同，可以将信道编码分为检错码和纠错码。纠错码可以纠正误码，也具有检错的能力，当发现不可纠正的错误时可以发出错误提示。

(2) 按照信息码元和监督码元之间的检验关系，可以将信道编码分为线性码和非线性码。若信息码元与监督码元之间的关系为线性关系，即满足一组线性方程式，称为线性码；否则，称为非线性码。

(3) 按照信息码元和监督码元之间的约束方式不同，可以将信道编码分为分组码和卷积码。在分组码中，编码后的码元序列每 n 位分为一组，其中 k 位信息码元，r 位监督码元，$r = n - k$。监督码元仅与本码字中的信息码元有关。卷积码则不同，监督码元不但与本信息码元有关，而且与前面码字的信息码元也有约束关系。

(4) 按照信息码元在编码后是否保持原来的形式，可以将信道编码分为系统码和非系统码。在系统码中，编码后的信息码元保持原样不变，而非系统码中的信息码元则发生了变化。

(5) 按照纠正错误的类型不同，可以将信道编码分为纠正随机错误码和纠正突发错误码。纠正随机错误码主要用于发生零星独立错误的信道，而纠正突发错误码用于以突发错误为主的信道。

(6) 按照信道编码所采用的数学方法不同，可以将信道编码分为代数码、几何码和算术码。随着数字通信系统的发展，可以将信道编码器和调制器统一起来综合设计，这就是所谓的网格编码调制。同时将卷积码和随机交织器结合在一起，实现随机编码的思想，并利用多次迭代方案进行译码，设计出 Turbo 编码技术。

3. 差错控制方式

在差错控制系统中，常用的差错控制方式主要有三种，即前向纠错(FEC)、自动检错重发(ARQ)和混合纠错(HEC)。它们的结构如图 3-41 所示，其中有斜线的方框图表示在该端进行错误的检测。

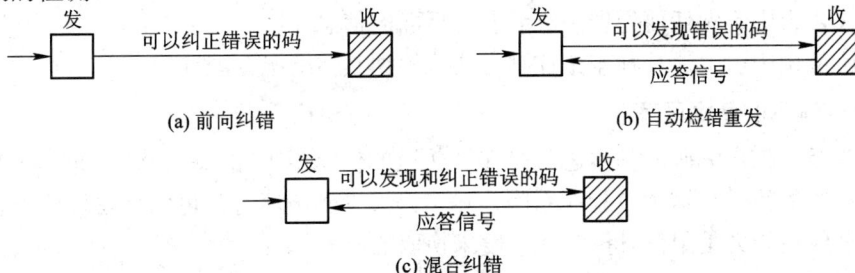

图 3-41　差错控制方式

1) 前向纠错

前向纠错系统中，发送端经编码发出能够纠正错误的码组，接收端收到这些码组后，通过译码能自动发现并纠正传输中的错误。前向纠错方式只要求正向信道，因此特别适合于只能提供单向信道的场合，同时也适合一点发送多点接收的传播方式。由于它能自动纠错，不要求检错重发，因而接收信号的延时小，实时性好。为了使纠错后获得低差错率，纠错码应具有较强的纠错能力，但纠错能力愈强，编译码设备愈复杂。

2) 自动检错重发

自动检错重发系统中，发送端经编码后发出能够检错的码，接收端收到后进行检验，再通过反向信道反馈给发送端一个应答信号。发送端在收到应答信号后进行分析，如果是接收端认为有错，发送端就将储存在缓冲存储器中的原有码组复本读出后重新传输，直到接收端认为已正确收到信息为止。自动检错重发系统的原理框图如图 3-42 所示。

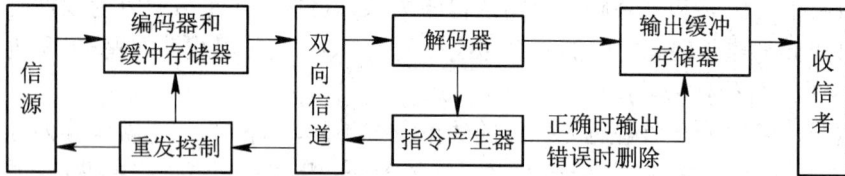

图 3-42　自动检错重发系统的原理框图

基于上述分析，自动检错重发的优点主要表现在：一是只需要少量的冗余码，就可以得到极低的输出误码率；二是使用的检错码基本上与信道的统计特性无关，有一定的自适应能力。

同时它也存在一些不足，主要表现在：一是需要反向信道，不能用于单向传输系统，并且实现重发控制比较复杂；二是当信道干扰增大时，整个系统有可能处于重发循环中，因而通信效率低，不适合严格实时传输系统。

3) 混合纠错

混合纠错方式是前向纠错方式和自动检错重发方式的结合。其内层采用前向纠错方式，纠正部分差错；外层采用自动检错重发方式，重传那些虽已检出但未纠正的差错。混合纠错方式在实时性和译码复杂性方面是前向纠错和自动检错重发方式的折中，适用于环路延迟大的高速数据传输系统。

以上三种差错控制工作方式都是在接收端进行错误判断和识别，还有一种在发送端进行错误判断和识别的差错控制工作方式，即信息反馈(IF)。接收端对收到的消息不做任何判断而原样送回发送端，由发送端将其与保存在缓存器中的原发信息进行比较，发现错误则重发该信息，否则不做任何处理，继续发送后面的信息。

在实际应用中，上述几种差错控制方式应根据具体情况合理选用。

4. 信道编码的基本原理

前文提及，信道编码的基本思想是在被传送的信息中附加一些监督码元，在两者之间建立某种校验关系，当这种校验关系因传输错误而受到破坏时，可以被发现并予以纠正。这种检错和纠错能力是用信息量的冗余度来换取的。

下面以 3 位二进制码组为例，说明检错纠错的基本原理。3 位二进制码元共有 8 种可能的组合，即 000、001、010、011、100、101、110、111。如果这 8 种码组都可传递消息，若在传输过程中发生一个误码，则一种码组会错误地变成另一种码组。由于每一种码组都可能出现，没有多余的信息量，因此接收端不可能发现错误，以为发送的就是另一种码组。但若只选 000、011、101、110 这四种码组(这些码组称为许用码组)来传送消息，相当于只传递 00、01、10、11 4 种信息，而第 3 位是附加的。这位附加的监督码元与前面两位码元一起，保证码组中"1"码的个数为偶数。除上述四种许用码组以外的另外四种码组不满足这种校验关系，称为禁用码组，在编码后的发送码元中是不可能出现的。接收时一旦发现这些禁用码组，就表明传输过程中发生了错误。用这种简单的校验关系可以发现一个和三个错误，但不能纠正错误。例如，当接收到的码组为 010 时，可以断定这是禁用码组，但无法判断原来是哪个码组。虽然原发送码组为 101 的可能性很小(因为发生三个误码的情况极少)，但不能绝对排除，即使传输过程中只发生一个误码，也有 3 种可能的发送码组，即000、011 和 110。若进一步将许用码组限制为两种，即 000 和 111，则不难看出，用这种方法可以发现所有两个以下的误码，如用来纠错，则可纠正一位错误。

在信道编码中，定义码组(码字)中编码码元的总位数称为码组长度，简称码长。例如，110 的码长为 3，10101 的码长为 5。码组中非零码元的数目为码组的重量，简称码重。例如，010 码组的码重为 1，011 码组的码重为 2。把两个码组中对应码位上具有不同二进制码元的位数定义为两码组的距离，称为汉明(Hamming)距，简称码距。在一个码长相同的码组集合中，并不是所有码组之间的码距都是一样的，一般将码距中的最小值称为最小码距 d_{min}。在上述 3 位码组例子中，当 8 种码组均为许用码组时，两码组间的最小距离为 1，称这种编码的最小码距为 1，常记作 $d_{min}=1$。

一种编码的最小码距直接关系到这种码的检错和纠错能力，因此最小码距是信道编码的一个重要参数。在一般情况下，对于分组码有以下结论。

(1) 在一个码组内检测 e 个误码，要求最小码距

$$d_{min} \geq e + 1 \tag{3-26}$$

(2) 在一个码组内纠正 t 个误码，要求最小码距

$$d_{min} \geq 2t + 1 \tag{3-27}$$

(3) 在一个码组内纠正 t 个误码，同时检测 $e(e \geq t)$ 个误码，要求最小码距

$$d_{min} \geq t + e + 1 \tag{3-28}$$

3.5.2 线性分组码

1. 线性分组码的原理

差错控制码可分为信息码元和监督码元，信息码元与监督码元之间存在一定的关系，如 00、01、10、11 添加 1 位监督码元后使其成为偶监督码

$$
\begin{array}{cc}
00 & 0 \\
01 & 1 \\
10 & 1 \\
11 & 0
\end{array}
$$

依据它们的顺序，可用系数将其表示为$[a_2a_1a_0]$。其中，a_2a_1 为信息码元，a_0 为监督码元。在此可以看出

$$a_0 = a_1 \oplus a_2 \tag{3-29}$$

式(3-29)是模 2 相加的线性关系，而且监督码元只与本码组的信息码元有关，而与其他码组的信息码元无关，这种码组称为线性分组码。

上述码组的码长为 3，而信息码元的个数为 2，则可将此线性分组码写成(3，2)码。以此类推，若线性分组码的码长为 n，信息码的个数为 k，则此线性分组码可表示为$(n，k)$形式，监督码元的数目为 $n-k$。其编码效率为 $\eta = k/n$。如(7，3)线性分组码，其码长为 7，信息码元的个数为 3，编码效率为 $\eta = k/n = 3/7$。

【例 3-1】 某(7，3)线性分组码，码组用 $A=[a_6a_5a_4a_3a_2a_1a_0]$ 表示，前 3 位 $a_6a_5a_4$ 为信息码元，后四位 $a_3a_2a_1a_0$ 为监督码元。已知监督码元与信息码元之间满足以下关系：

$$\begin{cases} a_3 = a_6 \oplus a_4 \\ a_2 = a_6 \oplus a_5 \oplus a_4 \\ a_1 = a_6 \oplus a_5 \\ a_0 = a_5 \oplus a_4 \end{cases} \tag{3-30}$$

试求其所有的码组。

解： 一旦 $a_6a_5a_4$ 给定，$a_3a_2a_1a_0$ 的值也就确定，$a_6a_5a_4$ 从 000 到 111 变化时，其监督码元可由式(3-29)模 2 相加得到，整个码组计算结果如表 3-4 所示。

表 3-4   (7，3)码组表

码 组						
信 息 码 元			监 督 码 元			
a_6	a_5	a_4	a_3	a_2	a_1	a_0
0	0	0	0	0	0	0
0	0	1	1	1	0	1
0	1	0	0	1	1	1
0	1	1	1	0	1	0
1	0	0	1	1	1	0
1	0	1	0	0	1	1
1	1	0	1	0	0	1
1	1	1	0	1	0	0

由表 3-4 可知，线性分组码有以下两个重要的特点。

(1) 封闭性，即任意两个码组的和(模 2 和)必为另一个码组。

(2) 任意两个码组之间的码距必等于其中某一个码组的码重。

2. 循环码

循环码最大的特点就是码组的循环特性。所谓循环特性，是指循环码中任一许用码组

经过循环移位后，所得到的码组仍然是许用码组。若$[a_{n-1}a_{n-2}\cdots a_1 a_0]$为循环码，则去除 0000000 码组，其余任一码组左循环一位(或右循环一位)仍是此循环码中的某一许用码组。全 0 码、全 1 码自成一循环码。循环码是线性分组码，它具有线性分组码的特点：封闭性；任意两个码组的码距一定等于其中一个码组的码重。

3. 汉明码

汉明码是一种编码效率较高的纠单个错误的线性分组码。它的特点是 $d_{min}=3$，只能纠正 1 位错误。在(n, k)线性分组码中，汉明码满足 $n=2^{n-k}-1$。当 $n=2^{n-k}-1$ 时，得到的线性分组码就是汉明码，因此，汉明码满足以下两个特性。

(1) 只要给定监督码元 r，就可确定线性分组码组的码长 $n=2^r-1$，信息码元的个数 $k=n-r$。

(2) 在信息码元长度相同、纠正单个错误的线性分组码中，汉明码所用的监督码元个数 r 最少，相对的编码效率最高。

思考题与练习题

1. 信道编码与信源编码有什么不同？
2. 差错控制的基本工作方式有哪几种？各有什么特点？
3. 线性分组码的检错、纠错能力与最小码距有什么关系？

实训 3　抽样定理仿真

所谓虚拟仪器(Virtual Instrument，VI)，是指以通用计算机作为系统控制器，由软件来实现人机交互和大部分仪器功能的一种计算机仪器系统。用户操作这台通用计算机就像操作一台为自己专门设计的传统电子仪器一样。虚拟仪器的出现，使得测量仪器与计算机之间的界线逐渐模糊。

LabVIEW(Laboratory Virtual Instrument Engineering Workbench)是一种用图标代替文本行创建应用程序的图形化编程语言。

传统文本编程语言根据语句和指令的先后顺序决定程序执行顺序，而 LabVIEW 则采用数据流编程方式，程序框图中节点之间的数据流向决定了程序的执行顺序。它用图标表示函数，用连线表示数据流向。

LabVIEW 在国内流行的时间并不长，只有短短的十几年时间，但实际上它已经诞生 30 多年了，在国外被广泛应用于教学、科研、测试和工业自动化领域。LabVIEW 是一种程序开发环境，类似于 C 和 BASIC 开发环境，但 LabVIEW 与其他计算机语言的显著区别是：其他计算机语言都是采用基于文本的语言产生代码行，而 LabVIEW 使用图形化编程语言 G 语言编写程序，产生的程序是框图的形式。像 C 或 BASIC 一样，LabVIEW 也是通用的编程系统，有一个可完成任何编程任务的庞大的函数库。

1. 任务目标

(1) 进一步了解并掌握模拟信号数字化的过程。

(2) 掌握 LabVIEW 基本模块的使用、子程序的编写以及调用方法。

2. 任务内容

在 LabVIEW 上完成信号的均匀量化和编码仿真实验。

3. 任务实施

实验的前面板如图 3-43 所示。

3-8 信号的均匀量化和编码.avi

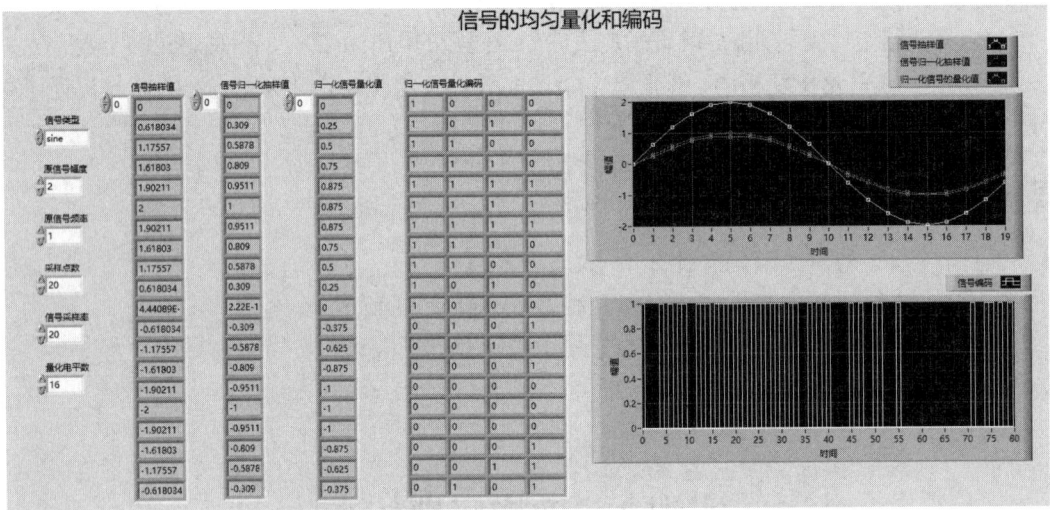

图 3-43　信号的均匀量化和编码前面板

本实验程序比较复杂，后面板程序如图 3-44 所示。

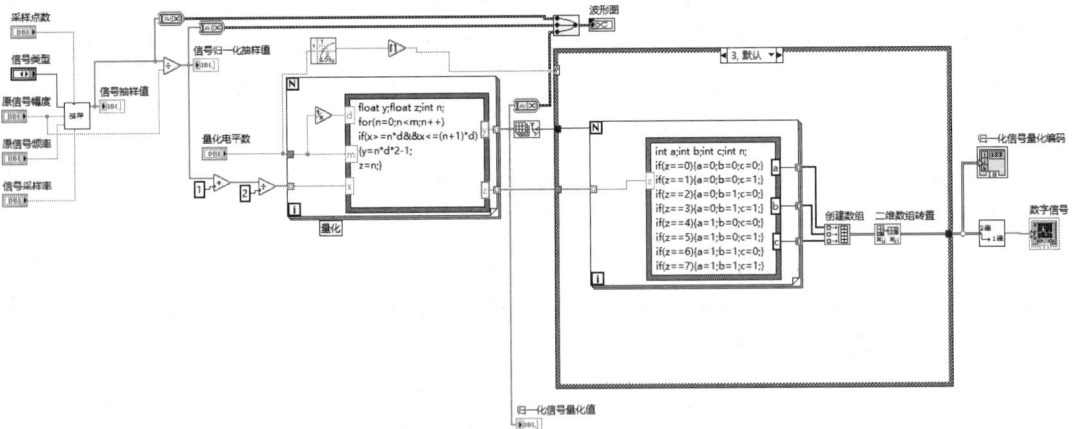

图 3-44　信号的均匀量化和编码后面板

需要说明以下几点。

(1) 该程序有两个子程序，即抽样子程序 和二维转一维子程序 。其中，抽样子程序前后面板如图 3-45 和图 3-46 所示，二维转一维程序后面板如图 3-47 所示。

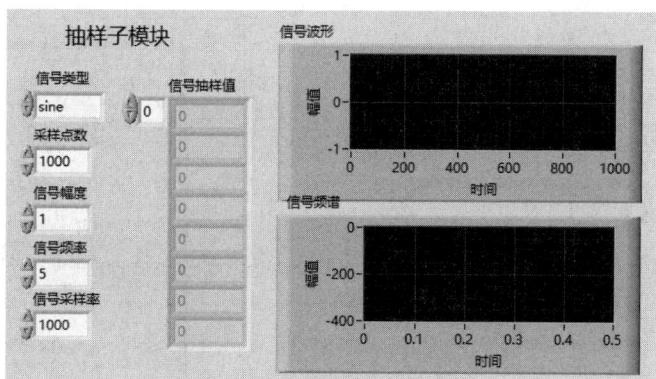

图 3-45　抽样子程序前面板

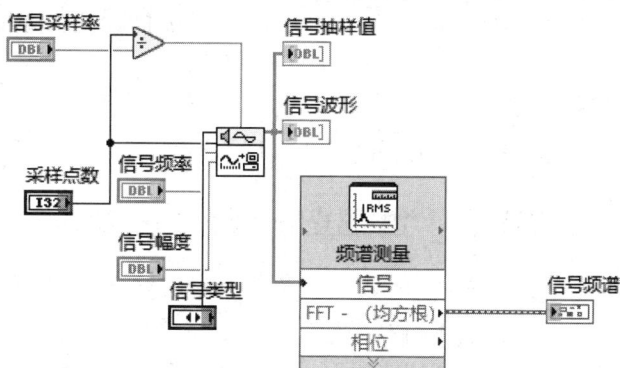

图 3-46　抽样子程序后面板

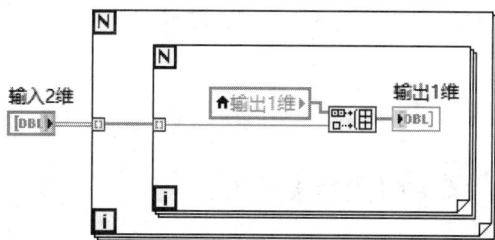

图 3-47　二维转一维子程序后面板

(2) 量化程序如下：

```
float y;float z;int n;

for(n=0;n<m;n++)

if(x>=n*d&&x<=(n+1)*d)

{y=n*d*2-1;

z=n;}
```

注意：所有标点都是英文模式，";"不能丢。

(3) 量化编码采用自然二进制码，量化电平可选范围为 5～16，所以二进制编码位数是 3 位或者 4 位，采用条件结构实现编码位数的选择。量化编码程序如图 3-48 所示。

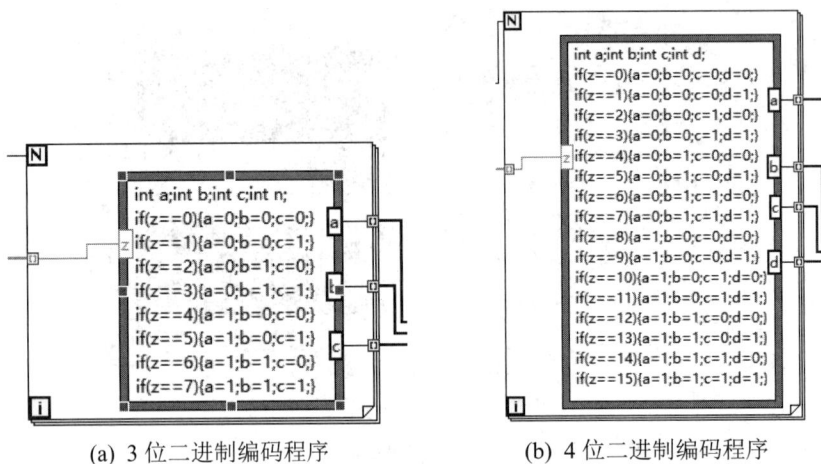

(a) 3位二进制编码程序   (b) 4位二进制编码程序

图 3-48   量化编码程序

4. 实训报告(见附录 B)

写出实训小结,内容包括实训心得(收获)、不足之处和今后应注意的问题。

思政课堂   "中国光纤之父"——赵梓森

赵梓森是中国光纤通信技术的主要奠基人和公认的开拓者,被誉为"中国光纤之父"。

纵观赵梓森的一生,是对实用科技兴趣的不懈追求成就了他的科学报国理想。无论是风雨如晦还是阳光灿烂,无论是科研走进死胡同觉得山穷水尽,还是突然间灵感迸发柳暗花明,他都视作生活的馈赠,命运的安排。他都笑着面对,一如既往地坚持最初的梦想,一步一步地去实现。

中国工程院院士 赵梓森

光纤是通信的物理基础

祝通信世界创立20周年

赵梓森 2019年12月

赵梓森展现了坚持技术创新,为国家、为人民"缀网劳蛛"的革命精神,展现了科学家的本色之美、丰富人生的沉淀之美。

项目 4

5G 缘起——从 1G 到 5G

项目目标

(1) 了解移动通信的概念、发展历程及特点；

(2) 掌握移动通信的多址技术、编码和调制技术；

(3) 掌握移动通信的组网技术；

(4) 了解 5G 全网络结构。

知识脉络图

移动通信的概念

移动通信的发展历程

移动通信的主要特点及系统构成

移动通信的分类 —— 了解移动通信

移动通信的工作方式

移动通信的多址技术

移动通信的编码和调制技术

移动通信系统的网络结构 —— 掌握移动通信的组网技术

中国移动信令网结构

5G缘起：从1G到5G

实训　无线&核心网业务验证

思政课堂　华为精神

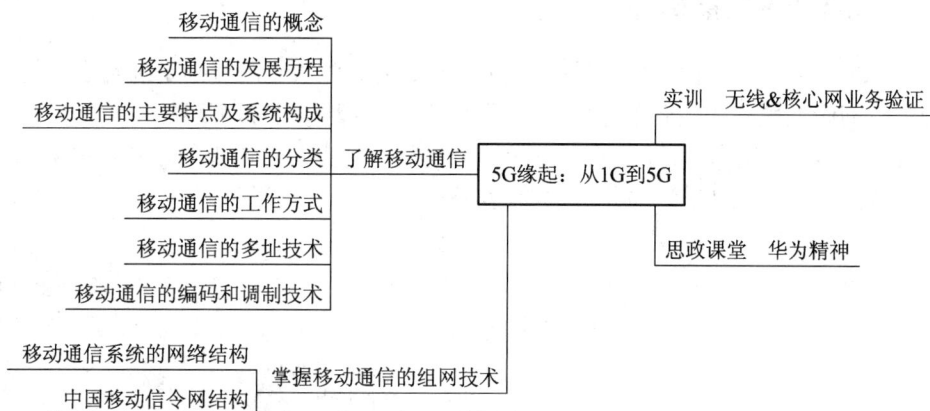

任务 4.1　了解移动通信

任务引入

移动通信是实现理想通信目的的重要手段，是信息产业的重要技术基础。经过近百年的发展，移动通信技术已逐渐成熟。

为了更好地了解和认识移动通信，本任务首先介绍了移动通信的概念、发展历程，其次介绍了移动通信的主要特点及系统构成、分类及工作方式，最后重点介绍了移动通信的多址技术、编码和调制技术。

任务相关知识

4.1.1 移动通信的概念

随着社会的发展，人们对通信的需求日益增加，对通信的要求也越来越高。现代通信系统是信息时代的生命线，以信息为主导地位的信息化社会又促进了通信技术的迅速发展，传统的通信网已不能满足现代通信的要求，移动通信已成为现代通信中发展最为迅速的一种通信手段。随着人类社会对信息需求的增加，通信技术正在逐步走向智能化和网络化。人们对通信的理想要求是：任何人(Whoever)在任何时候(Whenever)、任何地方(Wherever)与任何人(Whomever)都能及时进行任何形式(Whatever)的沟通联系、信息交流。显然，没有移动通信，这种愿望是无法实现的。

所谓移动通信，是指通信的双方，或至少一方，能够在可移动状态下进行信息传输和交换的一种通信方式。通信双方可以不受时间及空间的限制，随时随地进行有效、可靠和安全的通信。例如，运动中的人与汽车建立的陆地通信、运动中的轮船建立的海上通信、运动中的汽车与卫星建立的空间通信等都属于移动通信。

4.1.2 移动通信的发展历程

在过去的几十年中，世界电信发生了巨大的变化，移动通信特别是蜂窝小区的迅速发展，使用户彻底摆脱终端设备的束缚，实现完整的个人移动性、可靠的传输手段和接续方式。进入 21 世纪，移动通信逐渐演变成为社会发展和进步必不可少的工具，实现从互联网到人工智能的变革，图 4-1 为通信技术变迁历程。

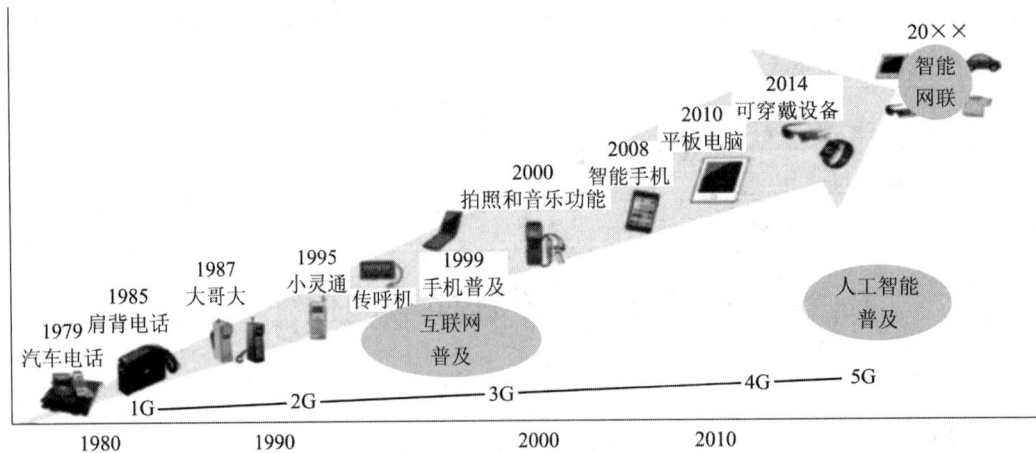

图 4-1 通信技术变迁历程——从互联网到人工智能

1. 第一代移动通信系统

第一代移动通信系统(1G)是在 20 世纪 80 年代初提出的，完成于 20 世纪 90 年代初，如 NMT 和 AMPS，NMT 于 1981 年投入运营。1G 基于模拟传输，其特点是业务量小、质量差、安全性差、没有加密、速度低。1G 主要基于蜂窝结构组网，直接使用模拟语音调制技术，传输速率约为 2.4 kb/s。不同国家采用不同的工作系统。

2. 第二代移动通信系统

第二代移动通信系统(2G)起源于 20 世纪 90 年代初期。欧洲电信标准协会在 1996 年提出了 GSM Phase 2+，目的在于扩展和改进 GSM Phase 1 及 GSM Phase 2 中原定的业务和性能。它主要包括 CMAEL(客户化应用移动网络增强逻辑)、S0(支持最佳路由)、立即计费、GSM 900/1800 双频段工作等内容，也包含了与全速率完全兼容的增强型话音编解码技术，使得话音质量得到了质的改进，半速率编解码器可使 GSM 系统的容量提近 1 倍。

在 GSM Phase 2+阶段中，采用更密集的频率复用、多复用、多重复用结构技术，引入智能天线技术、双频段等技术，有效地解决了随着业务量剧增所引发的 GSM 系统容量不足的问题；自适应语音编码(AMR)技术的应用，极大提高了系统通话质量；GPRs/EDGE 技术的引入，使 GSM 与计算机通信/Internet 相结合，数据传送速率可达 115/384 kb/s，从而使 GSM 功能得到不断增强，初步具备了支持多媒体业务的能力。

尽管 2G 技术在发展中不断完善，但随着用户规模和网络规模的不断扩大，频率资源已接近枯竭，语音质量不能达到用户满意的标准，数据通信速率太低，无法在真正意义上满足移动多媒体业务的需求。

3. 第三代移动通信系统

第三代移动通信系统(3G)也称 IMT 2000，其最基本的特征是智能信号处理技术，智能信号处理单元成为基本功能模块，支持话音和多媒体数据通信，它可以提供前两代产品不能提供的各种宽带信息业务，如高速数据、慢速图像与电视图像等。例如，WCDMA 的传输速率在用户静止时最大为 2 Mb/s，在用户高速移动时最大为 144 kb/s，所占频带宽度为 5 MHz 左右。

3G 在我国的发展是日新月异的。2009 年 1 月 7 日，我国同时发放了三张 3G 牌照，即 TD-SCDMA、WCDMA、CDMA2000，标志着我国正式进入了 3G 时代。3G 网络运行的两年多时间里，在拉动我国 GDP 增长的同时，还为国内创造了大量的就业机会。从技术角度来分析，3G 相对于 2G 的优势在于更大的系统容量和更好的通信质量，且能够实现全球范围的无缝漫游，为通信用户提供包括语音、数据和多媒体等多种形式的通信服务。 在国际移动通信领域，国际电联对 3G 网络的最低要求和标准为：在高速移动的地面物体上，3G 网络所能提供的数据业务为 64~144 kb/s，要能够适应 500 km/h 的移动环境。针对该标准，我国现行的 3 种 3G 网络中，WCDMA 和 CDMA2000 主要采用"软切换"技术，能够实现移动终端在时速 500 km 时的正常通信，即能够实现与另一个新基站通信时，首先不中断与原基站的联系，而是在与新的基站连接好后，再中断与原基站的连接，这也是 3G 网络优于 2G 网络的一个突出特点；WCDMA 技术已经解决了高速运动物体的无缝覆盖问题；此外，TD-SCDMA 也对高铁通信的覆盖方案进行了研究。 因此，3G 移动通信网络在技术层面上已经具有为高铁提供通信保障的基本条件，为我国高铁发展过程中移动通信问题的完满解决奠定了坚实基础。

一般来说，在高速移动的物体上，当速度超过 150 km/h 时，2G/3G 的快速功率控制效果不佳，此时就要看哪种通信制式的抗衰落手段多，且衰落储备量大。TD-SCDMA 不适合用于高铁上，主要是因为技术性能先进的智能天线没有在高铁上全面普及和覆盖，且系统的增益又不高，再加上使用终端的功率不大，使得覆盖边缘由于衰落储备不足而掉话。GSM 制式在高铁系统中还没有启用功控装置，不过 GSM 制式只提供语音通话，信道编码纠错技术在这种情况下的作用显著，在通信基站功率达到 40 W，终端功率达到 2 W，且基站距离较短的情况下，衰落储备量发挥作用，应用在高铁上的效果还可以。GSM 系统中的 EDGE 制式在高铁上的应用效果不好，主要是由于 EDGE 在高速数据时的编码效率为 1，没有编码冗余度，对应的信道编码增益相对较低。此外，高阶的数据 8PSK 调制，会使得解调 EDGE 数据的信噪比较高，导致 EDGE 边缘的覆盖电压需求更高，其衰落储备更大；但在实际的高铁系统中，两个基站覆盖区之间的衰落储备一般都不足，使得传输的数据率会迅速下降。所以，就要寻求新的技术来解决高铁上的移动通信问题。

但是 3G 也存在一些不足，首先 3G 的通信标准共有 WCDMA、CDMA2000 和 TD-SCDMA 三大分支，共同组成一个 IMT 2000 家庭，成员间存在相互兼容的问题，因此已有的移动通信系统不是真正意义上的个人通信和全球通信；其次，3G 的频谱利用率还比较低，不能充分地利用宝贵的频谱资源；最后，3G 支持的速率还不够高，如单载波最大只支持 2 Mb/s 的业务，等等。这些不足远远不能适应移动通信发展的需要，因此寻求一种既能解决现有问题，又能适应未来移动通信需求的新技术(即新一代移动通信，Next Generation Mobile Communication)是必要的。

4．第四代移动通信系统

第四代移动通信系统(4G)是集 3G 与 WLAN 于一体，能够传输高质量视频图像，且图像传输质量与高清晰度电视不相上下的技术产品。4G 能够以 100 Mb/s 的速度下载，比拨号上网约快 2000 倍，上传的速度也能达到 20 Mb/s，并能够满足几乎所有用户对于无线服务的要求。而在用户最为关注的价格方面，4G 与固定宽带网络在价格方面不相上下，而且计费方式更加灵活机动，用户完全可以根据自身的需求确定所需的服务。此外，4G 可以在 DSL 和有线电视调制解调器没有覆盖的地方部署，然后再扩展到整个地区。 很明显，4G 有着不可比拟的优越性。

4G 网络结构可分为三层，即物理网络层、中间环境层、应用网络层。物理网络层提供接入和路由选择功能，由无线和核心网的结合格式完成。中间环境层的功能有 QoS 映射、地址变换和完全性管理等。物理网络层与中间环境层及其应用环境之间的接口是开放的，它使发展和提供新的应用及服务变得更为容易，提供无缝高数据率的无线服务，并运行于多个频带。这一服务能自适应多个无线标准及多模终端能力，跨越多个运营者和服务，提供大范围服务。4G 的关键技术包括信道传输；抗干扰性强的高速接入技术、调制和信息传输技术；高性能、小型化和低成本的自适应阵列智能天线；大容量、低成本的无线接口和光接口；系统管理资源；软件无线电、网络结构协议等。4G 主要以正交频分复用(OFDM)为技术核心。OFDM 技术的特点是网络结构高度可扩展，具有良好的抗噪声性能和抗多信道干扰能力，可以提供无线数据技术质量更高(速率高、时延小)的服务和更好的性能价格比，能为 4G 无线网提供更好的方案。例如，无线区域环路(WLL)、数字音讯广播(DAB)等都采用 OFDM 技术。4G 对加速增长的广带无线连接的要求提供技术上的回应，对跨越公众的和专用的、室内和室外的多种无线系统和网络保证提供无缝的服务，通过最适合的可用网络提供用户所需求的最佳服务，能应付基于因特网通信所期望的增长，增添新的频段，使频谱资源大扩展，提供不同类型的通信接口，运用路由技术为主的网络架构，以傅里叶变换来发展硬件架构实现第四代网络架构。移动通信会向数据化、高速化、宽带化、频段更高化方向发展，移动数据、移动 IP 会成为未来移动网的主流业务。

5. 第五代移动通信系统

第五代移动通信系统(5G)，采用的是第五代移动通信技术，与 4G、3G、2G 不同的是，5G 并不是独立的、全新的无线接入技术，而是对现有无线接入技术(包括 2G、3G、4G 和 WiFi)的演进，以及一些新增的补充性无线接入技术集成后解决方案的总称。从某种程度上讲，5G 是一个真正意义上的融合网络，以融合和统一的标准，提供人与人、人与物以及物与物之间高速、安全和自由的联通。

5G 移动网络与早期的 2G、3G 和 4G 移动网络一样，也是数字蜂窝网络，在这种网络中，供应商覆盖的服务区域被划分为许多被称为蜂窝的小地理区域，表示声音和图像的模拟信号在手机中被数字化，由模数转换器转换并作为比特流传输。蜂窝中的所有 5G 无线设备通过无线电波与蜂窝中的本地天线阵和低功率自动收发器(发射机和接收机)进行通信。收发器从公共频率池分配频道，这些频道在地理上分离的蜂窝中可以重复使用。本地天线通过高带宽光纤或无线回程与电话网络和互联网连接。与现有的手机一样，当用户从一个蜂窝穿越到另一个蜂窝时，他们的移动设备将自动"切换"到新蜂窝中的天线。

5G 网络的主要优势在于，数据传输速率远远高于以前的蜂窝网络，最高可达 10 Gb/s，比当前的有线互联网要快，比先前的 4G LTE 蜂窝网络约快 100 倍。5G 的另一个优点是较低的网络延迟(更快的响应时间)，可低于 1 ms，而 4G 为 30～70 ms。由于数据传输更快，5G 网络不仅为手机提供服务，还成为一般性的家庭和办公网络提供商，与有线网络提供商竞争。以前的蜂窝网络提供了适用于手机的低数据率互联网接入，但是一个手机发射塔不能经济地提供足够的带宽作为家用计算机的一般互联网供应商。

2019 年 6 月 6 日，工信部正式向中国电信、中国移动、中国联通、中国广电发放 5G 商用牌照，中国正式进入 5G 商用元年。

2019 年 9 月 10 日，中国华为公司在布达佩斯举行的国际电信联盟 2019 年世界电信展上发布《5G 应用立场白皮书》，展望了 5G 在多个领域的应用场景，并呼吁全球行业组织和监管机构积极推进标准协同、频谱到位，为 5G 商用部署和应用提供良好的资源保障与商业环境。

2019 年 10 月，5G 基站入网正式获得了工信部的开闸批准。工信部颁发了国内首个 5G 无线电通信设备进网许可证，标志着 5G 基站设备将正式接入公用电信商用网络。而运营商在 10 月 31 日分别公布 5G 套餐价格，并于 11 月 1 日起正式执行 5G 套餐。

4.1.3　移动通信的主要特点及系统构成

1. 移动通信技术的特点

(1) 移动性。移动性就是要保持物体在移动状态中的通信，因而移动通信必须是无线通信，或无线通信与有线通信的结合。

(2) 电磁波传播条件复杂。因移动体可能在各种环境中运动，电磁波在传播时会产生反射、折射、绕射、多普勒效应等现象，产生多径干扰、信号传播延迟和展宽等效应。

(3) 噪声和干扰严重。在城市环境中的汽车火花噪声、各种工业噪声以及移动用户之间的互调干扰、邻道干扰、同频干扰等。

(4) 系统和网络结构复杂。移动通信是一个多用户通信系统和网络，必须使用户之间互不干扰，能协调一致地工作。此外，移动通信系统还应与市话网、卫星通信网、数据网等互联，整个网络结构很复杂。

(5) 要求频带利用率高、设备性能好。

2. 5G 移动通信技术的特点

(1) 频谱利用率高。在 5G 移动通信技术中，高频段的频谱资源应用更为广泛，但是在现在科技水平条件下，由于受到高频段无线电波的穿透能力影响，高频段频谱资源的利用效率还是会受到某种程度的限制。

(2) 通信系统性能有很大提高。传统的通信体系理念，是将信息编译码、点与点之间的物理层面传输等技术作为核心的目标，而 5G 是将更加广泛的多点、多天线、多用户、多小区的相互协作、相互组网作为重点的研究突破点，以大幅度提高通信系统的性能。

(3) 设计理念先进。在通信业务中，占据主导地位的是室内通信业务的应用，5G 将优先设计目标定位在室内无线网络的覆盖性能及其业务支撑能力上，这将改变传统移动通信系统的设计理念。

(4) 能耗和运营成本降低。5G 无线网络的"软"配置设计，将是未来该技术的重要研究、探索方向，网络资源可以由运营商根据动态的业务流量变化而实时调整，这样可以有效降低能耗和网络资源运营成本。

(5) 注重主要考量指标的研究。5G 通信网络技术的研究将更为注重用户体验，交互式游戏、3D、虚拟实现、传输延时、网络的平均吞吐速度和效率等指标将成为考量 5G 网络系统性能的关键指标。

3. 移动通信系统的构成

移动通信系统是移动用户之间、移动用户与固定用户之间，以及固定用户与移动用户之间，能够建立许多信息传输通道的传输系统。移动通信系统中主要包括无线收发信机、交换控制设备和移动终端设备，这些设备通过无线传输、有线传输的方式进行信息的收集、处理和存储等。下面以蜂窝移动通信系统为例，具体介绍移动通信系统的构成。

蜂窝移动通信系统主要由基站子系统(BSS)、移动台(MS)、网络子系统(NSS)、操作子系统(OSS)构成，如图 4-2 所示。

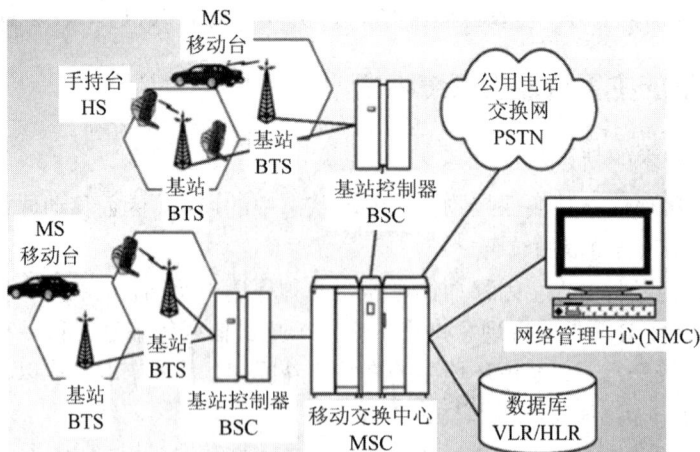

图 4-2   蜂窝移动通信系统构成

基站子系统(BSS)主要包括基站收发信台(BTS)和基站控制器(BSC)。其中，BTS 主要完成收发功能，BSC 负责控制功能。

移动台(MS)包括手持台和车载台等，是移动通信系统中不可缺少的部分。

网络子系统(NSS)包括移动交换中心(MSC)、归属位置寄存器(HLR)、访问位置寄存器(VLR)、鉴权中心(AUC)等，是移动通信系统的控制交换中心，也是公用电话交换网的接口。

操作子系统(OSS)包括操作维护中心(OMC)、网络管理中心(NMC)等，负责移动通信系统的控制和检测。

4.1.4　移动通信的分类

移动通信有多种不同的分类形式，本文主要介绍以下几种分类。

1. 按设备的使用环境分类

按设备的使用环境分类，移动通信可分为陆地移动通信、空中移动通信、海上移动通信。

1) 陆地移动通信

陆地移动通信是指地面基站与陆地(包括河、湖)上移动物体(人、车、船等)所携带(装载)的移动台间的通信。其特点是：移动台的高度低，电磁波的传播经常受到附属建筑物等的反射或遮挡。

2) 空中移动通信

空中移动通信是指近地空间中航空器(飞机、飞艇等)上的移动台与地面基站间的通信。其特点是：两通信地点间一般没有反射和遮挡，接近自由空间。

3) 海上移动通信

海上移动通信是指陆地上的基站与海洋移动船体上电台间的通信。其特点是：移动台与基站间大部分区域被水面覆盖，因此存在海面反射。

2. 按服务对象分类

按服务对象分类，移动通信可分为民用移动通信、军用移动通信。

1) 民用移动通信

民用移动通信是一种用户终端移动，基站相对固定，应用于人们日常生活中的通信系统。其特点是：自由移动性强、终端间可实现无线通信、覆盖面宽、性价比较高。如蜂窝移动通信、无线寻呼、无绳电话等均属于民用移动通信。

2) 军用移动通信

军用移动通信是一种用户终端移动，基站相对隐蔽或机动，应用于部队的通信系统。其特点是：机动性能高、抗毁能力强、保密性好、技术复杂、价格昂贵等。

3. 按移动通信系统分类

就目前移动通信系统的应用领域来看，移动通信系统可分为公用移动通信系统和专用移动通信系统两大类。公用移动通信系统是为广大人民提供移动通信服务的，而专用移动通信系统则是为特定人群提供移动通信服务的。

1) 公用移动通信系统

公用移动通信系统包括蜂窝移动通信系统、无线寻呼系统、无绳电话系统等。

(1) 蜂窝移动通信系统,又称小区制移动通信系统,如图4-3所示。它的特点是把整个大范围的服务区划分成许多小区,每个小区设置一个基站,负责本小区各个移动台的联络与控制,各个基站通过移动交换中心相互联系,并与市话局连接。利用超短波传播距离有限的特点,离开小区一定距离可以重复使用频率,使频率资源充分利用。每个小区的用户在1000个以上,全部覆盖区最终的容量可达100万用户。

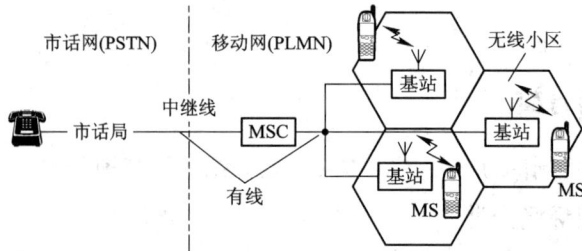

图4-3 蜂窝移动通信系统结构

(2) 无线寻呼系统是一种单向通信系统,既可作公用也可作专用,仅仅是规模大小不同而已。无线寻呼系统由与公用电话交换网相连接的无线寻呼控制中心、寻呼发射台及寻呼接收机等组成。无线寻呼系统有人工和自动两种接续方式。随着通信新技术的不断涌现,针对BB机的无线寻呼系统现已退出市场。

(3) 无绳电话系统。对于室内外慢速移动的手持终端的通信,则采用小功率、通信距离近、轻便的无绳电话机。它可以经过通信点与市话用户进行单向或双向的通信。

2) 专用移动通信系统

专用移动通信系统包括集群移动通信系统和卫星移动通信系统。

(1) 集群移动通信系统,又称大区制移动通信系统,如图4-4所示。它的特点是只有一个基站,天线高度为几十米至百余米,覆盖半径为30 km,发射机功率可高达200 W,用户数约为几十至几百个,可以是车载台,也可是手持台。它可以与基站通信,也可通过基站与其他移动台及市话用户通信,基站与市站通过有线网连接。

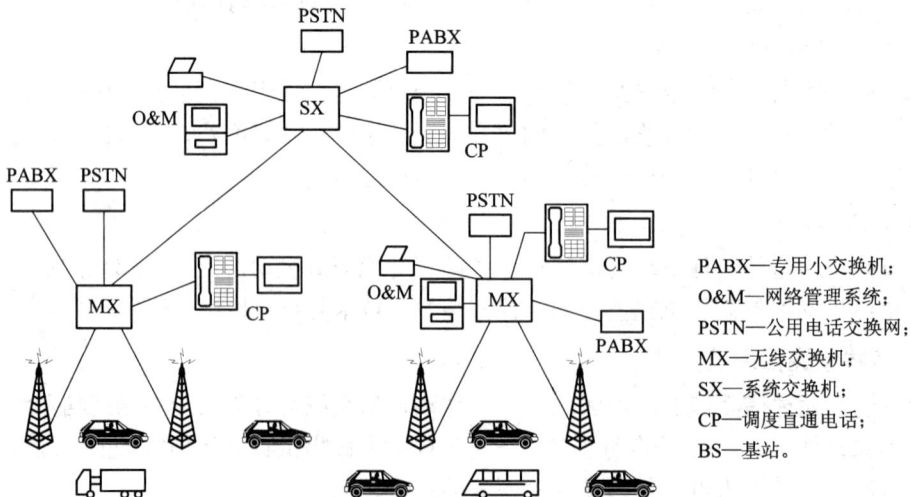

PABX—专用小交换机;
O&M—网络管理系统;
PSTN—公用电话交换网;
MX—无线交换机;
SX—系统交换机;
CP—调度直通电话;
BS—基站。

图4-4 集群移动通信系统结构

(2) 卫星移动通信系统。利用卫星转发信号也可实现移动通信，对于车载移动通信可采用赤道固定卫星，而对于手持终端，采用中低轨道的多颗星座卫星较为有利。

4.1.5 移动通信的工作方式

按照通话的状态和频率的使用方法，可将移动通信的工作方式分为单向通信方式和双向通信方式两大类别。双向通信方式分为单工通信方式、双工通信方式和半双工通信方式三种。

1. 单工通信

单工通信是指通信双方电台交替地进行收信和发信，分为同频单工和双频单工，如图 4-5 所示。常用的对讲机就采用这种通信方式。

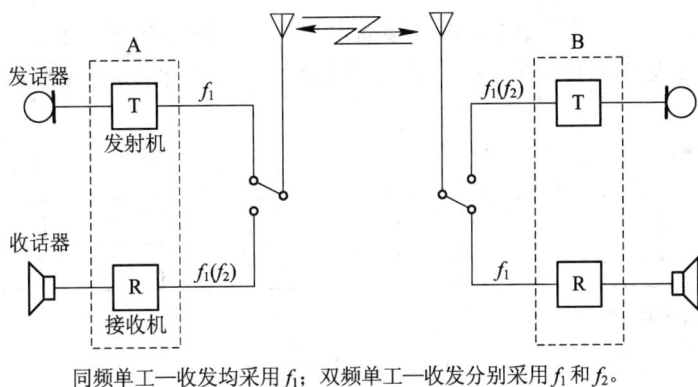

同频单工—收发均采用 f_1；双频单工—收发分别采用 f_1 和 f_2。

图 4-5 单工通信方式

2. 双工通信

双工通信是指通信双方可同时进行收发工作，如图 4-6 所示，即任一方讲话时，可以听到对方的语音。

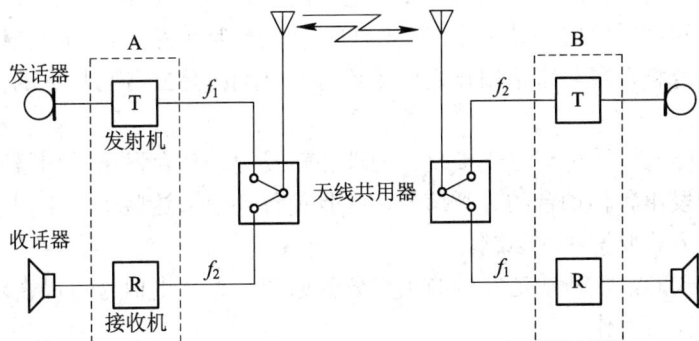

图 4-6 双工通信方式

3. 半双工通信

半双工通信是指通信双方中，一方使用双频双工方式，即收发信机同时工作；另一方使用双频单工方式，即收发信机交替工作，如图 4-7 所示。

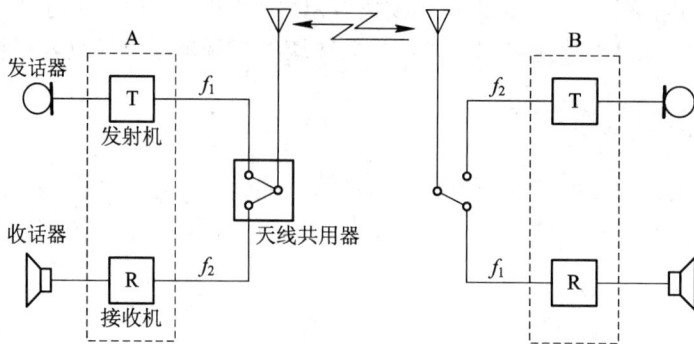

图 4-7　半双工通信方式

4. 移动中继方式

加设中继站，可增加通信距离。两个移动台之间直接通信距离只有几千米，经中继站转接后通信距离可加大到几十千米。移动中继方式分为单工中继和双工中继，如图 4-8 所示。

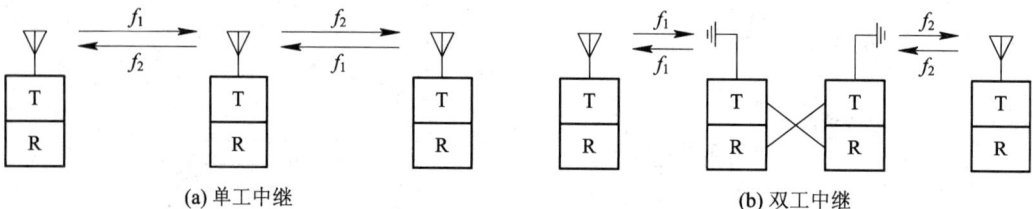

(a) 单工中继　　　　　　　　　　　　(b) 双工中继

图 4-8　移动中继方式

4.1.6　移动通信的多址技术

蜂窝系统中以信道来区分通信对象，一个信道只容纳一个用户，许多同时通话的用户，互相以信道来区分，这就是多址。

在无线通信环境的电波覆盖区内，如何建立用户之间的无线信道连接是多址接入方式要解决的问题。移动通信中基站是多路工作的，移动台是单路工作的。在移动通信业务区内，移动台之间或移动台与市话用户之间是通过基站同时建立各自信道的，从而实现多址连接。

基站是以怎样的信号传输方式接收、处理和转发由移动台发来的信号呢？基站又是以怎样的信号结构发出各移动台的寻呼信号，并且使移动台从这些信号中识别本台的信号呢？这就是多址接入方式要解决的问题。

多址接入方式的数学基础是信号的正交分割原理。无线电信号可以表示为时间、频率和码型的函数，即可写作

$$S(c, f, t) = c(t)s(f, t) \tag{4-1}$$

式中，$c(t)$ 为码型函数；$s(f, t)$ 为时间 (t) 和频率 (f) 的函数。

目前在移动通信中应用的多址接入方式有 FDMA、TDMA、CDMA，以及它们的混合应用方式等，如表 4-1 所示。FDMA、TDMA、CDMA 示意图如图 4-9 所示。

表 4-1　多址接入方式

多址接入方式	建立多址接入时区分信道的依据
频分多址方式(FDMA)	传输信号的载波频率不同
时分多址方式(TDMA)	传输信号存在的时间不同
码分多址方式(CDMA)	传输信号的码型不同

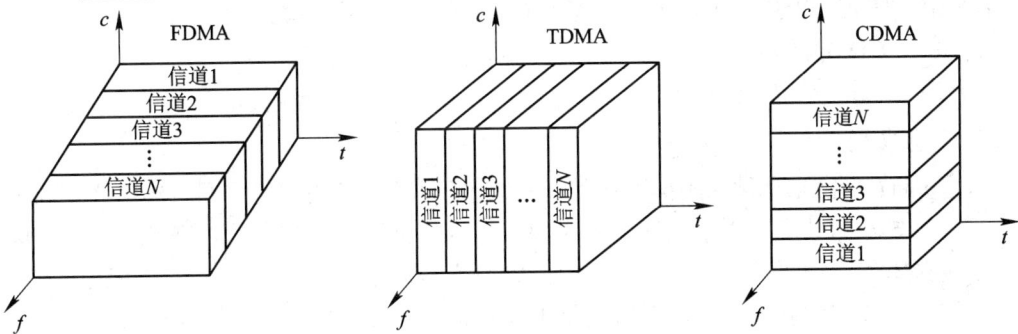

图 4-9　FDMA、TDMA、CDMA 示意图

1. 频分多址

频分多址(Frequency Division Multiple Access，FDMA)是将通信系统的总频段划分成若干个等间隔的相互不重叠的频道(信道)，分配给不同的用户使用，频道与用户具有一一对应关系，依据频率区分来自不同地址的用户信号，从而完成多址连接。FDMA 为每一个用户指定了特定的频段或信道。这些信道按要求分配给请求服务的用户。在呼叫的整个过程中，其他用户不能共享这一频段。

FDMA 的特点如下。

(1) FDMA 信道每次只能传送一个电话。

(2) 如果 FDMA 信道没有使用，那么它就处于空闲状态，并且不能被其他用户使用，实质上是一种资源浪费。

(3) 在分配好语音信道后，基站和移动台就会同时连续不断地发射信号。

(4) FDMA 信道的带宽相对较窄(30 kHz)，因为每个信道的每一载频仅支持一个电路连接。也就是说，FDMA 通常在窄带系统中实现。

(5) 与 TDMA 系统相比，FDMA 系统要简单得多，尽管 TDMA 改善了数字信号处理。

(6) 既然 FDMA 是一种不间断发送模式，那么相对于 TDMA 而言，就需要较少的二进制比特来满足系统开销。

(7) FDMA 需要采用精确的射频(Radio Frequency，RF)滤波器来把相邻信道的干扰减到最小。

2. 时分多址

时分多址(Time Division Multiple Access，TDMA) 是一种为实现共享传输介质(一般是无线电领域)或者网络的通信技术。它允许多个用户在不同的时间片(时隙)使用相同的频率，用户迅速地传输，一个接一个，每个用户使用他们自己的时间片。TDMA 允许多用户共享同样的传输媒体(如无线电频率)。

在美国 TDMA 通常也指第二代(2G)移动电话标准，具体是指 IS-136 或者 D-AMPS 标准使用 TDMA 技术分时共享载波的带宽。

TDMA 的特点如下。

(1) 多个用户共享一个载波频率。

(2) 非连续传输，使切换更简单。

(3) 时间插槽可以根据动态 TDMA 的需求分配。

(4) 由于信元间干扰较小，因此具有比 CDMA 更宽松的功率控制。

(5) 高于 CDMA 的同步开销。

(6) 频率分配的复杂性。

3. 码分多址

码分多址(CDMA)是指以不同的伪随机码来区别基站，各基站使用同一频率并在同一时间进行信息传输的技术。由于发送信号时叠加了伪随机码，使信号的频谱大大加宽，因此采用这种技术的通信系统也称为扩频通信系统。它是近年来在数字移动通信进程中出现的一种先进的无线扩频通信技术，能够满足市场对移动通信容量和品质的高要求。

CDMA 的特点如下。

(1) 通信容量大。根据理论分析，CDMA 数字蜂窝移动通信系统的容量是模拟蜂窝通信系统的 20 倍或 GSM 数字蜂窝通信系统的 4 倍。

(2) 具有软容量特性。CDMA 数字蜂窝移动通信系统的全部用户共享一个无线信道，用户信号的区分只靠所有码型的不同，因此，当蜂窝系统的负荷满载时，另外增加少数用户，只会引起语音质量的轻微下降(或者信噪比轻微降低)，而不会出现阻塞现象。在 FDMA 蜂窝移动通信系统或 TDMA 蜂窝移动通信系统中，当全部频道或时隙被占满时，哪怕只增加一个用户也没有可能。CDMA 系统的这种特征使系统容量与用户数之间存在一种"软"的关系。

(3) 具有软切换功能。CDMA 蜂窝移动通信系统内的手机在越区切换的起始阶段，由原小区的基站与新小区的基站同时为越区的移动台服务，直到该移动台与新基站之间建立起可靠的通信后，原基站才中断它和该移动台的联系，CDMA 蜂窝移动通信系统的软切换功能可保证移动台越区切换的可靠性。

(4) CDMA 蜂窝移动通信系统是以扩频技术为基础的，因此具有抗干扰、抗多径衰落、保密性强等特点。

4.1.7　移动通信的编码与调制技术

1. 移动通信的编码技术

数字通信中，原始信息在传输之前要实现两级编码，即信源编码和信道编码。

1) 信源编码

在发送端，把经过采样和量化后的模拟信号变换成数字脉冲信号的过程，称为信源编码。通信信源中的模拟信号主要是语音信号和图像信号，而移动通信业务中最多的是语音信号，故语音编码技术在数字移动通信中占有相当重要的地位。

语音编码属于信源编码，是指利用语音信号及人听觉特征上的冗余性，在将冗余性压缩(信息压缩)的同时，把模拟语音信号转变为数字信号的过程。移动通信对数字语音信号的要求为：速率较低，纯编码速率应低于 16 kb/s；在一定编码效率下音质应尽可能高；编码时延应较短，控制在几十毫秒以内；在强噪声环境中，算法应具有较好的抗误码性能，以保持较好的语音质量；算法复杂程度适中，易于大规模集成。

信源编码通常分为三类，即波形编码、参量编码和混合编码。其中，波形编码和参量编码是两种基本类型，混合编码是前两者的衍生物。

(1) 波形编码。脉冲编码调制(PCM)和增量调制(DM)是波形编码的代表，波形编码直接对模拟语音采样、量化，并用代码表示。波形编码的比特率一般在 16 kb/s 至 64 kb/s 之间。

(2) 参量编码。参量编码又称声援编码，是以发音机制的模型作为基础，用一套模拟声带频谱特性的滤波器系数和若干声援参数来描述这个模型，在发送端从模拟语音信号中提取各个特征参量并进行量化编码。这种编码的特点是语音编码速率较低，一般为 2～4.8 b/s，语音的可懂度较好，但有明显的失真。

(3) 混合编码。混合编码是近年来提出的一类新的语音编码技术，它将波形编码和参量编码结合起来，力图保持波形编码语音的高质量与参量编码的低速率。混合编码的比特率一般为 4～16 kb/s，当编码速率达到 8～16 kb/s 时，其语音达到商用语音通信标准的要求。因此，混合编码技术在数字移动通信系统中得到了广泛的应用。

2) 信道编码

信道编码是发送方和接收方通过信道收发信息时采用的编码方式，以便保证传输信息的完整性、可靠性和安全性。信道编码通常与传输信道的特性密切相关，特性不同，信道编码通常不一样。

【例 4-1】　假定要传输的信息是一个"0"或是一个"1"，为了提高保护能力，各添加 3 个比特，即：

信息	添加比特	发送比特
0	000	0000
1	111	1111

对于每一比特(0 或 1)，只有一个有效的编码组(0000 或 1111)。如果收到的不是 0000 或 1111，就说明传输期间出现了差错。信息与发送比特的比例关系是 1:4，必须发送 4 倍于信息的比特数。

保护作用分析如下：

接收编码组可能为：0000　0010　0110　0111　1111

判决结果：　　　　　0　　0　　x　　1　　1

如果 4 个比特中有 1 个是错的，就可以校正它。例如，发送的是 0000，而收到的却是 0010，则判决发送的是 0。若编码组中有两个比特是错的，则只能检出它，如 0110 表明它是错的，但不能校正。若编码组中有 3 个或 4 个比特是错的，则既不能校正它，也不能检出它。所以说这一编码能校正 1 个差错和检出 2 个差错。

移动通信中常用的信道编码方式如下。

(1) 奇偶校验码。奇偶校验码是一种最简单的编码。其方法是首先把信源编码后的信息数据流分成等长码组，在每一信息码组之后加入一位(1 比特)校验码元作为"奇偶校验位"，使得总码长 n 中的码重为偶数(称为偶校验码)或为奇数(称为奇校验码)。若在传输过程中任何一个码组发生 1 位(或奇数位)错误，则收到的码组必然不再符合奇偶校验的规律，因此可以发现误码。

【例 4-2】

原始信息：00110101010111010101000011…

编 码 后：00110101 01011101 01010001 1…

奇 校 验：00110101→001101011(码重为奇)

偶 校 验：00110101→001101010(码重为偶)

由于每两个 1 的模 2 加为 0，故利用模 2 加可以判读一个码组中码重是奇数还是偶数。奇偶校验码的特点是编码速率较高，只能发现奇数个错误，无纠错功能。

(2) 重复码。最容易纠正错误的办法，就是将信息重复传几次，只要正确传输的次数多于错误传输的次数，就可用少数服从多数的原则排除差错，这就是简单的重复码原则。

【例 4-3】

原始信息：00110101

编 码 后：0011010100110101

重复码的特点是编码/译码速率较高，但信道有效利用率低。

(3) 循环冗余校验码。循环冗余校验码(CRC)是非常适合于检错的差错控制码，是先性分组码，其特点是严密的数学理论基础，编码和解码设备都中等复杂，检(纠)错能力较强。

【例 4-4】

循环冗余校验码的数据信息编码为：数据信息 $M(X) = 1101011011$

生成多项式：$G(X) = 10011$

$M(X)/G(X) = 11010110110000/10011$，余数为 1110

待发送的编码 $T(X) = 11010110111110$

循环冗余校验码的数据解码信息为：接收的编码信息 $R(X) = 11010110111110$

生成多项式：$G(X) = 10011$

$R(X)/G(X) = 11010110111110/10011$，余数为 0 则接收正确

待发送的编码 $M(X) = 1101011011$

(4) 卷积码。卷积码是非线性编码，对于许多实际情况其性能常优于分组码。卷积码的特点：编码简单；设备简单；性能高；适合解离散的差错，对于连续的差错效果不理想。卷积码在信码元中也会插入校验码元但并不实行分组校验，每一个校验码都对前后的信息单元起校验作用，整个编解码过程也是一环扣一环，连锁地进行下去。

(5) 交织。在数字通信中，交织也是常见的信道编码方式。在发送端，编码序列在送入信道传输之前先通过一个"交织寄存器矩阵"，将输入序列逐行存入寄存器矩阵，存满以后，按列的次序取出，再送入传输信道。接收端收到后先将序列存到一个与发送端相同的交织寄存器矩阵中，但按列的次序存入，存满以后，按行的次序取出，然后送进解码器。

2. 移动通信的调制技术

1) 调制与解调

在通信系统中，原始电信号一般含有直流成分和频率较低的频谱分量，称为基带信号。基带信号往往不能直接作为传输信号，必须将基带信号转换成适合信道传输的信号，并在

接收端进行反变换。这个变换和反变换分别称为调制和解调。经过调制的信号称为已调信号或频带信号，它携带信息，而且更适合在选定的信道中传输。

2) 移动通信调制方式

商用的 GSM 蜂窝移动通信系统采用高斯滤波最小频移键控(GMSK)调制方式，IS-95CDMA 蜂窝移动通信系统前向信道采用四相移相键控(QPSK)调制方式，反向信道采用偏置四相移相键控(OQPSK)调制方式。

(1) 高斯滤波最小频移键控。高斯滤波最小频移键控的基本原理是将基带信号先经过高斯滤波器滤波，使基带信号形成高斯脉冲，之后进行最小频率键控(MSK)调制。由于滤波形成的高斯脉冲包括无陡峭的边沿，也无拐点，所以经调制后的已调波相位路径在 MSK 的基础上进一步得到平滑。高斯滤波器用于限制邻频道干扰。这种技术提供了相当好的频谱效率、固定的信号幅度，是一种具有很好的载干比(C/I)的优秀调制方式。它还具有功耗小、重量轻、收发信机成本低等优点，在数字移动通信中进行高速率数据传输时，能够满足邻频道带外辐射功率介于-80～-60 dB 的指标。

(2) 四相移相键控。四相移相键控与二相移相键控(BPSK)相比有以下特点。

① 可以压缩信号的频带，提高信道的利用率；

② 可以减少由于信道特性引起的码间串扰的影响；

③ 传输相同信息时，传输速率减半，但传输的可靠性随之降低。

(3) 偏置四相移相键控。偏置四相移相键控是在四相移相键控调制基础上演变而来的，是四相移相键控的改进型。偏置四相移相键控的特点是：最大相位跳变为$\pm\pi/2$，具有较高的抗相位抖动性能；不需要线性功率放大器。由于不需要线性功率放大器，因此功率放大器的效率高、功耗小、温升低。这正是移动台所需要的，所以 CDMA 反向信道移动台采用的就是偏置四相移相键控调制方式。

思考题与练习题

1. 什么是移动通信？移动通信有哪些特点？
2. 移动通信系统发展到目前经历了几个阶段？各阶段有什么特点？
3. 移动通信系统由哪几部分组成？试讲述各部分的作用。
4. 移动通信的工作方式及相互间的区别有哪些？
5. 移动通信系统中的多址技术包括哪些？分别有什么特点？
6. 什么是编码？编码可分为哪几种？
7. 什么是调制？GSM 系统和 CDMA 系统各采用什么调制方式？

任务 4.2　掌握移动通信的组网技术

任务引入

本任务主要介绍移动通信系统的网络络构以及中国移动信令网结构，了解移动通信系统的网络结构和信令组成形式。

任务相关知识

4.2.1 移动通信系统的网络结构

移动通信网类型很多,分类方法不尽相同。按使用部门不同划分,移动通信网可分为公用网和专用网两大类。公用网是开放的,全社会任何单位或个人均可使用,必须与地面固定公用网联网(最理想的是全自动拨号);专用网是封闭或半封闭的,主要供某系统内部使用,有条件地与地面公用或专用网络连通。这就对移动通信的网络结构提出了截然不同的要求,并形成不同的模式。

在构建我国移动通信网络结构时,应遵循以下原则。

(1) 要适合我国地域广阔、经济不平衡的特点。

(2) 既要考虑目前实现的可能性,又要考虑今后的发展方向。

(3) 应便于实现越局(区)频道自动转接和漫游通信。

(4) 不应对现有公用电信网产生重大改变,并尽量能相互兼容。

(5) 建网要经济,尽可能利用现有的网络资源。

1. 基本网络结构

移动通信的基本网络结构如图 4-10 所示,基站通过传输链路和交换机相连,交换机再与固定的电信网络相连,这样就可以建立移动用户←→基站←→交换机←→固定网络←→固定用户,移动用户←→基站←→交换机←→基站←→移动用户等不同情况下的通信链路。

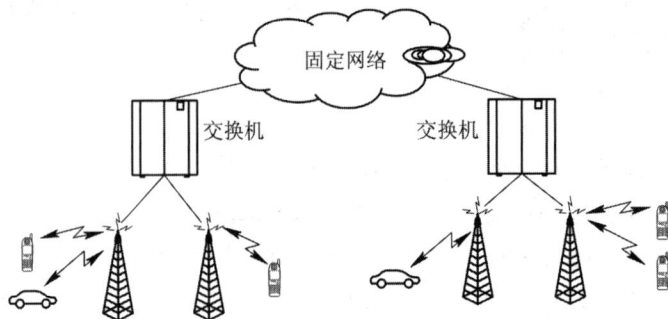

图 4-10　基本网络结构

基站与交换机之间、交换机与固定网络之间可以采用有线链路(如光纤、同轴电缆、双绞线等),也可以采用无线链路(如微波链路)。

移动通信网络中使用的交换机通常称为移动交换中心(MSC)。它与常规交换机的不同之处是:MSC 除了要完成常规交换机的所有功能外,还负责移动性管理和无线资源管理(包括越区切换、漫游、用户位置登记管理等)。

蜂窝移动通信网络中,每个 MSC(包括移动电话局和移动汇接局)要与本地的市话汇接局、本地长途交换中心相连。MSC 之间需要相互连接才可以构成一个功能完善的网络。

2. 其他网络结构

根据系统容量的大小、覆盖区域的大小,移动通信的网络结构可以分为单基站(一个基站)小容量的移动通信网络结构,移动通信本地网结构,混合式区域联网的移动通信网络结构以及叠加式区域联网的大、中容量移动通信网络结构。无论什么样的移动通信网络都必须具有和公用电话网联网的功能,中等容量以上的还应具有完全自动交换控制功能。

1) 单基站小容量的移动通信网络结构

单基站小容量的移动通信网络结构是由一个基站构成的移动通信网,如图 4-11 所示。移动用户通过市话用户线进入公用电话交换网。

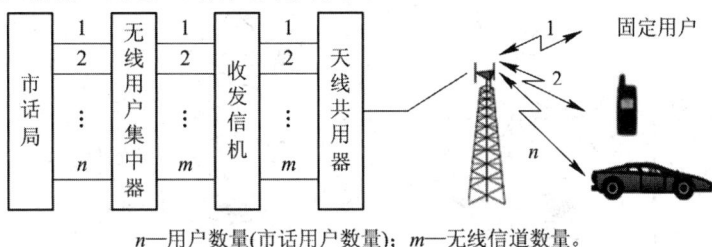

n—用户数量(市话用户数量);m—无线信道数量。

图 4-11　单基站小容量的移动通信网络结构

单基站小容量的移动通信网络结构中移动用户为市话用户线的延伸。若移动用户有 n 个,基站只有 m 个信道($n>m$),则在基站上装一个 $m:n$ 的集中器(集线器),不需要交换中心,所有交换功能全由市话汇接局进行。

单基站小容量的移动通信网络适用于中小城市,服务区域半径一般不超过 30 km,用户数量在 500 以下,其特点是结构简单、经济,移动用户之间的呼叫需要通过市话局交换机进行交换后再接回基站。

2) 移动通信本地网结构

移动通信本地网的服务范围一般为一个移动交换区。在一个交换区内一般只设一个移动交换中心,当用户增加较多时,也可设多个移动交换中心,作为移动电话端局。移动通信本地网通常包括城市市区和郊区、卫星城镇、郊县县城和农村地区,在这个范围内采用同一移动区号。全国可划分为若干个移动通信本地网,原则上按照长途编号区分为二位、三位等来建立本地移动电话网。移动通信本地网结构的一般形式如图 4-12 所示。基站与移动电话局之间通过中继线相连,中继线路应根据实际情况采用电缆、光缆、微波中继等传输手段。

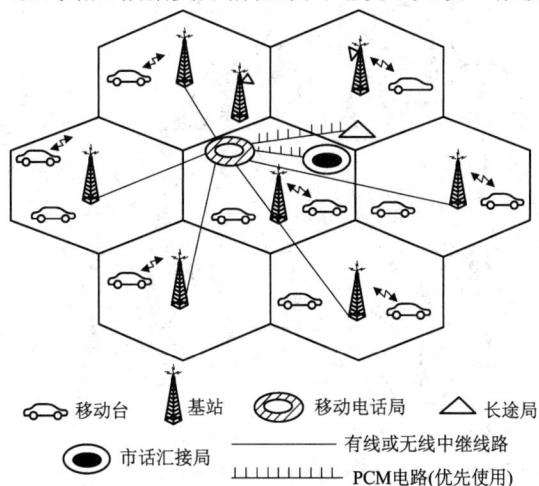

图 4-12　移动通信本地网结构的一般形式

移动通信本地网中，当用户数量在 500～2000 之间时，每个移动电话局都要与所在地的长途局和市话汇接局相连。根据业务量的情况，还可以越级与长途交换中心或邻区长途交换中心建立高效直达路由，如图 4-13 所示。

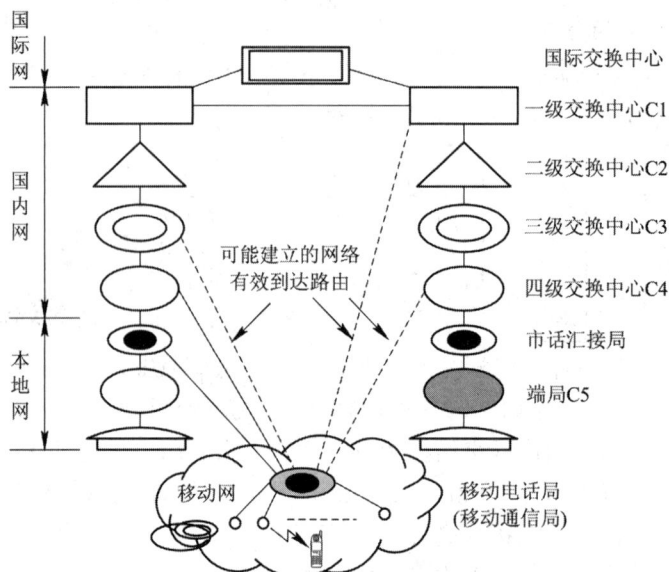

图 4-13   移动电话局在长途网中的位置

3) 混合式区域联网的移动通信网络结构

当多个移动交换区进行区域联网时，就构成了大、中容量移动通信网。混合式区域联网的移动通信网络结构如图 4-14 所示。从图 4-14 中可以看出，整个联网区域分成若干个移动交换区，每个移动交换区一般设立一个移动交换中心。在联网的区域内，由相关主管部门根据需要，可规定一个或一个以上移动交换中心作为移动汇接局，以疏通该区域内其他移动交换中心的来话、转话话务。

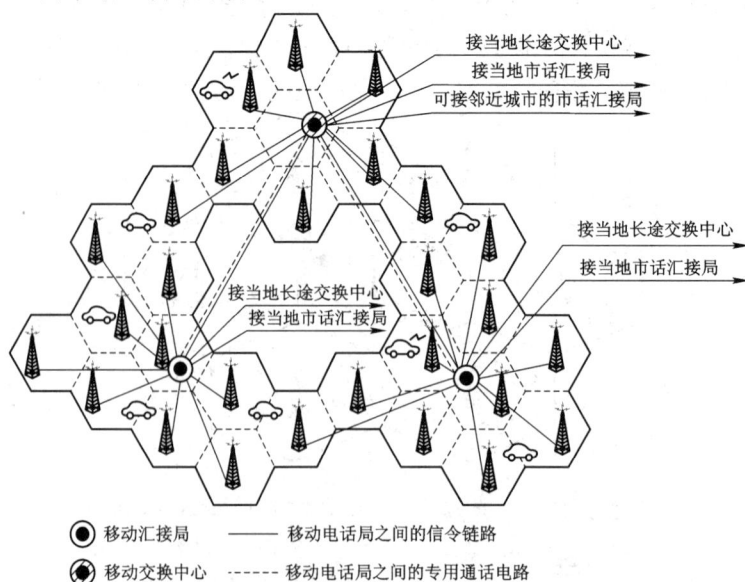

图 4-14   混合式区域联网的移动通信网络结构

4) 叠加式区域联网的大、中容量移动通信网络结构

叠加式区域联网的大、中容量移动通信网络结构是一种具有自己的层次(等级)结构、独立编号计划、网号的网络，如图 4-15 所示。它的优点是移动通信自动网络，编号自成体系，号码资源多，灵活性强，有利于自动漫游及计费。

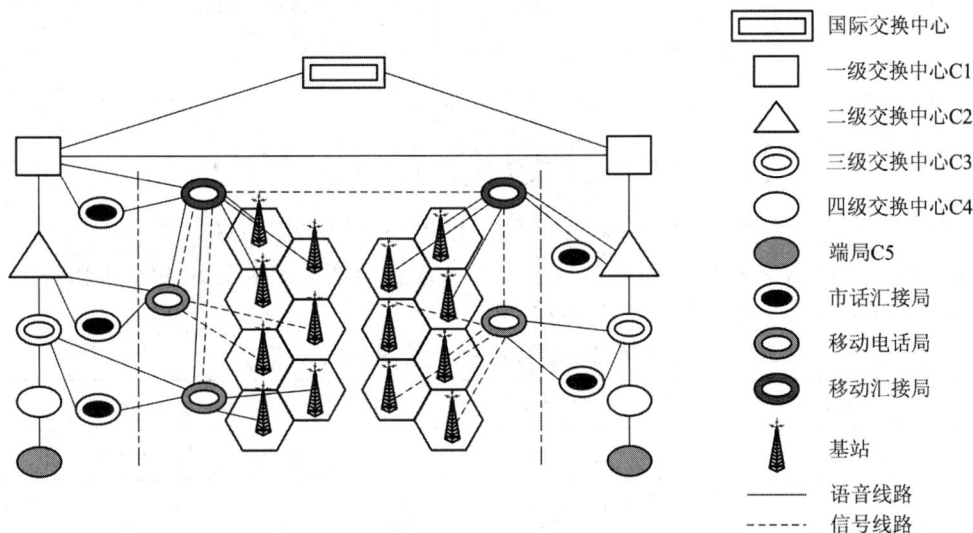

图 4-15 叠加式区域联网的大、中容量移动通信网络结构

4.2.2 中国移动信令网结构

七号信令网是电信网的三大支撑网之一，是电信网的重要组成部分，是发展综合业务、智能业务以及其他各种新业务的必备条件，其运行质量直接影响到电信网及其各种业务的运行稳定性和实际效益。七号信令网的组建也和国家地域大小有关，地域大的国家可以组建三级信令网(HSTP、LSTP 和 SP)，地域偏小的国家可以组建二级信令网(STP 和 SP)或无级网。下面以我国 GSM 信令网为例来作介绍。

在我国，信令网有两种结构：一是全国 No.7 网；二是组建移动专用的 No.7 信令网。No.7 信令网是全国信令网的一部分，它最简单、最经济、最合理，因为 No.7 信令网是为多种业务共同服务的，但随着移动和电信的分营，移动建有自己独立的 No.7 信令网。到目前为止，我国已经组建了由 HSTP(High-level Signaling Transfer Point，高级信令转接点)、LSTP(Low Signaling Transfer Point，低级信令转接点)和大量的 SP(Signaling Point，信令点)组成的三级七号信令网，使得七号信令网名副其实地成为电信网的神经网和支撑网。

我国移动信令网主要采用三级结构(有些地方采用二级结构)，在各省(自治区、直辖市)或大区设有两个 HSTP，同时省内至少设有两个 LSTP(少数 HSTP 和 LSTP 合一)，移动网中其他功能实体作为信令点 SP。

HSTP 之间以网状网方式相连，分为 A、B 两个平面；大区、省(自治区、直辖市)内的 LSTP 之间也以网状网方式相连，同时它们还应和相应的两个 HSTP 连接，如图 4-16 所示；MSC、VLR、HLR、AUC、EIR 等信令点至少要接到两个 LSTP 上，当业务量大时，信令点还可直接与相应的 HSTP 连接。

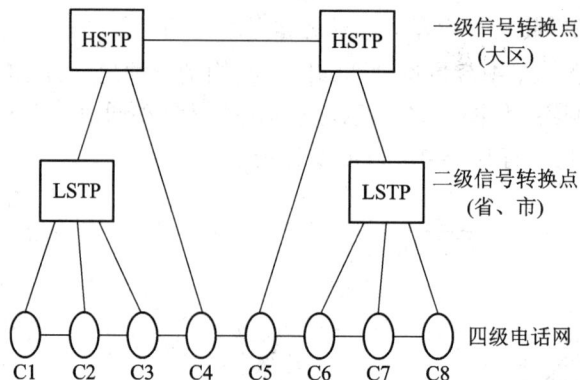

图 4-16 大区、省(自治区、直辖市)信令网的转接点结构

我国移动网中信令点编码采用 24 位，只有在 A 接口连接时采用 14 位的国内备用网信令点编码，国际信令点编码格式如表 4-2 所示。

表 4-2   国际信令点编码格式

NML	KJIHGFED	CBA
大区识别	区域网识别	信令点识别
信号区域网编码 SANC		
国际信号点编码 ISPC		

表 4-2 中，NML 用于识别世界编号大区；KJIHGFED 用于识别世界编号大区内的地理区域或区域网；CBA 用于识别地理区域或区域网内的信令点。

NML 和 KJIHGFED 两部分合起来的名称为信号区域网编码(SANC)，每个国家都分配了一个或几个备用 SANC。如果一个不够用(SANC 中的 8 个编码不够用)可申请备用。我国被分配在第 4 个信号大区，即 NML 编码为 4，区域编码为 120，所以 SANC 是 4-120。我国国内信号网信令点编码如表 4-3 所示。

表 4-3   我国国内信号网信令点编码

8	8	8	首先发送的比特
主信号区	分信号区	信令点	
省、自治区、直辖市	地区、地级市，直辖市内的汇接区、郊区	电信网中的交换局	

在国际电话连接中，国际接口局负责两个信令点编码的变换。

思考题与练习题

1. 移动通信网的基本网络结构包括哪些功能？
2. 简述移动通信网中的交换。
3. 什么是信令？信令的功能是什么？
4. 简述中国移动信令网结构。
5. 介绍 No.7 信令的应用。

实训 4　无线&核心网业务验证

本实训采用讯方 5G 全网仿真软件 V1.0。该软件主要包括五个部分，即网络拓扑规划、容量规划、设备配置、数据配置、业务调试。仿真系统按照运营商移动通信全网当前主流组网模式设计，包含无线接入网、光纤承载网、移动核心网三大层次设备。其中，无线接入网包含 5G NR 无线设备以及 4G LTE 无线设备，光纤承载网包含 PTN 移动回传设备和 OTN 波分复用设备，移动核心网包含 EPC 中的 MME、SGW、HSS 等主要功能模块。本实训以无线&核心网业务为例，学习无线规划与核心网规划流程。

1. 任务目标

(1) 了解无线规划。

(2) 了解核心网规划。

(3) 掌握无线数据配置。

(4) 掌握核心网数据配置。

(5) 了解无线&核心网业务。

2. 任务内容

分别进行无线规划、硬件连接、数据配置；核心网规划、硬件连接、数据配置；搭建临水市无线&核心网业务。

3. 任务实施

1) 5G 无线规划与数据配置

(1) 网络规划。打开仿真软件，输入账户(密码)tjgyzyzs01～21，进入软件界面，单击左侧"网络拓扑规划"菜单，默认显示"核心网&无线"规划界面，如图 4-17 所示。

5G 无线规划

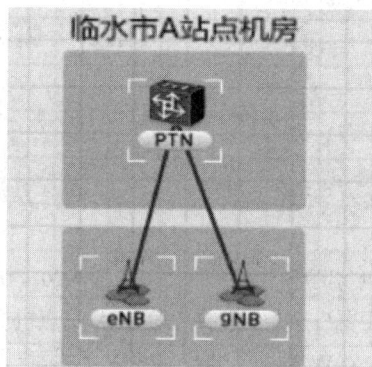

图 4-17　临水市 A 站点机房网元

(2) 硬件连接。按照图 4-18 机房拓扑完成硬件连接，首先选择设备配置准备对基站进行配置，从而对临水市 A 站点机房设备进行配置。进入机房临水市 A 站点，选择 LTE-BBU 设备，拖入到设备子架上；选择 NR-BBU 设备，拖入到设备子架上，分别完成 NR-BBU 及

LTE-BBU 插框安装。返回室外，安装 4G 室外天馈部分，用天线馈线将天线 ANT1 和 RRU1 连接，ANT2 和 RRU2 连接、ANT3 和 RRU3 连接(1、4 口连了两根线)，安装完成后，天线和 RRU 之间建立了连接，天线和 RRU 配置完成。安装 5G 室外天馈部分，将 AAU1 安装到铁塔指定位置，其他 AAU 设备同样操作。其中，用 LC-LC 光纤一端连接 RRU1 的 CPRI 本端光口，LC-LC 光纤的另一端连接 LTE-BBU 上单板，全部连接后，显示 RRU 设备和 LTE-BBU 设备相连。NR-BBU 与 AAU 连接包括用 LC-LC 光纤一端连接 RRU1 的 ecPRI 本端光口，用 LC-LC 光纤的另一端连接 NR-BBU 上单板，全部连接后，显示 AAU 设备和 NR-BBU 设备相连。

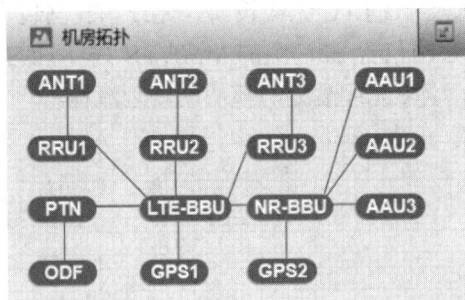

图 4-18　临水市 A 站点机房拓扑图

(3) 数据配置。单击"数据配置"菜单，选择"临水 A 站点机房—无线"，包括 RRU 数据配置、无线参数配置、NR-BBU 数据配置、AAU 数据配置、5G 无线参数配置。

5G 无线数据配置

2) 核心网规划与数据配置

(1) 网络规划。进入软件界面，单击左侧"网络拓扑规划"菜单，默认显示"核心网&无线"规划界面，如图 4-19 所示，按图 4-20 机房拓扑完成硬件连接。

5G 核心网规划

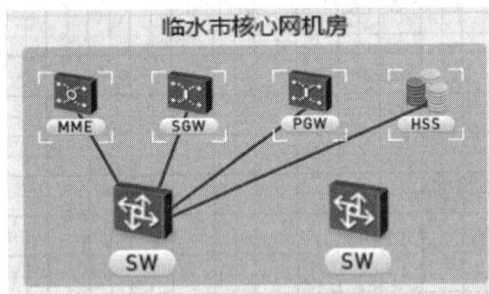

图 4-19　临水市核心网机房网元

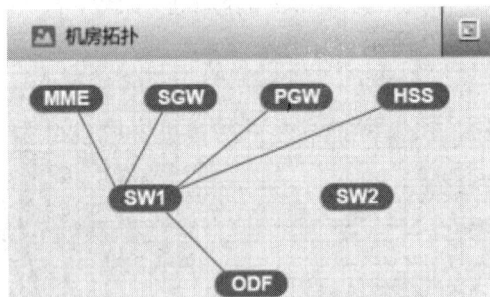

图 4-20　临水市核心网机房拓扑图

(2) 数据配置。单击"数据配置"菜单，选择"临水 A 站点机房—核心网"，包括 MME 数据配置、SGW 数据配置、PGW 数据配置、HSS 数据配置、SW1 配置。

3) 无线&核心网业务调试

(1) 无线&核心网业务调试界面，如图 4-21 所示。

5G 核心网数据配置

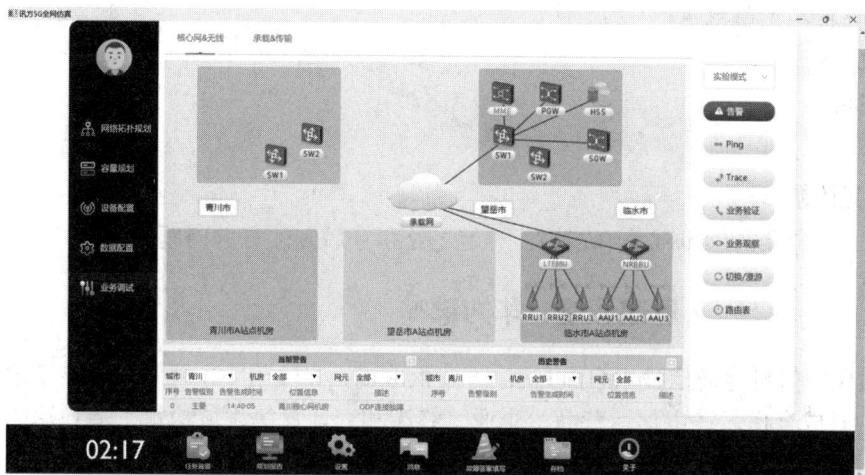

图 4-21　无线&核心网业务调试界面

(2) 调试步骤。单击"业务验证"，设置手机参数，按照表 4-4 进行参数设置。

表 4-4　业务验证手机参数

参数	数　值
MCC	460
MNC	10
IMSI	460100123456789
频段	0～8000 MHz
APN	lsnet
Ki	123456789012345…(32 位之前设置)
鉴权方式	Milenage
制式选择	自动

(3) 调试成功界面。如图 4-22 所示。

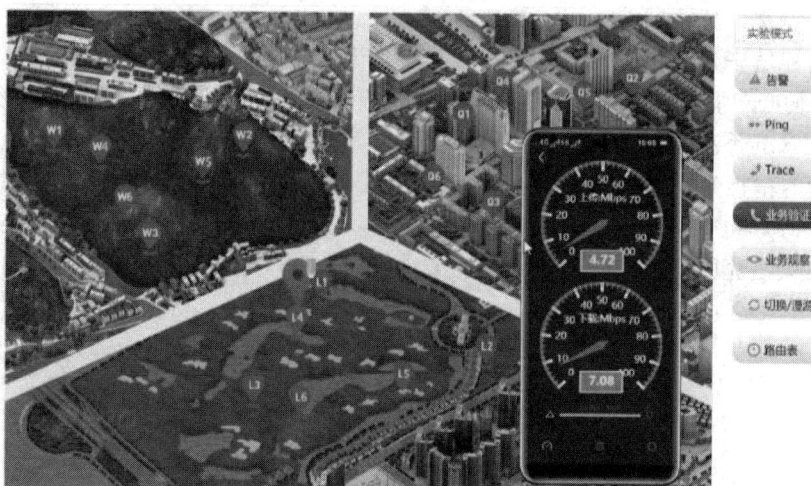

图 4-22　无线&核心网业务调试成功界面

4) 评价(任务评价单见附录 A)

(1) 小组成员之间自评;

(2) 小组间互评;

(3) 教师评价。

4. 实训报告(见附录 B)

写出实训小结,内容包括实训心得(收获)、不足之处和今后应注意的问题。

思政课堂   华为精神

华为是全球领先的信息与通信技术(ICT)解决方案供应商,专注于 ICT 领域,坚持稳健经营、持续创新、开放合作,在电信运营商、企业、终端和云计算等领域构筑了端到端的解决方案优势,为运营商客户、企业客户和消费者提供有竞争力的 ICT 解决方案、产品和服务,并致力于实现未来信息社会,构建更美好的全连接世界。华为的成功,靠的是对质量的坚守以及追求永无止境的创新精神。华为始终坚持"诚信,责任,用心服务"的理念,致力于成为行业典范,追求卓越品质。在全球范围处于下游行业位置,华为仍坚持"精密把关,精益求精"的理念,优先把品质放在首位。

华为把企业态度、文化精神转换为实际行动,在全球范围内推广"四精神":勇于开拓,真实实践,责任至上和用心服务。凭着这股精神,华为走出了一条成功之路——以诚实臣服,以尊重能争,以追求卓越脱颖而出。华为在做好当下的同时,不断学习,以更精准的判断加以调整,持续发展。

华为精神是华为公司的核心价值观之一,代表着华为人的创新梦与昆仑山融为一体,笃行致远,初心可鉴。华为人非常崇尚"狼",认为狼是企业学习的榜样,要向狼学习"狼性",狼性永远不会过时。

以华为的精神为指引,企业从不停步,从来都怀揣着勇于尝试、勇于创新的精神,在不断改进的同时,将"精益求精"这一追求作为生命力带入公司文化当中。华为精神将作为企业永恒之火,克服艰难险阻,进而走向成功。

项目 5

ZigBee 引领智能家居时代

项目目标

(1) 了解 ZigBee 技术的形成与发展、特点和应用;

(2) 掌握 ZigBee 协议栈的结构体系;

(3) 掌握 ZigBee 三种网络拓扑结构。

知识脉络图

```
ZigBee 技术的形成与发展
    ZigBee 技术的特点 ── 认识 ZigBee 通信技术
    ZigBee 技术的应用

                                        实训  智能家居照明控制系统
ZigBee 协议栈概述
    原语的概念 ── 掌握 ZigBee 协议栈 ── ZigBee 引领智能家居时代
ZigBee 协议栈帧结构关系
                                        思政课堂  美丽的北京奥运,美丽的 ZigBee
    网络设备分类
    网络拓扑结构 ── 构建 ZigBee 网络
    网络构建
```

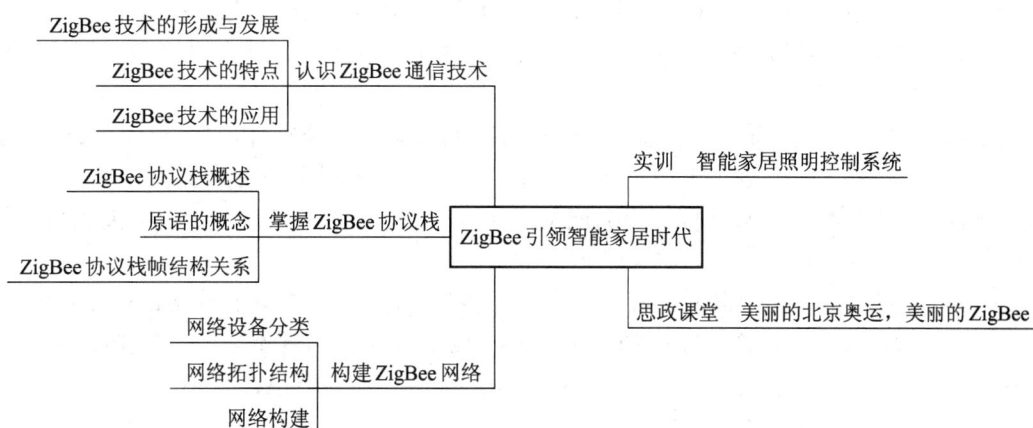

任务 5.1 认识 ZigBee 通信技术

任务引入

对于多数的无线网络来说,关键在于如何提高传输数据的速率和距离。但是,在一些应用中,系统传输的数据量小,传输速率低,系统所使用的终端设备通常为采用电池供电的嵌入式终端,如无线传感器网络,这类系统要求传输设备的成本低、功耗小。针对这些特点和需求,由英国 Invensys 公司、日本三菱电气公司、美国摩托罗拉公司以及荷兰飞利浦公司等共同宣布组成 ZigBee 技术联盟,共同研究开发了 ZigBee 技术。目前,该技术联盟已发展和壮大为由 200 多家芯片制造商、软件开发商、系统集成商等公司和标准化组织组成的技术组织，而且，这个技术联盟还在不断地发展和壮大。

本任务主要介绍 ZigBee 技术的形成与发展，ZigBee 技术最主要的八个特点，ZigBee 技术的应用前景、应用条件以及应用领域。

任务相关知识

5.1.1　ZigBee 技术的形成与发展

在蓝牙技术的使用过程中，人们发现蓝牙技术尽管有许多优点，但也存在许多缺陷。对工业、家庭自动化控制和遥测遥控领域而言，蓝牙技术显得太复杂、功耗大、传输距离近、组网规模小等。为了满足工业自动化对无线通信的强烈需求，2004 年正式制定了 ZigBee 协议规范。ZigBee 是一个由 65 000 多个无线数传模块组成的网络平台，类似于现有的移动通信的 CDMA 网或 GSM 网，ZigBee 网络数传模块类似于移动网络的基站，在整个网络范围内，ZigBee 网络数传模块之间可以相互通信；每个网络数传模块间的距离可以从标准的 75 米，扩展到几百米，甚至几千米；另外整个 ZigBee 网络还可以与现有的其他各种网络连接。每个 ZigBee 网络节点(FFD 和 RFD)可以支持多达 31 个传感器和受控设备，每一个传感器和受控设备终端可以有 8 种不同的接口方式，可以采集和传输数字量和模拟量。

ZigBee 是一种短距离、低速率无线网络技术，此前曾被称作"HomeRF Lite"或"FireFly"无线技术，主要用于近距离无线连接。ZigBee 可用于实现数千个微小的传感器之间的通信。这些传感器只需要很少的能量，就可以以接力的方式通过无线电波将数据从一个传感器传到另一个传感器，通信的效率非常高。

ZigBee 的基础是 IEEE 802.15.4，它是 IEEE 无线个人区域网(PAN Personal Area Network)工作组的一项标准，被称作 IEEE 802.15.4 (ZigBee)技术标准。严格来说，ZigBee 并不是 IEEE 802.15.4 协议的别称，因为 IEEE 802.15.4 仅规范了低级 MAC 层和物理层协议，而 ZigBee 对网络层协议和 API 也进行了标准化。

2002 年下半年，英国 Invensys 公司、日本三菱电气公司、美国摩托罗拉公司以及荷兰飞利浦公司四大巨头共同宣布加盟"ZigBee 联盟"，参与研发名为"ZigBee"的下一代无线通信标准，这一事件成为 ZigBee 技术发展过程中的里程碑。

目前除了 Invensys、Ember、三菱电气、摩托罗拉、TI(德州仪器)、飞思卡尔和飞利浦等国际知名的大公司外，ZigBee 联盟已有 200 多家成员企业，并在迅速发展壮大。其中涵盖了半导体生产商、IP 服务提供商、消费类电子厂商及 OEM 商等，如 Honeywell、Eaton 和 Invensys Metering Systems 等工业控制和家用自动化公司，甚至还有像 Mattel 之类的玩具公司。所有这些公司都参加了负责开发 ZigBee 物理和媒体控制层技术标准的 IEEE 802.15.4 工作组。

5.1.2　ZigBee 技术的特点

ZigBee 技术的角色定位是介于射频识别和蓝牙之间，是一种新的短距离、低功耗、低速率无线网络技术，其相关规范与标准一经发布就得到了广泛的响应与支持，在理论与实践领域都获得了巨大的关注。ZigBee 技术的主要特点如下。

1. 低功耗

由于 ZigBee 的发射功率仅为 1 mW，而且采用了休眠模式，功耗更低，因此 ZigBee 设备非常省电。据估算，ZigBee 设备仅靠两节 5 号电池就可以维持长达 6 个月到 2 年左右的使用时间。与之相比，使用同样的电池，蓝牙能工作数周，WiFi 仅可工作数小时。

关于低功耗的问题需要说明的是，ZigBee 网络中的设备主要分为 3 种：一是协调节点 (Coordinator)，主要负责无线网络的建立和维护；二是路由节点 (Router)，主要负责无线网络数据的路由；三是终端设备 (End Device)，主要负责无线网络数据的采集。低功耗仅仅是对终端设备而言，因为路由节点和协调节点需要一直处于供电状态，只有终端设备可以定时休眠。

2. 低成本

ZigBee 模块的复杂度不高，ZigBee 协议免专利费，再加之使用的频段无需付费，所以 ZigBee 的成本较低。

3. 数据传输速率低

根据 IEEE 802.15.4 标准协议，ZigBee 有 3 个工作频段，分别为 868 MHz、915 MHz 和 2.4 GHz，这 3 个工作频段相距较大，而且各频段上的信道数目不同。因而，在该项技术标准中，各频段上的调制方式和传输速率不同。该频段为全球通用的工业、科学、医学 (Industrial Scientific and Medical，ISM) 频段，为免付费、免申请的无线电频段。由于这 3 个频段物理层并不相同，因此各自信道带宽也不同，分别为 0.6 MHz、2 MHz 和 5 MHz，分别有 1 个、10 个和 16 个信道。ZigBee 频带和频带传输率如表 5-1 所示，ZigBee 可归为低速率的短距离无线通信技术。

表 5-1　ZigBee 频带和频带传输率

频带	传输率/(kb/s)	信道数/个	适用范围
2.4 GHz(ISM)	250	16	全球
915 MHz(ISM)	40	10	美国
868 MHz	20	1	欧洲

4. 时延短

ZigBee 的通信时延和从休眠状态激活的时延都非常短，典型的搜索设备时延为 30 ms，休眠激活的时延为 15 ms，活动设备信道接入的时延为 15 ms。相比较，蓝牙的时延为 3～10 s，WiFi 的时延为 3 s。

这种毫秒级的时延，在实时性要求不太高的网络中是非常高效的，在有一定时延要求的网络中也是佼佼者。

5. 网络容量大

ZigBee 可采用星状、片状和网状网络结构，一个星状结构的 ZigBee 网络最多可以容纳 254 个从设备和一个主设备，一个区域内最多可以同时存在 100 个 ZigBee 网络，而且网络组成灵活。ZigBee 由一个主节点管理若干子节点，一个主节点最多可管理 254 个子节点；同时主节点还可由上一层网络节点管理，可组成最多 65 000 个节点的大网。相比较，每个蓝牙网络最多有 8 个节点。

6. 可靠

ZigBee 采取了碰撞避免策略，同时为需要固定带宽的通信业务预留了专用时隙，避开了发送数据的竞争和冲突。MAC 层采用了完全确认的数据传输机制，每个发送的数据包必须等待接收方的确认信息。如果传输过程中出现问题可进行重发。

7. 安全

ZigBee 提供了基于循环冗余校验(CRC)的数据包完整性检查功能，支持鉴权和认证，以及采用高级加密标准(AES 128)的对称密码，以灵活确定其安全属性。

ZigBee 提供了三级安全模式，包括无安全设定、使用接入控制清单(ACL)、防止非法获取数据。

8. 传输距离灵活

ZigBee 的传输范围一般为 10～100 m，在增加 RF 发射功率后，亦可增加到 1～3 km。这是指相邻节点间的距离，如果通过路由和节点间通信的接力，传输距离可以更远。

5.1.3　ZigBee 技术的应用

1. ZigBee 技术的应用前景

ZigBee 并不是用来与其他已经存在的标准竞争，它的目标定位于现存的系统，还不能满足其需求的特定市场。

ZigBee 的出发点是希望能发展一种容易布建的低成本无线网络，同时其低耗电性将使产品的电池能维持 6 个月到数年的时间。在产品发展的初期，将以工业或企业市场的感应式网络为主，提供感应辨识，灯光与安全控制等功能，再逐渐将市场拓展至家庭中的应用。

ZigBee 技术弥补了低成本、低功耗、低速率无线通信市场的空缺，其成功的关键在于丰富而便捷的应用，而不是技术本身。从 2002 年 ZigBee Alliance 成立到 2006 年 ZigBee 联盟推出比较成熟的 ZigBee 2006 标准协议，ZigBee 至今已走过了多个春秋。随着 ZigBee 协议标准的逐步完善和物联网大环境的带动，整个 ZigBee 产业朝着越来越繁盛的趋势发展，基于 ZigBee 应用层出不穷，并和我们的实际生活接轨，让人们的生活更加智能美好！

2. ZigBee 技术的应用条件

通常，符合以下条件之一的应用就可以考虑采用 ZigBee 技术。

(1) 需要数据采集或监控的网点较多；

(2) 要求传输的数据量不大，但要求设备成本低；

(3) 要求数据传输可靠性高，安全性高；

(4) 无线传感器网络；

(5) 设备体积很小，不便放置较大的充电电池或者电源模块，电池供电；

(6) 地形复杂，监测点多，需要较大的网络覆盖；

(7) 现有移动网络的覆盖盲区；

(8) 使用现存移动网络进行低数据量传输的遥测、遥控系统；

(9) 使用 GPS 效果差或成本太高的局部区域移动目标的定位应用。

3. ZigBee 技术的应用领域

(1) 传感器网络领域：传感器网络被称为未来十大技术之一，由传感器和 ZigBee 装置构成监控网络，可自动采集、分析和处理各个节点的数据，适合于农业、工业、医学、军事等需要数据自动采集并要求网络传输的各个领域。ZigBee 技术的其他应用还相当广泛，如照明、安全、物流管理等，更多的应用将取决于业界标准化组织、应用开发商和用户的进一步设计与完善。

(2) 工业领域：利用传感器和 ZigBee 网络，使得数据的自动采集、分析和处理变得更加容易，可以作为决策辅助系统的重要组成部分。传统有线通信技术往往需要工作人员预先铺设妥善的线路，不但耗费人力、物力资源，并且要经历较长适应周期，如发现地理位置不佳，需要考虑返回重建，即便铺设完成，后期也需要开展繁重的维护工程。在工业自动化之中沿用无线技术，使得以往有线工程中的诸多缺陷得以遏制。此外，ZigBee 网络的路由器功能，可以用来实时监控煤矿内各点的安全状况，防止事故的发生。另外，一些加油站不希望在站内布线，他们正在考虑采用 ZigBee 无线技术来传输相关数据。

(3) 汽车领域：在汽车领域，ZigBee 主要应用于传递通用传感器的信息。由于很多传感器只能内置在飞转的车轮或者发动机中，如轮胎压力监测系统，这就要求内置的无线通信设备使用的电池有较长的寿命(长于或等于轮胎本身的寿命)，同时应能克服嘈杂的环境和金属结构对电磁波的屏蔽效应。

(4) 农业领域：传统农业主要使用孤立的、没有通信能力的机械设备，主要依靠人力监测作物的生长状况，而采用了传感器和 ZigBee 网络后，农业将可以逐渐地转向以信息和软件为中心的生产模式，使用更多的自动化、网络化、智能化和远程控制的设备来耕种。

(5) 医学领域：借助各种传感器和 ZigBee 网络，准确而实时地监测病人的血压、体温和心跳速度等信息，从而减轻医生查房的工作负担，有助于医生作出快速的反应，特别是对重病和病危患者的监护和治疗。

(6) 建筑智能化领域：各种灯光的控制、气体的感应与监测，如煤气泄漏的感应和报警都可以应用 ZigBee 技术。在三表(电表、气表和水表)上采用 ZigBee 技术，相关管理部门不但可以实现自动抄表功能，还可以监控仪表(如电表)的状态，防止偷电事件的发生，为公用事业机构节省数以百万元的成本。ZigBee 技术与商业照明融合，可为酒店及办公室节省电费。

(7) 消费电子领域：ZigBee 技术可以代替现在的红外遥控。其有两个优势：一是消费者可以不用站在家电前就能进行遥控操作；二是消费者的每一个操作都会有反馈信息，告诉他们是否实现了相关的操作。ZigBee 可以用于家庭保安，消费者在家中的门和窗上都安装了 ZigBee 网络，当有人闯入时，ZigBee 可以控制开启室内摄像装置，这些数据再通过 Internet 或 WLAN 网络反馈给主人，从而实现报警。

(8) 智能家居领域：用户可以通过手机或互联网监察及控制家居设施，如灯光、烟雾侦测器、入侵侦测器、温度调节、燃气阀门及电子门锁等。

思考题与练习题

1. 什么是 ZigBee?
2. 简述 ZigBee 的发展历程。
3. ZigBee 具有哪些特点?

任务 5.2　掌握 ZigBee 协议栈

任务引入

本任务主要介绍 ZigBee 协议栈的结构体系,ZigBee 协议栈结构体系中四层架构的具体内容,原语的四种类型以及 ZigBee 协议栈各层帧结构之间的关系。

任务相关知识

5.2.1　ZigBee 协议栈概述

ZigBee 协议栈由一组被称作层的模块组成。每一层为其上一层提供一系列特定的服务:数据实体用于提供数据传输服务,管理实体用于提供所有其他的服务。每个服务实体通过一个可以支持多种基本服务指令且通过指令来实现相应功能的服务接入点(SAP),为其上一层提供一个服务接口。

ZigBee 协议栈的结构体系如图 5-1 所示。它基于标准的开放式系统互联(OSI)七层模型,但是仅定义了与 ZigBee 相关的层。IEEE 802.15.4 标准中定义了两个较低层,即物理层(PHY)和媒体访问控制层(MAC)。ZigBee 联盟在此基础上建立了网络层(NWK)和应用层(APL)。其中,应用层的架构由应用支持层(APS)、ZigBee 设备对象(ZDO)和制造商定义的应用对象三部分组成。

IEEE 802.15.4 工作在工业、科学、医疗频段内,它定义了 2.4 GHz、915 MHz、868 MHz三个工作频段。IEEE 802.15.4 在这三个频段内分配了 27 个信道,信道有 3 种不同的速率:在 2.4 GHz 频段内分配了 16 个速率为 250 kb/s 的信道;在 915 MHz 频段内分配了 10 个速率为 40 kb/s 的信道;在 868 MHz 频段内分配了 1 个速率为 20 kb/s 的信道。

2.4 GHz 频段的物理层采用有助于获得更高的吞吐量、更小的通信时延和更短的工作周期的高阶段调制技术,能够节省更多电能。无线信号在 868 MHz 和 915 MHz 这两个频段上有较小的传播损耗,因此对接收机灵敏度的要求相对较低,在信号强度相同的情况下可以获得更远的有效通信距离,因而可以用相对较少的设备将给定的区域全部覆盖。

915 MHz 和 868 MHz 频段的物理层采用的是直接序列扩频(DSSS)方法。这种方法十分简单,首先使用码片(CHIP)序列(即由多组 +1、−1 构成的 m 序列码,最大长度为 15)对每个 PPDU 数据传输位进行扩展,然后使用二进制相移键控技术对这个扩展的位元序列进行调制。

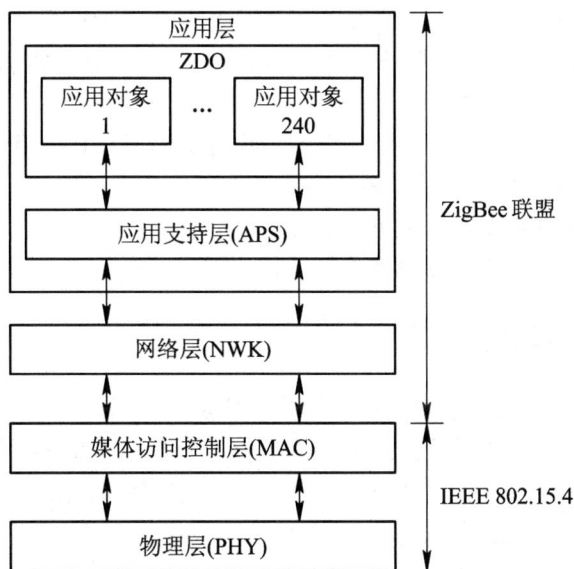

图 5-1　ZigBee 协议栈的结构体系

IEEE 802.15.4 MAC 层提供了两种服务，即 MAC 层管理服务和 MAC 层数据服务。管理服务是通过 MAC 层的管理实体(MLME)服务接入点对高层进行访问的。数据服务使 MAC 层协议数据单元(MPDU)的收发可以通过物理层数据服务实现。

ZigBee 的网络层主要功能是对 ZigBee 无线网络进行组网连接、数据管理以及设置网络安全等。

ZigBee 的应用层主要是为 ZigBee 无线网络技术的实际应用提供一定的应用框架模型等，以便于实现对 ZigBee 技术的开发和应用。在不同的应用场合，其开发应用框架也会有所不同。

5.2.2　原语的概念

在 ZigBee 协议栈中，每一层通过使用下一层提供的服务完成自己的功能，同时对上一层提供服务，网络通信在对等层上进行。这些服务是设备中的实体通过发送服务原语来实现的。所谓服务原语，是代表相应服务的符号和参数的一种格式化、规范化的表示，它与服务的具体实现方式没有关系。不同的服务原语可带有不同个数、不同形式的参数，它们共同描述了该项服务。

在 ZigBee 技术中存在着以下四种类型的原语。

(1) 请求原语：用后缀 request 表示，是请求服务的开始。

(2) 指示原语：用后缀 indication 表示，用来指示有某一事件发生，它可以由远方的一个服务请求产生，也可能由内部事件引起。

(3) 响应原语：用后缀 response 表示，是对请求原语的响应。

(4) 确认原语：用后缀 confirm 表示，用来传送请求原语执行的结果。

原语的书写形式包含了服务的实体、原语的功能及原语的类型等，原语的表示都使用大写字母，并由几个短横线和一个圆点分开，其中第一部分通常代表原语所在的层和实体。

物理层数据访问类原语用 PD 开头,物理层管理类原语用 PLME 开头;MAC 层数据服务原语用 MCPS 开头,MAC 层管理服务原语用 MLME 开头;网络层数据服务原语用 NLDE.开头,网络层管理服务原语用 NLME 开头;应用支持层数据服务原语用 APSDE 开头,应用支持层管理服务原语用 APSME 开头。例如,物理层的能量检测请求原语为 PLME-ED.request,MAC 层的与协调器同步请求原语为 MLME-SYNS.request,网络层的网络发现确认原语为 NLME-NETWORK-DISCOVERY.confir。

注意:原语都是发送给服务实体相邻层的。

5.2.3 ZigBee 协议栈帧结构关系

在 ZigBee 协议栈中,每一层对通信数据都有特定的组织帧格式,所有的通信数据都是以帧的格式存在的,如图 5-2 所示。首先,应用程序通过 APS 数据实体向 APS 发送数据请求,表明它有数据需要发送。然后,在 APS 下面的每一层都会将相应的帧头附加到数据上。当所有层都加完后,要发送的帧信息也就完成了。

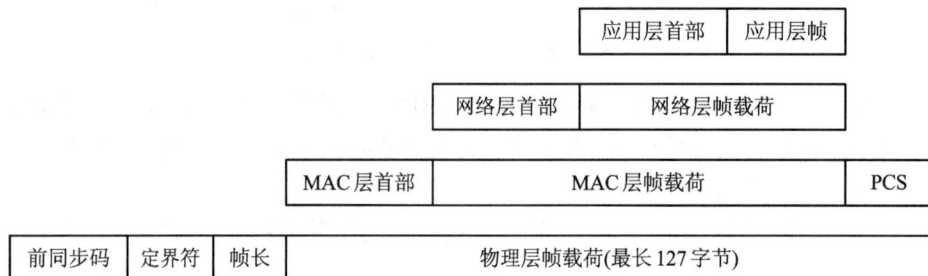

图 5-2   各层帧结构的构成

思考题与练习题

1. ZigBee 协议栈结构体系中包含哪几层?
2. ZigBee 协议栈结构体系中各层的数据包格式是什么?
3. ZigBee 技术中存在哪四种原语?

任务 5.3   构建 ZigBee 网络

任务引入

本任务主要介绍 IEEE 802.15.4 网络和 ZigBee 网络中设备的分类及其功能、三种网络拓扑结构、网络的构建过程。

任务相关知识

ZigBee 技术以其经济、可靠、高效等优点在 WSN 应用中具有广泛的发展前景,它是

ZigBee 联盟在 IEEE 802.15.4 标准定义的物理层和媒体访问控制层基础上制定的一种 LR-WPAN 技术规范。IEEE 802.15.4 和 ZigBee 联盟所制定的标准分别用不同的定义方法和规范术语来划分网络中的设备。

5.3.1　网络设备分类

1. IEEE 802.15.4 网络中的设备分类

根据设备在硬件方面所具有的通信能力，IEEE 802.15.4 定义了网络中的两种装置，即全功能设备(Full Function Device，FFD)和精简功能设备(Reduce Function Device，RFD)。RFD 主要用于简单的控制应用，传输的数据量较少，占用的传输与通信资源并不多，在网络中一般作为通信终端。FFD 则需要功能相对复杂的 MCU，在网络结构中一般扮演网络控制与管理的重要角色。FFD 之间以及 FFD 和 RFD 之间都可以进行通信，但 RFD 只能与 FFD 通信而不能和其他的 RFD 通信。

根据设备在网络中承担的任务不同，IEEE 802.15.4 网络设备又可分为 PAN 协调器、协调器和一般设备。PAN 协调器是一个 FFD 设备，它是网络的中心节点，除了直接参与应用外，还负责其他网络成员的身份管理、链路状态信息管理以及分组转发等工作。一个 IEEE 802.15.4 网络中只有一个 PAN 协调器。协调器也是 FFD 设备，它通过发送信标提供同步服务，可以说 PAN 协调器是一种具有特殊功能的协调器。一般设备可以是 FFD 也可以是 RFD，作为哪种设备根据自身的通信需求而定。图 5-3 是 IEEE 802.15.4 网络中各种设备类型的一种组网结构。

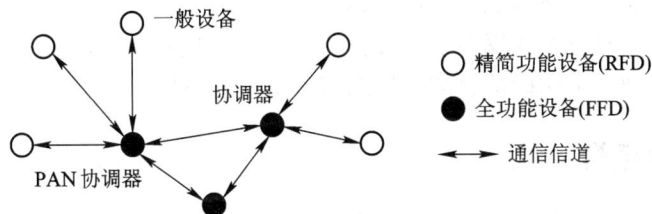

图 5-3　组网结构

2. ZigBee 网络中的设备分类

根据 ZigBee 标准的规定，作为 ZigBee 无线传感器网络的基本单元，传感器节点可以根据其在网络中完成的不同任务被分为三类，即协调器、路由器和终端节点，它们分别对应 IEEE 802.15.4 中定义的 PAN 协调器、协调器和一般设备。其功能如表 5-2 所示。

表 5-2　ZigBee 网络节点功能简介

节 点 设 备	功　　能
协调器(coordinator)	主要负责无线网络的建立、维护和相关配置
路由器(router)	主要负责无线网络数据的路由，找寻、建立以及修复网络报文的路由信息，并负责转发网络报文
终端节点(end device)	主要负责无线网络数据的采集，具有加入和退出网络的功能，可以收发网络报文，但不能路由转发网络报文

由表 5-2 可知，只有协调器可以建立网络，还可以绑定路由器与终端节点，并接收它们

发来的数据信息，然后传送给监控主机进行处理、存储。传感器终端节点感知并采集被监测对象的物理信息，再通过无线方式发送给协调器；若传感器终端节点距离协调器太远超出了传输范围，则需要路由器在中间进行中继。

ZigBee 协调器节点在 IEEE 802.15.4 标准中也称作 PAN 协调器节点，在无线传感器网络中可作为汇聚节点。ZigBee 协调器节点必须是全功能设备，而且一个 ZigBee 网络中只能有一个 ZigBee 协调器节点，它往往相比网络中其他节点功能更强大，是整个网络的主控节点，主要负责发起建立新的网络、设定网络参数、管理网络中的节点以及存储网络中节点信息等，网络形成后也可以执行路由器的功能。ZigBee 协调器节点是三种类型 ZigBee 节点中最为复杂的一种，一般由交流电源持续供电。

ZigBee 路由器节点也必须是全功能设备，路由器节点可以参与路由发现、消息转发、通过连接别的节点来扩展网络的覆盖范围等。此外，ZigBee 路由器节点还可以在它的操作空间中充当普通协调器节点，但普通协调器节点与 ZigBee 协调器节点不同，它仍然受 ZigBee 协调器节点的控制。

ZigBee 终端节点可以是全功能设备也可以是精简功能设备，通过 ZigBee 协调器节点或者 ZigBee 路由器节点连接到网络，不允许其他任何节点通过终端节点加入网络，ZigBee 终端节点能够以非常低的功率运行。

协调器在 ZigBee 系统中的作用是建立并管理网络，自动允许其他节点加入网络的请求，收集终端节点传来的数据，并可以通过串口同上位机进行通信。路由器节点在 ZigBee 系统中的主要作用是路由选择和数据转发。终端节点在 ZigBee 系统中的作用是采集数据，并通过与协调器建立"绑定"将数据发送给协调器，同时接收协调器发来的控制命令。在终端节点以终端的身份启动并加入网络后，即开始与协调器建立绑定，一旦绑定被创建，终端节点就可以在不需要知道明确的目的地址的情况下发送数据。

5.3.2　网络拓扑结构

ZigBee 技术具备设备联网功能，在基于 ZigBee 的无线传感器网络中，可以组成三种主要的自组织无线网络类型，即星型结构(Star)、树型结构(Cluster Tree)、网状结构(Mesh)三种拓扑结构，如图 5-4 所示。

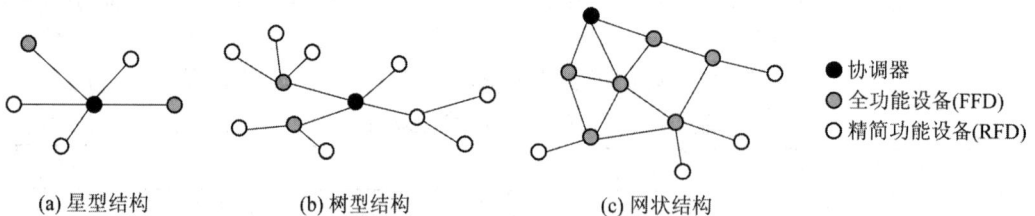

(a) 星型结构　　　　(b) 树型结构　　　　(c) 网状结构

● 协调器
● 全功能设备(FFD)
○ 精简功能设备(RFD)

图 5-4　ZigBee 网络的拓扑结构

三种拓扑结构中，星型结构组网最简单，不需要路由，适合点到点或点到多点的近距离通信，因此网络覆盖范围比较有限。星型结构中，所有的设备都与中心设备——协调器进行通信，路由器实际上没有起到路由作用。在这种网络结构中，网络协调器往往使用电力系统供电，其他设备采用电池供电，这种组网方式适合于智能家居系统、个人计算机外设、个人健康护理等小范围的室内应用。

树型结构可以看作是一个复杂或扩展的星型网络，或是由多个简单的星型网络组成的拓扑结构。在这种网络结构中，路由器只有一个通路，传感器终端节点采集的数据通过路由器进行中继，最后到达协调器，路由的过程由 ZigBee 网络层完成。树型结构中协调器、路由器和终端节点功能清晰，网络构建比网状结构简单，所需资源也相对较少，网络覆盖范围又比星型结构大，并能够实现网络的路由转发功能。

网状结构较前两种拓扑结构具有更高的可靠性及网络覆盖面，可靠性主要表现在它是三种拓扑结构中唯一具有自愈功能的网络结构。在星型和树型网络结构中，一旦路由器或协调器出现故障，就可能出现整个网络或部分网络的通信瘫痪，而在网状结构中，从一个网络节点到另一个节点间的数据通信有若干条路径可供选择，当其中一条路径上的路由器或协调器出现故障无法正常工作时，网络会自动寻找另外的最优路径来进行数据通信，从而绕过故障节点实现整个网络的自组织、自愈功能，因此网状结构的可靠性高，信息传输速度快。在实际应用中，可以根据具体需求选择合适的网络拓扑结构，从而在安全可靠性以及效率方面使整个网络结构达到最优。

5.3.3　网络构建

在一个 ZigBee 网络中，只有作为协调器的节点可以建立网络，也只有协调器可以充当汇聚节点，实现 ZigBee 无线传感器网络与其他网络的连接。整个建网过程都是通过原语来实现的。ZigBee 协议中，采用分层协议来完成数据通信，每一层为了实现自己的功能以及为上一层提供服务，是建立在下一层提供服务的基础上完成的。服务用户与服务提供者之间的交互操作通过原语来实现。协议的每一层，一般可使用四种原语，即请求、指示、响应和确认。

ZigBee 网络构建时，首先由协调器的应用层调用一条请求原语，发出建立网络的请求，网络层收到此条原语后要求 MAC 层进行信道扫描，找到并标注可用的信道，在可用信道中对网络活动情况进行扫描，即搜寻 ZigBee 设备。其次，随机选择一个 PAN(网络标识号)，要求该 PAN 不与已有的冲突，通过原语在 MAC 层注册该 ID 号并选择网络地址，发送一条请求原语获取 PAN ID 和信道扫描结果，并通过确认原语告知上一层。最后，应用层收到 PAN 开始的状态后，建立要求的网络连接。

思考题与练习题

1. IEEE 802.15.4 网络中的设备分为几种分类？分别是什么？
2. ZigBee 网络中的设备分为几种分类？分别是什么？设备功能是什么？
3. ZigBee 网络的拓扑结构有哪些？

实训 5　智能家居照明控制系统

智能家居照明控制系统是将数字智能网关、智能开关、智能插座、智能家居遥控器、智能灯光遥控器结合起来对灯光照明进行控制的控制系统。本实训采用 ZigBee 控制灯光的开和关，调节灯光的亮度，实现各种灯光情景的变换。

有关智能产品开发及智能场景案例可登录网站 https://solution.tuya.com/cn/videos/VideoList 查看。

1. 任务目标

(1) 了解智能家居照明控制系统。

(2) 掌握涂鸦平台智能家居照明控制系统实现方法。

(3) 了解 ZigBee 组网过程。

2. 任务内容

通过涂鸦平台实现智能家居照明控制系统的设计。

3. 任务实施

1) 注册涂鸦网站

打开涂鸦网站 https://www.tuya.com/cn/，并注册，如图 5-5 所示。

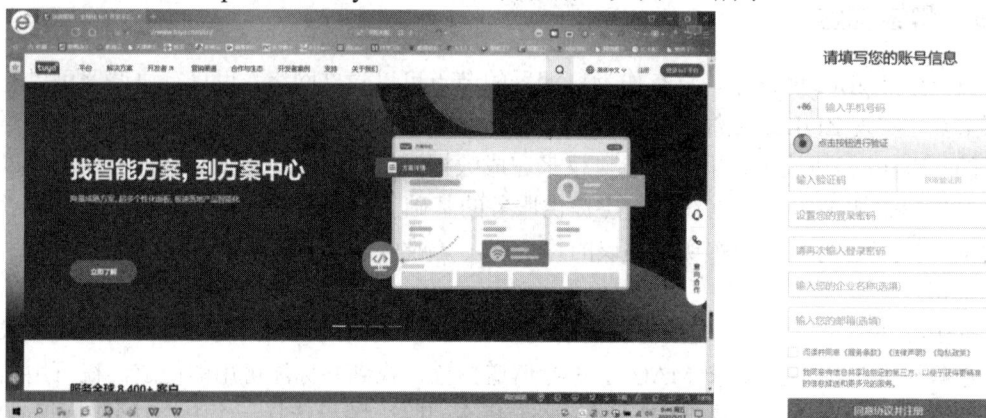

图 5-5　涂鸦网站

进入注册界面，输入能获取验证码的手机号，企业名称为天津工业物联网××部。

2) 登录涂鸦网站

登录涂鸦网站需要手机号和密码，所以需要记住密码。

3) 创建产品

(1) 产品的定义。

在涂鸦中，产品是一系列具有同样配置和属性的智能设备的集合，方便用户批量管理设备。用户在涂鸦 IoT 开发平台创建一个产品后，平台将赋予该产品一个 PID(Product ID)，用来表示产品的注册标识。完成产品的创建后用户可以进行产品开发。

产品开发是进行智能设备开发的第一步，而定义产品功能又是产品开发的第一步。涂鸦 IoT 开发平台为用户提供了一站式产品开发服务，帮助用户提高产业互联场景下硬件设备的云开发效率。产品开发流程如图 5-6 所示。

在产品开发的过程中，用户可以选用智能生活 App，通过简单的面板配置即可定义专属的配网交互、设备面板，快速完成应用侧开发。

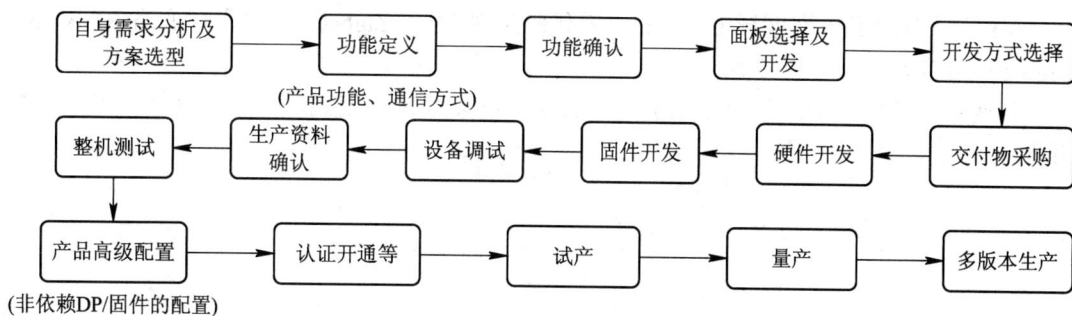

图 5-6 产品开发流程

(2) 进入涂鸦界面，单击"产品"→"产品开发"→"创建产品"，如图 5-7 所示。

图 5-7 创建产品

(3) 在标准类目区域中，选择"照明"→"光源"，如图 5-8 所示。

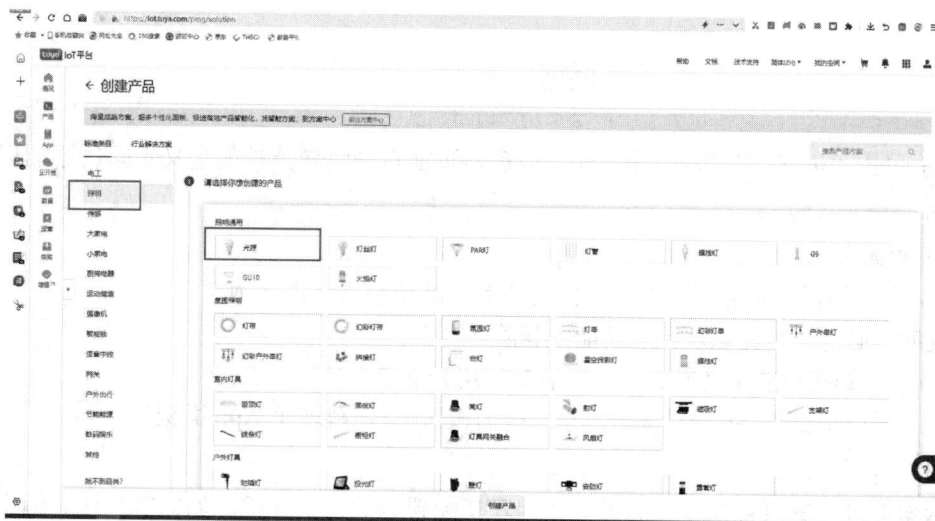

图 5-8 标准类目选择

(4) 在选择产品方案区域中,选择"零代码实现"→"Zigbee"→"彩灯五路(RGBCW_Zigbee)(升级版)",如图 5-9 所示。

说明:免开发方案产品功能无法满足需求,可参考 SoC 定制固件流程进行自定义方案开发。

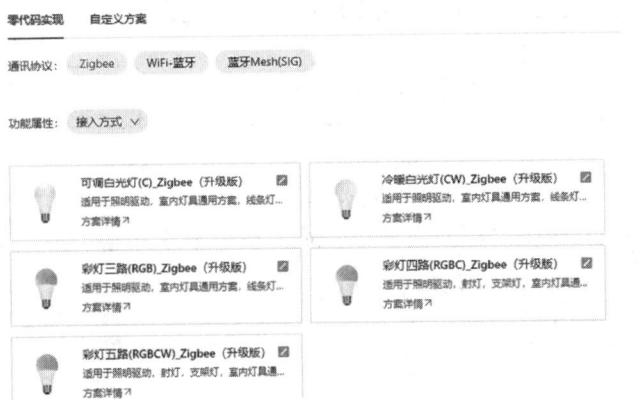

图 5-9　选择产品方案

(5) 填写产品信息,如图 5-10 所示。

在"产品名称"文本框中(必选)填写品牌名和产品名,该名称用于显示在 App 控制界面。

在"产品型号"文本框中(可选)填写产品型号,可填入多个型号,使用半角逗号(,)分隔。

说明:产品型号不会在 App 上显示,建议填写内部型号名称或客户产品型号,以便用户在平台上进行产品维护以及订单管理。

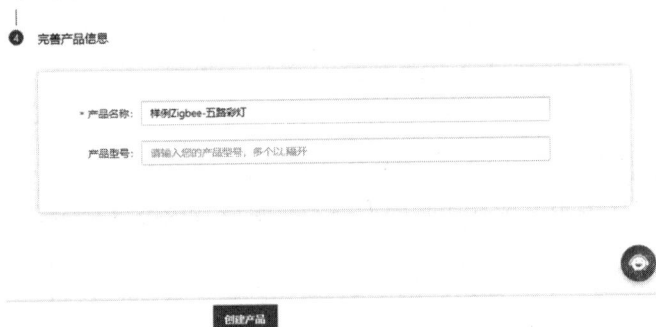

图 5-10　填写产品信息

(6) 单击"创建产品",产品创建完成后,页面自动跳转至功能定义步骤的添加标准功能界面。

4) 功能定义

(1) 在添加标准功能界面中,选择需要的产品功能后单击"确定"。

说明:必选功能无法从已选功能中删除。

(2) (可选)在功能定义界面,根据需要启用云功能。

(3) 在页面底部,单击"下一步:App 面板",页面跳转至 App 面板步骤。

5) App 面板

本实训以一款可视化设计面板并使用默认配置为例进行介绍,如需定制或者编辑面板元素,可参考界面提示进行修改。

(1) 在 App 面板界面中，移动鼠标至目标面板后，单击"使用此模板"，如图 5-11 所示。

(a)　　　　　　　　　　　　　　(b)

图 5-11　App 面板界面(一)

(2) (可选)更换、编辑面板，并使用涂鸦智能 App 扫码体验手机控制功能，如图 5-12 所示。下载智慧生活，扫描二维码。

图 5-12　App 面板界面(二)

(3) 单击"下一步：硬件调试"，页面跳转至硬件调试步骤。

6) 硬件调试

这一步用户可以定义模组的具体电性参数，建议由工程师来定义其中的专业参数。

(1) 背景信息。

根据整机产品的封装要求、摆放空间、温度高低、天线是否外置等具体要求来选择不同封装的模组。

说明：每种模组都有说明书及 I/O 口的接线参考图。

(2) 操作步骤。

① 根据实际情况选择模组。

② 在生成固件区域，配置固件参数。详细参数信息可查询参数类型说明。

配网成功之后，或者配网模式为上电常亮状态，灯初始白光常亮时，常亮初始色温，取值范围为 0～100。

配置完成后，单击"在线生成固件"。然后单击"下一步：产品配置"，页面跳转至产品配置步骤。

7) 产品配置

产品配置可根据页面操作说明进行，如图 5-13 所示。配置完成后单击"下一步：测试服务"。

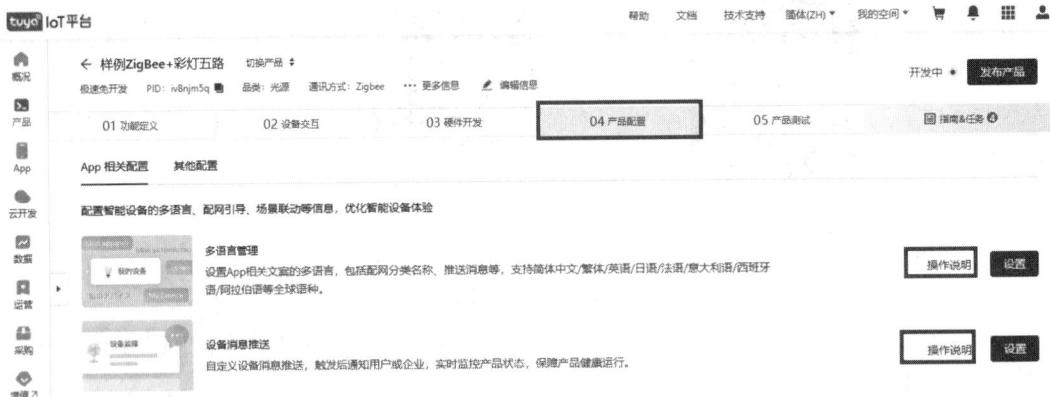

图 5-13　产品配置

8) 测试服务

产品配置完成后，根据界面提示使用涂鸦云测 App 进行测试并生成测试报告，或者选择涂鸦测试服务，如图 5-14 所示。测试完成后单击"下一步：发布产品"。

图 5-14　测试服务

9) 评价(任务评价单见附录 A)

(1) 小组成员之间自评;

(2) 小组间互评;

(3) 教师评价。

4. 实训报告

写出实训小结,内容包括实训心得(收获)、不足之处和今后应注意的问题。

思政课堂　美丽的北京奥运,美丽的 ZigBee

2008 年,第二十九届奥林匹克运动会在北京举行,各国健儿努力拼搏为国争光。奥运赛场上除了有各国健儿努力拼搏的身影,还有大量的 ZigBee 产品,与自动气象站进行连接,采集风速、风向、温度信息,并实时监测、传输数据,为全世界奥运健儿提供实时的赛事天气情况预报,为奥运健儿提供最适合的比赛环境。此项应用获得国家气象部门通信工程师的高度认可,为美丽的北京奥运会圆满举办作出了贡献。

项目 6

自动识别技术及其应用

项目目标

(1) 掌握自动识别的基本概念；

(2) 了解常用的自动识别技术；

(3) 掌握一维码和二维码的码制及应用；

(4) 了解超高频、高频、低频 RFID 的应用；

(5) 了解 NFC 的应用。

知识脉络图

```
                    自动识别技术的概念
                物联网与自动识别技术的关系
        条码识别技术的概念
   一维码                    条码识别技术 —— 掌握自动识别技术
                条码的分类
   二维码
                其他常用的识别技术

        RFID 技术概述                          实训  二维码的生成
        超高频 RFID
                     了解 RFID 技术 —— 自动识别技术及其应用
        高频 RFID
        低频 RFID                       思政课堂  科技之光——神奇的电子标签

        NFC 技术概述
   NFC 读写器的使用
   NFC 的工作模式 —— 了解 NFC 技术
   NFC 技术原理
   NFC 的应用
```

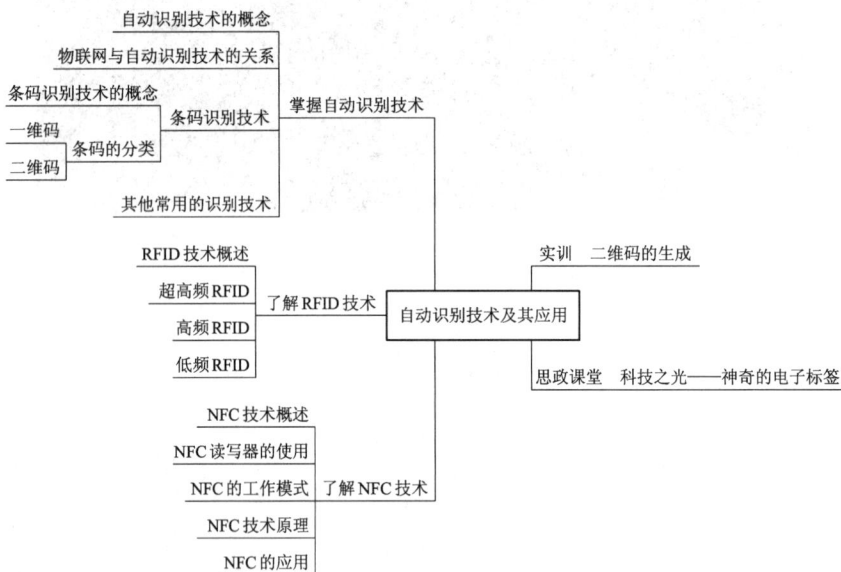

任务 6.1 掌握自动识别技术

任务引入

随着智能手机和电子支付的普及，越来越多的消费者已经开始习惯使用手机替代现金进行付款。例如，当我们出行时，可以打开"支付宝"，找到"公交乘车码"或"地铁乘车码"，将生成的二维码靠近扫码器扫码，听到付款声音后即表示已完成支付，扣款金额与投币金额一致。这里就用到了识别技术，操作便捷、反应迅速。

为使读者对自动识别技术有初步的了解和认识，本任务主要介绍自动识别技术的概念、物联网与自动识别技术的关系、条码识别技术、其他常用的识别技术。

任务相关知识

6.1.1　自动识别技术的概念

自动识别技术(Automatic Identification and Data Capture，AIDC)就是应用一定的识别装置，通过被识别物品和识别装置之间的接近活动，自动地获取被识别物品的相关信息，并提供给后台的计算机处理系统来完成相关后续处理的一种技术。自动识别技术将计算机、光、电、通信和网络技术融为一体，与互联网、移动通信等技术相结合，实现了全球范围内物品的跟踪与信息的共享，从而给物体赋予智能，实现人与物体以及物体与物体之间的沟通和对话。

自动识别技术近几十年在全球范围内得到了迅猛发展，初步形成了一个包括 RFID 技术、条码技术、磁条磁卡技术、IC 卡技术、光学字符识别、声音识别及视觉识别等集成计算机、光、磁、物理、机电、通信技术为一体的高新技术学科，常见的自动识别技术如图 6-1 所示。目前，自动识别技术广泛运用于生产制造、仓储物流、防伪追溯和安全安防等领域。

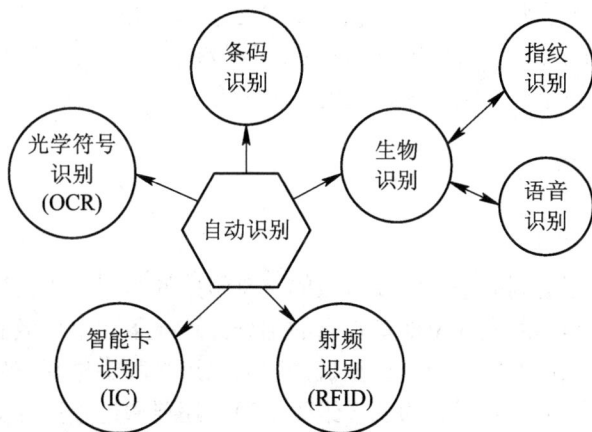

图 6-1　常见的自动识别技术

例如，商场的条码扫描系统是一种典型的自动识别技术。售货员通过扫描商品的条码，获取商品的名称、价格，输入数量，后台 POS 系统即可计算出该商品的价格，从而完成顾客的结算。结算时，顾客可以采用刷银行卡的形式支付，银行卡支付过程也是自动识别技术的一种应用形式，当然随着支付宝的应用，也可以用手机支付宝支付，或人脸识别支付，同样也是自动识别技术的一种应用形式，如图 6-2 所示。

图 6-2　智能结算示意图

6.1.2　物联网与自动识别技术的关系

物联网是新一代信息技术的重要组成部分，也是"信息化"时代的重要发展阶段，其体系结构包括感知层、网络层、应用层和平台层。感知层解决的是人类世界和物理世界的数据获取问题，由各种传感器及传感器网关构成。该层被认为是物联网的核心层，主要进行物品标识和信息的智能采集。该层的核心技术包括射频识别技术(RFID)、新兴传感器技术、无线网络组网技术、现场总线控制技术(FCS)等。

自动识别技术是物联网中非常重要的技术。自动识别技术融合了物理世界和信息世界，是物联网区别于电信网、互联网等其他网络最独特的部分。自动识别技术可以对每个物品进行标识和识别，并可以将数据实时更新，是实现全球物品信息实时共享的重要组成部分，是物联网确定物体所在位置及相关统计信息的基础和关键。

自动识别技术是提高物联网效率的重要因素。随着人类社会步入信息时代，人们获取和处理的信息量不断加大。传统的信息采集是通过人工录入完成，不仅劳动强度大，而且数据误码率高。怎样才能解决这一问题呢？答案是以计算机和通信技术为基础的自动识别技术。自动识别技术是物联网信息安全的有力保障，物联网不仅要对物体进行统计与定位，还要进行识别。这种技术可以利用生物识别技术等实现。

6.1.3　条码识别技术

1. 条码识别技术的概念

条码是由一组规则排列的条、空及对应的字符组成的标记。"条"是指对光线反射率较低的部分，"空"是指对光线反射率较高的部分，这些条和空组成的数据表达一定的信息，可用特定的设备识读，转换成与计算机兼容的二进制和十进制信息。通常对于每一种物品，它的编码是唯一的。对于普通的一维码来说，还要通过数据库建立条码与商品信息的对应关系，当条码数据传到计算机上时，从计算机的应用数据库中提取相应的信息。

条码技术，是条形码自动识别技术(Barcode Auto-Identification Technology)的简称。条码技术是在当代信息技术基础上产生和发展起来的符号自动识别技术，它将符号编码、数据采集、自动识别、录入、存储信息等功能融为一体，能够有效解决物流过程中大量数据的采集与自动录入问题。条码技术广泛应用于商业、邮政、图书管理、仓储、工业生产过程控制、交通等领域。

条码技术的优点：可靠、准确，数据输入速度快，经济、便宜，灵活、实用，自由度大，不可复制(防伪)性。

2. 条码的分类

1) 一维码

(1) 一维码的基本码制。

一维码是由平行排列的、宽窄不同的线条和间隔组成的二进制编码，这些线条和间隔根据预定的模式进行排列并表达相应记号系统的数据项。宽窄不同的线条和间隔的排列次序可以解释成数字或字母，可以通过光学扫描对一维码进行阅读，即根据黑色线条和白色间隔对激光的不同反射来识别。

码值是指条码条和空的排列规则。常用的一维码的码值包括 EAN 码、Code 39 码、Code 128 码、Code 93 码、ITF 码、ISBN 码、Codabar 码(库德巴码)、UPC 码、MSI 码、128 码等，不同的码值有它们各自的应用领域。

① EAN 码。EAN 码是国际通用的符号体系，是一种长度固定、无含义的条码，表达的信息全部为数字，主要应用于商品标识。

EAN 码分为两种类型：一种是标准版，另一种是缩短版。标准版表示 13 位数字，又称为 EAN-13 码(如图 6-3 所示)；缩短版表示 8 位数字，又称为 EAN-8 码(如图 6-4 所示)。两种码的最后一位为校验位，由前 12 位或 7 位数字计算得出。

图 6-3　EAN-13 码

图 6-4　EAN-8 码

② Code 39 码和 Code 128 码。Code 39 码(如图 6-5 所示)和 Code 128 码(如图 6-6 所示)为目前国内企业内部自定义码制，可以根据需要确定条码的长度和信息。编码的信息可以是数字，也可以包含字母，主要应用于工业生产线、图书管理等领域。Code 39 码是目前用途广泛的一种条码，可表示数字、英文字母以及 "-""/""+""%""$"" "(空格)"*"共 44 个符号，其中 "*"仅作为起始符和终止符。Code 39 码既能用数字，也能用字母及有关符号表示信息。

图 6-5　Code 39 码

图 6-6　Code 128 码

③ Code 93 码。Code 93 码(如图 6-7 所示)是一种类似于 Code 39 码的条码，它的密码较高，能够替代 Code 39 码。

④ ITF 码。ITF 码又称为交叉 25 码(如图 6-8 所示)，主要用于运输包装、运输以及国际航空系统的机票顺序编号等。

图 6-7   Code 93 码

图 6-8   ITF 码

⑤ ISBN 码。ISBN 码(如图 6-9 所示)用于图书管理。

⑥ Codabar 码。Codabar 码(如图 6-10 所示)应用于血库、图书馆、包裹等的跟踪管理。

图 6-9   ISBN 码

图 6-10   Codabar 码

(2) 一维码的识别原理。

不同颜色的物体反射的可见光的波长不同,白色物体能反射各种波长的可见光,黑色物体则吸收各种波长的可见光。当条形码扫描器光源发出的光经过光栅及凸透镜 1,照射到黑白相间的条码上时,反射光经凸透镜 2 聚焦,照射到光电转换器上。光电转换器接收到与白条和黑条相应的强弱不同的反射光信号,并转换成相应的电信号,输出到放大整形电路。整形电路把模拟信号转化成数字信号,再经译码接口电路译成数字字符信息(如图 6-11 所示)。

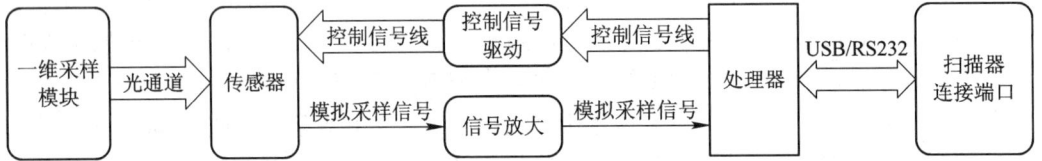

图 6-11   一维码扫描原理示意图

白条、黑条的宽度不同,相应的电信号持续时间长短也不同。由光电转换器输出的与条码的条和空相应的电信号一般仅 10 mV 左右,不能直接使用,因而先要将光电转换器输出的电信号送到放大器放大。放大后的电信号仍然是一个模拟信号,为了避免条形码中的疵点和污点导致信号错误,在放大电路后须加一个整形电路,把模拟信号转换成数字信号,以便计算机系统能准确识读。

整形电路的脉冲数字信号经译码器译成数字、字符信息。它通过识别起始、终止字符来判别条码符号的码制及扫描方向;通过测量脉冲数字信号 0、1 的数目来判别条和空的数目;通过测量 0、1 信号持续的时间来判别条和空的宽度。这样便得到了被识读条码符号的条数目、空数目、宽度和所用码制,根据码制所对应的编码规则,便可将条码符号转换成相应的数字、字符信息，通过接口电路送给计算机系统进行数据处理与管理，这就完成了条码识读的全过程。

2) 二维码

(1) 二维码的基本码制。

二维码技术诞生于 20 世纪 40 年代初，但得到实际应用和迅速发展还是在近 20 年。近年来，随着资料自动收集技术的发展，用条码符号表示更多资讯的要求与日俱增，而一维码最大资料长度不超过 15 个字元，故多用于存放关键索引值(Key)，仅可作为一种资料标识，若要对产品进行描述，必须通过网络或资料库抓取更多的资料。因此在缺乏网络或资料库的状况下，一维码便失去意义。此外，一维码还有一个明显的缺点，即垂直方向不携带资料，故资料密度偏低。

要提高资料密度，又要在一个固定面积上印出所需资料，可用两种方法来解决：一是在一维码的基础上向二维码方向扩展。二是利用图书识别原理，采用新的几何形体和结构设计出二维码。前者发展出堆叠式(Stacked)二维码，后者则发展出矩阵式(Matrix)二维码，构成现今二维码的两大类型。

堆叠式二维码的编码原理是建立在一维码基础上的，将一维码的高度变窄，再依需要堆成多行，其在编码设计、检查原理、识读方式等方面都继承了一维码的特点，但由于行数增加，对行的辨别、解码算法及软件则与一维码有所不同。具有代表性的堆叠式二维码有 PDF417 码(如图 6-12 所示)、Code 16K 码、Supercode 码、Code 49 码等。

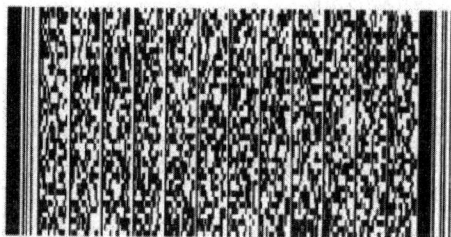

图 6-12　PDF417 码

矩阵式二维码以矩阵的形式组成，在矩阵相应元素位置上，用点(Dot)的出现表示二进制"1"，不出现表示二进制"0"，点的排列组合确定了矩阵式二维码所代表的意义。其中点可以是方点、圆点或其他形式的点。矩阵式二维码是建立在电脑图像处理技术、组合编码原理等基础上的图形符号自动辨识的码值，已不适合用"条形码"称之。具有代表性的矩阵式二维码有 Data

图 6-13　Data Matrix 码

Matrix 码(如图 6-13 所示)、Maxicode 码、Vericode 码、Softstrip 码、Code 1 码、Philips Dot Code 码等。

二维码技术在 20 世纪 80 年代末期逐渐被重视，具有资料储存量大、信息随着产品走、可以传真影印、错误纠正能力强等四大特征，二维码在 20 世纪 90 年代初期已逐渐被使用。生活中最常用的二维码是 QRCode 码(如图 6-14 所示)，是由日本 Denso 公司于 1994 年 9 月研制的一种矩阵式二维码符号。它除具有一维码及其他二维码所具有的信息容量大、防伪性强等优点外，还有三个优点：一是

图 6-14　QRCode 码

超高速识读;二是全方位识读;三是能够有效地表示汉字。

(2) 二维码的传输原理。

二维码的特点是以图像的形式为载体,以图片的方式传输,且传输过程不需要专用设备,其传输原理如图 6-15 所示。

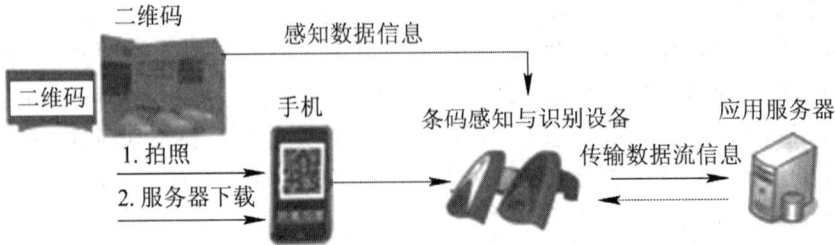

图 6-15   二维码的传输原理

6.1.4   其他常用的识别技术

1. 生物特征识别技术

生物特征识别技术是指通过获取和分析人体的生物特征,来自动鉴别人的身份。生物特征分为物理特征和行为特征两类。物理特征包括指纹、掌形、眼睛(视网膜和虹膜)、人体气味、手腕、手的血管纹理和 DNA 等。

1) 声音识别技术

声音识别技术是一种非接触的识别技术。这种技术可以用声音指令实现数据采集,其最大特点就是不用手和眼睛,这对那些采集数据同时还要手脚并用的工作场合尤为适用。目前,随着声音识别技术的迅速发展及高效可靠的应用软件的开发,声音识别系统在很多方面得到了应用。

2) 人脸识别技术

人脸识别技术,是指通过分析比较人脸视觉特征信息进行身份鉴别的计算机技术。人脸识别技术是一项热门的计算机技术研究领域,它包括人脸追踪侦测、自动调整影像放大、夜间红外侦测、自动调整曝光强度等。

3) 指纹识别技术

指纹是指人的手指末端正面皮肤凹凸不平的纹线。纹线有规律地排列,形成不同的纹型。纹线的起点、终点、结合点和分叉点,称为指纹的细节特征点(minutiae)。由于指纹具有终身不变性、唯一性和方便性等特点,已经成为生物特征识别的代名词。

指纹识别技术是通过比较不同指纹的细节特征点来进行自动识别的。每个人的指纹均不同,即便同一个人十指的指纹也有明显区别,因此指纹可用于身份的自动识别。

2. 图像识别技术

图像识别指图像刺激作用于人的感觉器官,进而辨认出该图像是什么的过程,也叫图像再认。

在信息化领域,图像识别技术是指利用计算机对图像进行处理、分析和理解,以识别各种不同模式的目标和对象的技术,例如地理学中是指将遥感图像进行分类的技术。

图像识别技术的关键信息,既要包括进入感官(输入计算机系统)的信息,也要包括系统中存储的信息。只有将存储的信息与当前输入的信息进行比较、加工,才能实现对图像的再认。

3. 磁卡识别技术

磁卡是一种磁记录介质卡片,由高强度、高耐温的塑料或纸质涂覆塑料制成,能防潮、耐磨且有一定的柔韧性,携带方便,使用较为稳定可靠。磁卡记录信息的方法是变化磁的极性,在磁性氧化的地方具有相反的极性,使之能够被解码器识别,这个过程称为磁变。一部解码器可以识读磁性变化,并将它们转换回字母或数字的形式,以便由计算机来处理。磁卡识别技术能够在小范围内存储大量的信息,磁卡上的信息可以被重写或更改。

4. IC 卡识别技术

IC 卡即集成电路卡,是继磁卡之后出现的又一种信息载体。IC 卡通过卡里的集成电路存储信息,并采用射频识别技术与支持 IC 卡的读卡器进行通信。射频读写器向 IC 卡发出一组固定频率的电磁波,卡片内由一个 LC 串联谐振电路,其频率与读写器发射的频率相同,这样在电磁波的激励下,LC 谐振电路产生共振,从而使电容内有了电荷送到另一个电容内存储,当所积累的电荷达到 2 V 时,此电容可作为电源为其他电路提供工作电压,将卡内数据发射出去或接收读写器传来的数据。

按读取界面可将 IC 卡分为以下两种。

(1) 接触式 IC 卡。该类卡通过将 IC 卡读写设备的触点与 IC 卡的触点接触后进行数据的读写。国际标准 ISO 7816 对此类卡的机械特性、电气特性等进行了严格的规定。

(2) 非接触式 IC 卡。该类卡与 IC 卡读取设备无电路接触,通过非接触式的读写技术进行读写(如光或无线技术)。卡内所嵌芯片除了 CPU、逻辑单元、存储单元外,增加了射频收发电路。国际标准 ISO 10536 系列阐述了对非接触式 IC 卡的规定。该类卡一般用于使用频繁、信息量相对较少、可靠性要求较高的场合。

5. 光学字符识别技术

光学字符识别技术(Optical Character Recognition,OCR)属于图像识别技术的一种,其目的是要让计算机知道它看到了什么,尤其是文字资料。

针对印刷体字符(如一本纸质的书),OCR 技术采用光学的方式将文档资料转换为原始黑白点阵的图像文件,然后通过识别软件将图像中的文字转换成文本格式,以便文字处理软件进一步编辑加工。

一个光学字符识别系统,必须经过影像输入、影像预处理、文字特征抽取、比对识别,再经人工校正将认错的文字更正,最后将结果输出。

6. 射频识别技术

射频识别技术(RFID)是通过无线电波进行数据传递的自动识别技术,是一种非接触式的自动识别技术。它通过射频信号自动识别目标对象并获取相关数据,识别工作无须人工干扰,可工作于各种恶劣环境。与条码识别技术、磁卡识别技术和 IC 卡识别技术等相比,它以特有的无接触、抗干扰能力强、可同时识别多个物品等优点，逐渐成为自动识别技术中最优秀和应用领域最广泛的技术之一。

思考题与练习题

1. 举例说明生产、生活中用到的自动识别技术。
2. 物联网与自动识别技术的关系是什么？
3. 条码识别技术分为哪几类？
4. 一维码有哪些基本码值？
5. 二维码有哪些基本码值？
6. 常用的识别技术有哪些？

任务 6.2　了解 RFID 技术

任务引入

如果要说短距离的物联网网络技术，我们首先想到的是蓝牙技术，但实际上，除了蓝牙，RFID 技术也早已深入到我们的日常生活中，甚至每天都在使用，如我们寸步难离的二代身份证。

本任务主要介绍 RFID 的系统组成、性能特点、产品分类、工作原理等，以及超高频、高频、低频 RFID 的应用。

任务相关知识

6.2.1　RFID 技术概述

1. RFID 系统的组成

RFID(Radio Frequency Identification，射频识别)是一种无线通信技术，可以通过无线电信号识别特定目标并读写相关数据，而无须在识别系统与特定目标之间建立机械或光学接触。

RFID 系统由应答器(电子标签)、读写器和应用软件组成(如图 6-16 所示)。

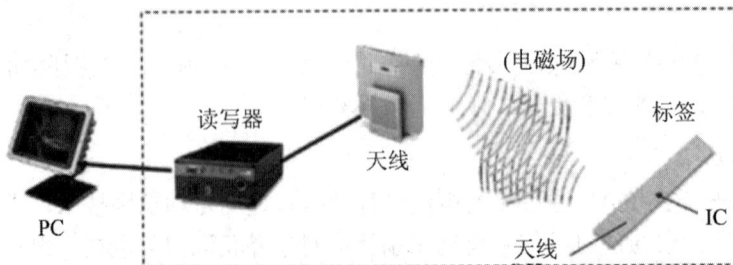

图 6-16　RFID 系统组成框图

(1) 应答器由天线、耦合元件及芯片组成。一般用标签作为应答器，每个标签具有唯一的电子编码，附着在物体上标识目标对象。

(2) 读写器由天线、耦合元件、芯片组成，是读取(有时还可以写入)标签信息的设备，可设计为手持式读写器或固定式读写器。

(3) 应用软件的主要作用是把读取的数据做进一步处理，并为人们所用。

2. RFID 的性能特点

RFID 是一项易于操控、简单实用且特别适用于自动化控制的灵活性应用技术，可自由工作在各种恶劣环境下。短距离射频产品不怕油渍、灰尘、污染等恶劣的环境，可以替代条码，如用在工厂的流水线上跟踪物体；长距离射频产品多用于交通，识别距离可达几十米，如自动收费或识别车辆身份等。它不仅可以帮助企业大幅度提高货物信息管理的效率，还可以让销售企业和制造企业互联，从而更加准确地接收反馈信息，控制需求信息，优化整个供应链。RFID 主要有以下几方面的系统优势(如图 6-17 所示)。

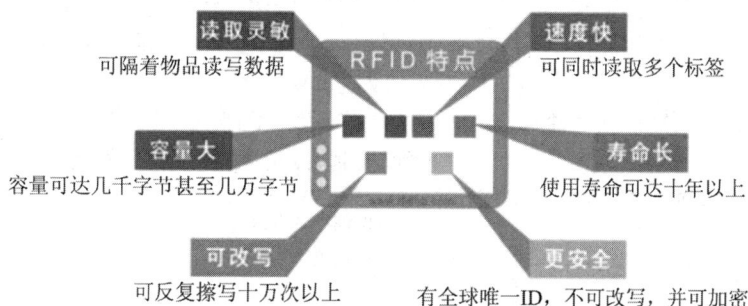

图 6-17   RFID 的优势

(1) 读取方面。RFID 在读取上并不受尺寸与形状的限制，无须为了精确读取而配合纸张的固定尺寸和印刷品质。RFID 标签可往小型化与多样化的形式发展，以应用于不同产品。

(2) 穿透性强，可做到无屏障阅读。RFID 数据的读取不需要光源，甚至可以透过外包装。RFID 的有效识别距离很大，当采用自带电池的主动标签时，有效识别距离可达到 30 m 以上。在被覆盖的情况下，RFID 能够穿透纸张、木材和塑料等非金属或非透明的材质，并可进行穿透性通信，而条码扫描机必须在近距离且没有物体阻挡的情况下，才可以识读条码。

(3) 识别速度快。标签一进入磁场中，读写器就可以及时读取其中的信息，而且能够同时处理多个标签，实现批量识别。

(4) 数据容量大。数据容量最大的二维码(PDF417 码)，最多也只能存储 2725 个数字，若包含字母，存储量则会更少；RFID 标签则可以根据用户的需要扩充到几万字节。一维码的容量是 50 Byte，二维码最大可储存 3000 Byte，RFID 的最大容量则为几兆字节。

(5) 使用寿命长，应用范围广。传统条码的载体是纸张，因此容易受到污染；RFID 对水、油和化学药品等物质具有很强的抵抗性。此外，由于条码是附于塑料袋或纸箱外包装上的，所以特别容易受到折损；而 RFID 标签是将数据存于芯片中，采用无线电通信方式，故可以应用于粉尘、油污等高污染环境和放射性环境，而且封闭式的包装使其寿命大大超过印刷的条码。

(6) 标签数据可动态更改。现今的条码印刷上去之后就无法更改，而 RFID 标签却可以重复地新增、修改、删除储存的数据，方便信息更新。利用读写器可以向标签中写入数据，从而赋予 RFID 标签交互式读写数据文件的功能，而且写入比打印条形码更快。

(7) 更好的安全性。RFID 标签不仅可以嵌入或附着在不同形式、类型的产品上，而且可以为标签数据的读写设置密码保护，从而具有更高的安全性。由于 RFID 承载的是电子信息，数据内容可通过密码保护，不易被伪造及修改。

(8) 动态实时通信。RFID 标签以每秒 50～100 次的频率与读写器进行通信，只要附着 RFID 标签的物体出现在读写器的有效识别范围内，就可以对其位置进行动态追踪和监控。

3. RFID 的产品分类

由 RFID 系统的组成可知，电子标签是射频识别系统的数据载体，由标签天线和标签专用芯片组成。电子标签的分类如表 6-1 所示。

表 6-1　电子标签的分类

分　类　依　据	具　体　分　类
根据电子标签供电方式的不同	① 被动式标签(无源电子标签); ② 主动式标签(有源电子标签); ③ 半主动式标签(半有源电子标签)
根据电子标签工作频率的不同	① 低频电子标签; ② 高频电子标签; ③ 超高频电子标签

1) 被动式标签(无源电子标签)

被动式标签没有内部供电电源，其内部集成电路由接收到的电磁波驱动，这些电磁波是由 RFID 读写器发出的。当标签接收到足够强度的信号时，可以向读写器发出数据。这些数据不仅包括 ID 号(全球唯一标识 ID)，还包括预先存于标签内 EEPROM 中的数据。

由于被动式标签具有价格低廉、体积小巧、无须电源的优点，是发展最成熟、市场应用最广的产品。现在市场上的 RFID 标签主要是被动式的，如公交卡、食堂餐卡、银行卡、宾馆门禁卡、二代身份证等，属于近距离接触识别类。被动式标签产品的主要工作频率有低频 125 kHz，高频 13.56 kHz，超高频 433 MHz、915 MHz，微波 2.45 GHz、5.8 GHz。

2) 主动式标签(有源电子标签)

主动式标签具有内部电源，用来供应内部 IC 所需电源以产生对外的信号(如图 6-18 所示)。一般来说，主动式标签拥有较长的读取距离和较大的存储容量，可以储存读写器传送来的一些附加信息。

图 6-18　主动式标签

主动式标签产品是最近几年慢慢发展起来的，其远距离自动识别的特性，决定了其巨大的应用空间和市场潜质。在远距离自动识别领域，如智能监狱、智能医院、智能停车场、智能交通、智慧城市、智慧地球及物联网等，主动式标签有重大应用。主动式标签在这些领域异军突起，产品的主要工作频率为超高频 433 MHz、微波 2.45 GHz 和微波 5.8 GHz。

3) 半主动式标签(半有源电子标签)

一般而言，被动式标签的天线有两个任务：第一，接收读写器发出的电磁波，驱动标签 IC；第二，标签回传信号时，需要靠天线的阻抗作切换，才能产生 0 与 1 的变化。问题是，如果想要最好的回传效率，天线阻抗必须设计在"开路与短路"，这样又会使信号完全反射，无法被标签 IC 接收。半主动式标签就是为了解决这个问题而设计的。半主动式标签类似于被动式标签，不过它多了一个小型电池，电力恰好可以驱动标签 IC，使得 IC 处于工作状态。这样的好处在于：天线不用负责接收电磁波，可充分用于回传信号。相比被动式标签，半主动式标签有更快的反应速度和更好的效率。

半有源 RFID 产品结合了有源 RFID 产品及无源 RFID 产品的优势，在低频 125 kHz 频率的触发下，让微波 2.45 GHz 发挥优势。半有源 RFID 技术也可以叫做低频激活触发技术，利用低频近距离精确定位、微波远距离识别和上传数据，来解决单一的有源 RFID 或无源 RFID 没有办法实现的功能。半有源 RFID 产品在门禁进出管理、人员精确定位、区域定位管理、周界管理、电子围栏及安防报警等领域有着很大的优势。

4. ID 卡和 IC 卡

ID 卡(Identification Card，身份识别卡)是一种典型的低频 RFID 标签。它是一种不可写入的感应卡，含固定的编号，主要有中国台湾 SYRIS 的 EM 格式、美国 HID、IT、MoTOROLA 等各类 ID 卡。ID 卡与磁卡一样，都仅仅使用了"卡的号码"而已，卡内除了卡号外，无任何保密功能，其"卡号"是公开、裸露的。所以说 ID 卡就是"感应式磁卡"。ISO 标准 ID 卡的规格为$(85.6 \times 54 \times 0.80) \pm 0.04$mm(高/宽/厚)，市场上也存在一些厚卡、薄卡或异型卡。常见的 ID 卡如图 6-19 所示。

图 6-19　常见的 ID 卡

IC 卡 (Integrated Circuit Card，集成电路卡)，又称智能卡 (smart card)、智慧卡(intelligent card)、微电路卡(microcircuit card)或微芯片卡等。它是将一个微电子芯片嵌入符合 ISO 7816 标准的卡基中，做成卡片形式。IC 卡与读写器之间的通信方式可以是接触式也可以是非接触式。IC 卡具有体积小便于携带、存储容量大、可靠性高、使用寿命长、保密性强、安全性高等特点。IC 卡的概念是在 20 世纪 70 年代初提出来的，法国的布尔公司于 1976 年首先创造出了 IC 卡产品，并将这项技术应用于金融、交通、医疗、身份证明等行业，它将微电子技术和计算机技术结合在一起，提高了人们工作、生活的现代化程度。

按照 IC 卡与读卡器的通信方式，可将其分为芯片外露的接触式 IC 卡(如图 6-20 所示)、芯片内置的非接触式(感应式)IC 卡(如图 6-21 所示)和双界面 IC 卡。IC 卡芯片又分为可加密的逻辑加密卡和只具有存储空间的存储卡。非接触式 IC 卡主要用于公交、轮渡、地铁的自动收费系统，也可用于门禁管理、身份证明和电子钱包等。

图 6-20　接触式 IC 卡

图 6-21　非接触式 IC 卡

从外观上观察，钥匙扣卡和厚卡一般都是 ID 卡。下面主要区分 IC 薄卡和 ID 薄卡，在黑暗的地方用手电筒照向卡片，观察卡片里面的线圈，可以根据线圈的线径区分 IC 卡与 ID 卡。一般，ID 卡的线径为 3～8 mm，IC 卡的线径为 1～2 mm，如图 6-22 所示。感兴趣的读者可以拿手电筒试试就会明白，而且印象更加深刻。

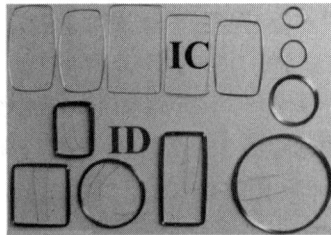

图 6-22　ID 卡和 IC 卡的线圈线径

5. RFID 的工作原理

RFID 技术的基本工作原理并不复杂，标签进入磁场后，接收读写器发出的射频信号，凭借感应电流所获得的能量发送出存储在芯片中的产品信息(passive tag，无源电子标签或被动式标签)，或者由标签主动发送某一频率的信号(active tag，有源电子标签或主动式标签)，读写器读取信息并解码后，送至中央信息系统进行数据处理。

一套完整的 RFID 系统，由读写器、应答器及应用软件三个部分组成。

RFID 产品读写器及应答器之间的通信与能量感应方式，大致可以分成感应耦合及后向散射耦合两种。一般，低频 RFID 大多采用感应耦合方式，而较高频的 RFID 大多采用后向散射耦合方式。

读写器根据使用的结构和技术的不同可以是只读装置或读/写装置，它是 RFID 系统的信息控制和处理中心。读写器通常由耦合模块、收发模块、控制模块和接口单元组成。读写器和应答器之间一般采用半双工通信方式进行信息交换，同时读写器通过耦合给无源应答器提供能量和时序。在实际应用中，可进一步通过 Internet 或 WLAN 等实现对物体识别信息的采集、处理及远程传送等管理功能。应答器是 RFID 系统的信息载体，应答器大多由耦合原件(线圈、微带天线等)和微芯片组成无源单元。

6.2.2　超高频 RFID

1. 超高频 RFID 概述

全球对超高频电子标签频段定义覆盖不尽相同。例如，中国的频段为 840～844 MHz 和 920～924 MHz；欧盟的频段为 865～868 MHz；日本的频段为 952～954 MHz；中国香港地区、泰国、新加坡的频段为 920～925 MHz；美国、加拿大、波多黎各、墨西哥、南美的频段为 902～928 MHz。超高频 RFID 技术的特性如下。

(1) 超高频电子标签通过电场传输能量。电场的能量下降的不是很快，但是读取的区域不是很好定义，该频段读取距离比较远，无源可达 10 m 左右，主要通过电容耦合的方式进行能量交换和数据传输。

(2) 超高频频段的电波不能通过许多材料，特别是水、灰尘、雾等悬浮颗粒物。

(3) 电子标签的天线一般是长条和标签状。天线有线性和圆极化两种设计，以满足相应的应用需求。

(4) 超高频频段有好的读取距离，但是对读取区域很难定义。

(5) 有很高的传输速率，在很短的时间内，可以读取大量的电子标签。

2. 超高频 RFID 标签

随着以 5G 技术为标杆的移动互联网时代到来，万物互联、万物感知正逐渐成为现实，RFID 作为物联网感知外界的重要支撑技术，按照工作频率的不同，RFID 标签可以分为低频(LF)、高频(HF)、超高频(UHF)和微波等不同种类。不同频段的 RFID 工作原理不同，低频和高频频段的 RFID 一般采用电磁耦合原理，而超高频及微波频段的 RFID 一般采用电磁发射原理，超高频 RFID 电子标签构成如图 6-23 所示，要正确使用就要先选合适的频率。每种频率都有它的特点，被用在不同领域。

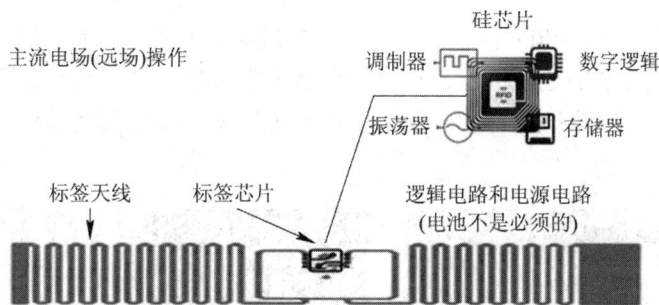

图 6-23　超高频 RFID 电子标签构成

超高频 RFID 标签具有唯一性、大存储容量、不可复制等优于其他技术的特点，在防伪和质量追溯领域有突出的作用。RFID 技术进行基础数据的采集，因此，RFID 对数据获取的准确性也更为关键。在不同的节点，需要读取的标签数量不同，即应用环境不一样，选用的 RFID 设备也不一样。

3. 超高频 RFID 的应用

超高频 RFID 市场应用场景相当广阔，具有能一次性读取多个标签、识别距离远、传送数据速度快、可靠性和寿命高、耐受户外恶劣环境等优点，可用于资产管理、生产线管理、供应链管理、仓储、各类物品防伪溯源(如烟草、酒类、医药等)、零售、车辆管理等。

1) 车辆管理

通过安装在车辆挡风玻璃上的车载电子标签与收费站 ETC 车道上的射频天线之间的专用短程通信(如图 6-24 所示)，利用计算机联网技术与银行进行后台结算处理，从而达到车辆通过路桥收费站不需停车而能交纳路桥费的目的。

2) 电子车牌

电子车牌(如图 6-25 所示)是物联网技术的细分、延伸及提高的一种应用。在机动车辆上装一枚电子车牌标签,将该 RFID 电子标签作为车辆信息的载体,车辆在通过装有经授权的射频识别读写器的路段时,对该机动车电子标签上的数据进行采集或写入,实现所有车辆数字化管理。

图 6-24　车辆管理

图 6-25　电子车牌

3) 产品防伪溯源

通过 RFID 技术在企业产品生产等各环节的应用,实现防伪、溯源、流通和市场的管控,保护企业品牌和知识产权,维护消费者的合法权益(如图 6-26 所示)。

4) 仓储物流托盘管理

在仓库管理中引入 RFID 技术,对仓库到货检验、入库、出库、调拨、移库移位、库存盘点等各个作业环节的数据进行自动化的数据采集(如图 6-27 所示),保证仓库管理各个环节数据输入的速度和准确性,使企业及时准确地掌握库存的真实数据,合理保持和控制企业库存。

图 6-26　产品防伪溯源

图 6-27　仓储物流托盘管理

5) 洗涤行业

洗衣标签(如图 6-28 所示)耐高温、耐揉搓,主要用于洗衣行业的追踪、查收衣物洗涤情况等。该标签采用硅胶封装技术,可以缝、热烫或悬挂在毛巾、服装上,用于对毛巾、服装类产品进行清点管理。

另外,在每一件布草上缝制一颗纽扣状(或标签状)的电子标签(如图 6-29 所示),直至布草被报废(标签可重复使用,但不超过标签本身使用寿命),将使得用户的洗衣管理变得更为透明,且提高了工作效率。耐高温洗衣标签广泛应用于纺织品工厂、布草专业洗涤和洗衣店等。

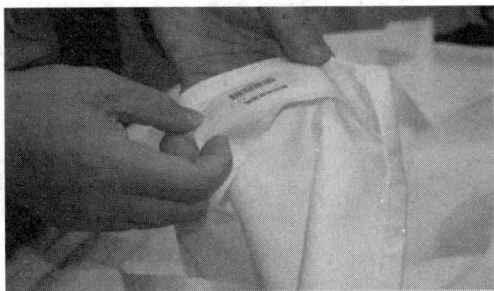

图 6-28　洗衣标签

图 6-29　纽扣状电子标签

6) 服装管理

在现有服装仓库管理中引入 RFID 技术，可以对服装仓库到货检验、入库、出库、调拨、移库移位、库存盘点等各个作业环节进行自动化的数据采集(如图 6-30 所示)，保证仓库管理各个环节数据输入的速度和准确性，使企业及时准确地掌握库存的真实数据，合理保持和控制企业库存。

超高频 RFID 技术可实现服装生产、产品加工、品质检验、仓储、物流运输、配送、产品销售等各个环节的信息化(如图 6-31 所示)，为各级管理者提供真实、有效、及时的管理和决策支持信息，为业务的快速发展提供支撑，将解决大多数问题。

图 6-30　服装管理(一)

图 6-31　服装管理(二)

7) 活禽管理

超高频 RFID 脚环电子标签赋予每只活禽一个唯一"身份证"(如图 6-32 所示)，实现从活禽的种苗、检疫、宰杀、加工到销售的溯源管理，有效预防活禽的食品安全。该脚环电子标签佩戴于鸡、鸭、鹅等禽类，广泛应用于种苗、养殖、生产、防疫及销售流通等环节的食品溯源安全监管。

8) 生猪溯源管理

合格的猪肉白条绑定射频识别溯源标签(如图 6-33 所示)，在出厂时射频识别通道获取的猪肉代码与 RFID 溯源一体机获取的下游销售商的 RFID 身份卡信息自动关联。同时一体机也与电子秤连接获取重量，一体机打印溯源系统肉品交易凭证。该批出厂肉品的溯源编码、重量、下游买家等信息同时上传至政府溯源监管系统中，每片猪肉对应唯一的商家或经营户，实现屠宰环节上生猪进厂与白条出厂的信息链接。

图 6-32　活禽管理

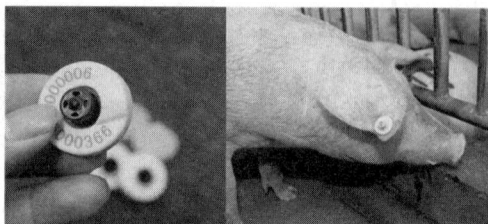

图 6-33　生猪溯源管理

9) 轮胎管理

在轮胎上植入 RFID 电子标签(如图 6-34 所示)，使得每条轮胎都成为有效的数据追溯载体，配合轮胎信息数据库，可以有效管理轮胎全生命周期。

10) 智能巡检管理

应用 RFID 技术可以实现巡检工作的电子化、信息化和智能化(如图 6-35 所示)，从而提高工作效率，保证电力设备的安全运行。该技术适合企业、独立变电站及集控站等用户对电力巡检中涉及的设备信息、巡检任务、巡检线路、巡检点以及巡检项目进行定制和管理，实现巡检到位控制和缺陷管理的规范化，从而提高电力设备管理水平。

图 6-34　轮胎管理

图 6-35　智能巡检管理

11) 机场行李管理

将 RFID 电子标签技术运用到航空包裹追踪和管理(如图 6-36 所示)，实现航空公司对乘客托运的行李的追踪管理和确认，使乘客和托运的行李包裹安全准时到达目的地。

12) 资产管理

使用 RFID 电子标签对固定资产进行标识(如图 6-37 所示)，利用 RFID 读写器采集数据完成固定资产的日常管理和清查工作，实现对固定资产的使用周期和使用状态的全程跟踪以及信息化管理。

图 6-36　机场行李管理

图 6-37　资产管理

13) 医疗器械

RFID 的直接优势很显著，如器械丢失数量会减少，人工清点的时间也会减少。引入

RFID 电子标签追踪每一把手术器械后(如图 6-38 所示)，医院可以确保消毒的完整和彻底，避免院感风险，或者出现手术器械遗留人体的医疗事故发生。

14) 珠宝智慧管理

RFID 珠宝管理系统中(如图 6-39 所示)，由于 RFID 电子标签具有唯一的 ID 号，因此将电子标签与珠宝个体一一对应后，通过对电子标签的识别，达到精确管理单个珠宝的目标。同时，由于超高频 RFID 电子标签具有多标签同时读取的特点，因此通过 RFID 珠宝管理系统的建设，可实现快速准确的货物盘点，实现珠宝资产的高效管理。

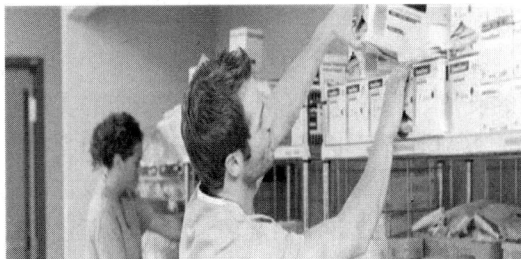

图 6-38　医疗器械

图 6-39　珠宝智慧管理

6.2.3　高频 RFID

1. 高频 RFID 概述

高频 RFID 是 RFID 技术中的一种，其工作频率为 13.56 MHz。

值得关注的是，在 13.56 MHz 频段中主要有 ISO 14443 和 ISO 15693 两个标准，ISO 14443 俗称 Mifare 1 系列产品，识别距离近但价格低保密性好，常作为公交卡、门禁卡来使用。ISO 15693 的最大优点在于它的识别效率，通过较大功率的读写器可将识别距离扩展至 1.5 米以上，由于波长的穿透性好在处理密集标签时有优于超高频的读取效果。高频 RFID 的特性如下。

(1) 工作频率为 13.56 MHz，该频率的波长大概为 22 m。

(2) 除了金属材料外，该频率的波长可以穿过大多数的材料，但往往会降低读取距离。标签需要离开金属 4 mm 以上距离，其抗金属效果在几个频段中较为优良。

(3) 该频段在全球都得到认可，并没有特殊的限制。

(4) 感应器一般以电子标签的形式。

(5) 虽然该频率的磁场区域下降很快，但是能够产生相对均匀的读写区域。该系统具有防冲撞特性，可以同时读取多个电子标签。

(6) 可以把某些数据信息写入标签中。

(7) 数据传输速率比低频要快，价格不是很贵。

2. 高频 RFID 标签

高频 RFID 标签一般以无源为主，其工作能量同低频标签一样，也是通过电感(磁)耦合方式从读写器耦合线圈的辐射近场中获得。高频 RFID 标签的阅读距离一般小于 1 m，13.56 MHz 频率的感应器可以通过腐蚀或者印刷的方式制作天线。感应器一般通过负载调制的方式工作，即通过感应器上负载电阻的接通和断开，控制读写器天线上的电压发生变化，从而实现远距离感应器对天线电压的振幅调制。如果通过数据控制负载电压的接通和断开，那么这些数据就能从感应器传输到读写器中。

3. 高频 RFID 的应用

从大类上来说，高频 RFID 的应用分为卡类应用与标签类应用。

1) 卡类应用

高频 RFID 相比于低频 RFID 而言，增加了群读功能，传输速率更快，成本更低。所以在智能卡市场，高频 RFID 迎来了黄金发展时期，包括银行卡、公交卡、校园卡、消费会员卡等，这些卡类产品曾经遍布于人们的日常生活中。

银行卡是高频 RFID 主要的应用市场之一，并且我国的银行卡总体发卡数量一直很稳定。城市一卡通主要涉及城市居民在各个领域的支付、身份认证和社会保障功能的实现，能够完成公共交通、医疗社保、公用事业缴费、小额消费等多个领域的快速结算和支付。门禁卡(如图 6-40 所示)市场比较零散，不好统计具体的数量，虽然门禁卡市场目前也面临着二维码、密码锁、生物识别、视觉识别等新技术较大的冲击，但是门禁卡依然有它的市场，尤其是针对老年群体，门禁卡是不可或缺的。

校园是众多学生集中学习和生活的场所，学生在校期间就餐、购物、用水、用电、宽带上网、图书借阅、看病、楼宇出入等活动涉及了付费、身份认证和水电消耗管理等各个方面。校园一卡通(如图 6-41 所示)系统通过一套系统、每人一张卡即可对上述活动实现统一管理，极大地节约了资源，提高了学校的管理效率，降低了管理费用，同时也为在校师生提供了很大便利。一卡通在校园领域应用最早、发展最快、功能也最齐全。

图 6-40　门禁卡　　　　　　　　　图 6-41　校园一卡通

2) 标签类应用

标签类应用是高频 RFID 的另外一类大的应用，相比于卡类产品而言，标签类产品具有轻薄灵活、成本低等优势，可以作为消耗品使用。

高频 RFID 产品最大的一个应用优势，就是目前主流的智能手机都有 NFC(如图 6-42 所示)，兼容目前大多数的高频 RFID 协议。因此，手机可以作为高频 RFID 的读头使用，这也让高频 RFID 可以直接进入到消费级应用。早些年高频 RFID 是图书馆市场的主要方案，随着近几年超高频 RFID 技术的成熟，尤其是价格成本的降低，超高频 RFID 在图书馆市场发展很快。因为图书馆的 RFID 是属于消耗品，对于价格敏感度比较高。当然，国内图书馆最终选择何种技术，还有一个重要因素，是看图书馆决策层的选择。防伪溯源是高频 RFID 一个比较集中的应用，典型的场景有高端白酒的防伪溯源(如图 6-43 所示)，以及烟草、食品、药品等产品的防伪溯源。

图 6-42 NFC

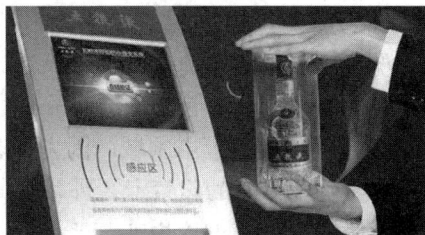

图 6-43 高端白酒的防伪溯源

6.2.4 低频 RFID

1. 低频 RFID 概述

低频 RFID 技术的典型工作频率有 125 kHz 和 133 kHz，该频率主要通过电感耦合的方式工作。低频 RFID 技术的特性如下。

(1) 低频电波可以穿透水、有机组织、木材等材料而不降低它的读取距离。

(2) 虽然该频率的磁场区域下降很快，但是能够产生相对均匀的读写区域。

(3) 工作在低频的读写器在全球没有任何特殊的许可限制。

(4) 该频段非常适合近距离(一般情况是小于 10 厘米)、低速度、数据量要求较少的识别应用。

(5) 低频 RFID 系统非常成熟，读写设备的价格便宜，电子标签芯片一般采用普通的 CMOS 工艺，具有省电、低价的特点，但安全保密性差，易被破解。

(6) 灵活性差，在短时间内只可以一对一的读取电子标签。

2. 低频 RFID 标签

低频 RFID 标签一般为无源标签，与读写器之间传送数据时，低频 RFID 标签需位于读写器天线辐射的近场区内。低频 RFID 标签以其低价、省电的特点在科学规范化养殖、野生动物跟踪保护等领域有着无法代替的绝对优势。首先低频 RFID 标签能够在各种恶劣的环境下工作，受温度、湿度、障碍物的影响较小；其次无源标签无需电源供电，能够做到很小的体积，拥有很长的使用寿命。此外，低频 RFID 标签还有多种外观形式，满足多场景应用。应用于动物识别的低频 RFID 标签外观有颈圈式、耳牌式(如图 6-44 所示)、注射式、药丸式，典型应用的动物有牛、猪、信鸽等。

图 6-44 RFID 动物耳标

3. 低频 RFID 的应用

目前，低频 RFID 的应用领域主要可以分为卡类身份识别市场、动物标签市场、特殊应用市场以及工业应用。

1) 卡类身份识别市场

卡类身份识别市场，指的是门禁卡、钥匙扣、汽车钥匙等应用领域。这类应用场景的特点是应用时间比较久，并且经历过高峰期，已经处于退化期阶段。卡类身份识别目前依然是低频 RFID 最主要的应用领域。因为卡类身份识别的应用场景在过去几十年积累了大量的基础用户。除了常见的门禁卡之外，在其他同类型的场景，如游泳池的管理、游乐场所的管理等，低频 RFID 的应用非常普遍。存量足够大，以及供应链的稳定性，这个市场每年都有不少的出货，所以这个市场依然是低频 RFID 最大的市场。

2) 动物标签市场

动物标签市场，指的是基于动物管理的低频 RFID 应用，包括动物脚环、耳标、玻璃管标签等产品门类。早在 2008 年，北京就提出推行养犬芯片；2017～2019 年，苏州、马鞍山、包头、杭州、深圳等城市相继出台与注射犬只芯片有关的管理条例。所谓犬只芯片，就是宠物主人在为犬只登记狗牌的同时为宠物狗注射内含低频 RFID 芯片的玻璃管。面对日益庞大的宠物市场，低频 RFID 作为目前最佳的宠物管理手段将会迎来新的增长点。这个市场是当前最受低频 RFID 企业所关注的市场，并且市场潜力比较大，是低频 RFID 最主要的增量市场。

3) 特殊应用市场

特殊应用市场，指的是比较小众，或者行业的门槛比较高，很少有企业能开拓进去的市场。低频 RFID 独有的技术特点以及项目制的商业模式，让它在特殊市场得到了用武之地。目前，低频 RFID 最主要的特殊市场就是地埋标签。在城市之中，施工频繁，如果不能精准地掌握地下管线的位置，在施工过程中很容易对地下管线造成破坏，而无论是水、电、网、气都是生活的必需物品，遭到破坏后就会带来非常明显的影响。在这样的背景下，目前已有部分地区利用基于低频 RFID 的地埋标签对地下管线进行管理。此外，半导体行业的晶圆生产工厂也是低频 RFID 的适用场景之一，因为晶圆生产环境对电磁要求比较高，低频 RFID 电磁干扰很小，也比较适用。

4) 工业应用

工业应用也是低频 RFID 应用相对集中的一个领域，比较典型的场景就是 AGV 小车。此外，工业应用另一个典型应用场景就是工厂厂房的工位标签，以及工厂巡检与身份的认证。因为工厂环境中需要稳定可靠的产品，并且有些工厂环境还面临金属、遮挡等干扰环境，因此低频 RFID 在该领域也有一定的市场。

思考题与练习题

1. 简述 RFID 的组成。
2. RFID 的分类有哪些？
3. ID 卡和 IC 卡的区别是什么？
4. 超高频 RFID 电子标签频段定义有哪些？
5. 超高频 RFID 和高频 RFID 的区别是什么？
6. 低频 RFID 的应用有哪些？

任务 6.3　了解 NFC 技术

任务引入

沉闷单调、一成不变的城市生活是时候改变了！NFC 技术终端可以帮我们实现随时交付、信息查询，甚至可以变身为门钥匙。NFC 一路走来不断成长，从衣、食、住、行等方面，赋予城市信息交互共享的智慧，点亮城市生活的创意火花。

本任务主要介绍了 NFC 的基本概念、发展历程、技术特征等，NFC 读写器的使用，NFC 的工作模式、技术原理及应用。

任务相关知识

6.3.1　NFC 技术概述

1. NFC 的基本概念

NFC(Near Field Communication，近场通信)是一种短距离高频率的无线电技术，运行频率为 13.56 MHz，有效距离小于 10 cm。NFC 技术是由非接触式 RFID 技术及互联互通技术整合演变而来的，在单一芯片上整合感应式读卡器、感应式卡片和点对点的功能，能在短距离内与兼容设备进行识别和数据交换。目前，这项技术已被广泛应用，拥有 NFC 技术的手机可以用于机场登机验证、大厦的门禁钥匙、交通一卡通、信用卡、支付卡等(如图 6-45 所示)。

图 6-45　NFC 的应用

NFC 技术由 RFID 演变而来，其传输速度有 106 kb/s、212 kb/s 或 424 kb/s 三种。NFC 芯片具有相互通信功能，并具有计算能力，在 FeliCa 标准中还含有加密逻辑电路，MIFARE 的后期标准中也追加了加密/解密模块(SAM)。

NFC 采用主动和被动两种读取模式。

NFC 已成为 ISO/IEC 18092 国际标准、EMCA340 标准与 ETSI TS 102 190 标准。NFC 标准兼容索尼公司的 FeliCaTM 标准，以及 ISO 14443 A、ISO 14443 B(即飞利浦的 MIFARE

标准),业界简称 Type A、Type B 和 TypeF,其中 Type A、Type B 为 MIFARE 标准,Type F 为 FeliCaTM 标准。

为了推动 NFC 的发展和普及,业界创建了一个非营利性的标准组织——NFC Forum,促进 NFC 技术的实施和标准化,确保设备和服务之间协同合作。NFC Forum 在全球拥有数百个成员,包括 NOKIA、SONY、Philips、LG、Motorola、NXP、NEC、Samsung、Intel 等(如图 6-46 所示),其中中国成员有魅族、步步高 vivo、OPPO、小米、中国移动、华为、中兴通讯、上海同耀等公司。

图 6-46　NFC Forum 成员

NFC Forum 的发起成员公司拥有董事会席位,这些成员公司包括 HP、MasterCord、Microsoft、NEC、NOKIA、NXP、Panasonic、Samsung、SONY 和 VISA 等。

2. NFC 的发展历程

2003 年,当时的 Philips 半导体公司和 SONY 公司计划基于非接触式卡技术发展一种与之兼容的无线通信技术。Philips 公司派了一个团队到日本和 SONY 公司的工程师一起闭关三个月,然后联合对外发布关于一种兼容当前 ISO 14443 非接触式卡协议的无线通信技术,取名 NFC。

NFC 技术规范定义了两个 NFC 设备之间基于 13.56 MHz 频率的无线通信方式,在 NFC 的世界里没有读卡器,没有卡,只有 NFC 设备。该规范定义了 NFC 设备通信的两种模式,即主动模式和被动模式,并且分别定义了两种模式的选择和射频场防冲突方法、设备防冲突方法,定义了不同波特率通信速率下的编码方式、调制解调方式等最底层的通信方式和协议,也就是解决了如何交换数据流的问题。该规范最终被提交到 ISO 标准组织获得批准成为正式的国际标准,这就是 ISO 18092,后来增加了 ISO 15693 的兼容,形成新的 NFC 国际标准 IP2,也就是 ISO 21481。同时 ECMA(欧洲计算机制造协会)也颁布了针对 NFC 的标准,分别是 ECMA340 和 ECMA352,对应的是 ISO 18092 与 ISO 21481,其实两种标准内容大同小异,区别是 ECMA 标准是免费的,可以在网上下载到,而 ISO 标准是收费的。不过,为了促进标准化,在 ISO 官方网站上可下载到免费的 ISO/IEC 18092:2013 和 ISO/IEC 21481:2012 电子版。

为了加快推动 NFC 产业的发展,当时的 Philips、SONY 和 NOKIA 联合发起成立了 NFC 论坛,旨在推动行业应用的发展,定义相关基于 NFC 应用的中间层规范,包括一些数据交换通信协议 NDEF,包括基于非接触式标签的几种 NFC tag 规范,主要涉及卡片内部数据结构定义,NFC 设备(手机)如何识别一个标准的 NFC 论坛兼容的标签,如何解析具体应用数据等相关规范,目的是让不同的 NFC 设备之间可以互连互通。例如,不同手机如何交换数据,如何识别同一个电子海报,等等。

3. NFC 的技术特征

与 RFID 一样，NFC 信息也是通过频谱中无线频率部分的电磁感应耦合方式传递，但两者之间还是存在很大的区别。首先，NFC 是一种提供轻松、安全、迅速的无线通信连接技术，其传输范围比 RFID 小。其次，NFC 与现有非接触智能卡技术兼容，已经成为得到越来越多主要厂商支持的正式标准。最后，NFC 还是一种近距离连接协议，实现各种设备轻松、安全、迅速而自动的通信。与无线世界中的其他连接方式相比，NFC 是一种近距离的私密通信方式。

NFC、红外线、蓝牙同为非接触传输方式，它们具有各自不同的技术特征，可以用于各种不同的场景，其技术本身没有优劣差别。

NFC 手机内置 NFC 芯片，比原先仅作为标签使用的 RFID 增加了数据双向传送的功能，这个进步使其更加适用于电子货币支付；特别是 RFID 所不能实现的，如相互认证、动态加密和一次性钥匙(OTP)都能够在 NFC 上实现。NFC 技术支持多种应用，包括移动支付与交易、对等式通信及移动中信息访问等。通过 NFC 手机，人们可以在任何地点、任何时间，通过任何设备，与他们希望得到的娱乐服务与交易联系在一起，从而完成付款，获取海报信息等。NFC 设备可以用作非接触式智能卡、智能卡的读写器终端以及设备对设备的数据传输链路，其应用主要分为四个基本类型，即用于付款和购票、用于电子票证、用于智能媒体以及用于交换、传输数据。

6.3.2　NFC 读写器的使用

1. 认识 NFC 读写器

图 6-47 为 NFC 读写器，该产品的典型应用场合是网上银行和网上购物、电子商务、电子钱包余额查询、网络访问、客户积分优惠、票务、停车场收费系统、自动收费系统、公共交通、门禁系统、考勤、自动贩卖机、非接触式公用电话、物流及供应链管理等。

图 6-47　NFC 读写器

2. NFC 读写器的产品特性和技术规格

NFC 读写器的产品特性如下，NFC 读写器的技术规格如表 6-2 所示。
(1) 符合 ISO/IEC 18092(NFC)标准；
(2) 支持符合 ISO 1443 标准的 A 类和 B 类卡；
(3) 非接触式智能卡读写器支持 FeliCa 卡、MIFARD 卡(Classics，DESFire)；
(4) 符合 CCID 标准；
(5) 通过 RoHS 认证；
(6) 用户可控蜂鸣器(可选)；
(7) SAM 卡槽(可选)。

表 6-2　NFC 读写器的技术规格

外壳尺寸	98 mm(长) × 65 mm(宽) × 13 mm(高)
重量	70 g
接口	USF 全速
操作距离	最大 5 cm
工作电压	额定电压 5 V
工作电流	200 mA(工作)，50 mA(待机)，100 mA(常规)
工作温度	0～50℃
工作频率	13.56 MHz
标准/认证	ISO 14443 1-4、CE、FCC、RoHS Compliant
支持系统	Windows 98、Windows ME、Windows NT、Windows 2000、Windows XP、Windows 2003、Windows Vista、Windows XP x64、Windows Vista x64、Linux

3. 连接 NFC 读写器

使用 NFC 读写器的数据线将设备连接到计算机上，正确连接后，设备上的指示灯红灯亮，当有高频卡或 NFC 设备靠近时，指示灯绿灯亮，如图 6-48 所示。

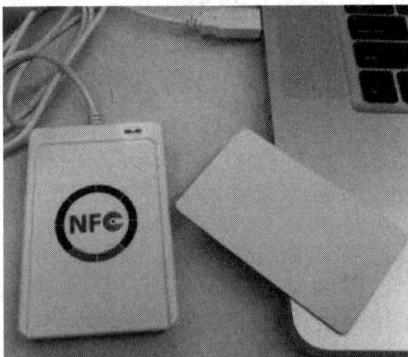

图 6-48　连接 NFC 读写器

6.3.3　NFC 的工作模式

NFC 支持 3 种工作模式，即读卡器模式(reader/writer mode)、仿真卡模式(card emulation mode)、点对点模式(P2P mode)。

1. 读卡器模式

读卡器模式，数据在 NFC 芯片中，可以简单理解成"刷标签"。其本质就是通过支持 NFC 的手机或其他电子设备从带有 NFC 芯片的标签、贴纸、名片等媒介中读写信息。通常 NFC 标签是不需要外部供电的，当支持 NFC 的外设向 NFC 读写数据时，它会发送某种磁场，而这个磁场会自动地向 NFC 标签供电。

2. 仿真卡模式

仿真卡模式，数据在支持 NFC 的手机或其他电子设备中，可以简单理解成"刷手机"。

其本质就是将支持 NFC 的手机或其他电子设备当成借记卡、公交卡、门禁卡等 IC 卡使用，基本原理是将相应 IC 卡中的信息凭证封装成数据包存储在支持 NFC 的外设中。

在使用时还需要一个 NFC 射频器(相当于刷卡器)，将手机靠近 NFC 射频器，手机就会接收到 NFC 射频器发过来的信号，在通过一系列复杂的验证后，将 IC 卡的相应信息传入 NFC 射频器，最后这些 IC 卡数据会传入 NFC 射频器连接的电脑，并进行相应的处理(如电子转账、开门等操作)。

3. 点对点模式

点对点模式与蓝牙、红外线差不多，用于不同 NFC 设备之间进行数据交换，不过该模式已经没有"刷"的感觉了。其有效距离一般不能超过 4 cm，但传输建立速度要比红外线和蓝牙技术快很多，传输速度比红外线快得多。如果双方都使用 Android 4.2，NFC 会直接利用蓝牙传输，这种技术被称为 Android Beam。所以使用 Android Beam 传输数据的两部设备不再限于 4 cm 之内。

点对点模式的典型应用是两部支持 NFC 的手机或平板电脑实现数据的点对点传输，如交换图片或同步设备联系人。因此，通过 NFC，多个设备如数码相机、计算机、手机之间，都可以快速连接，并交换资料或者服务。

6.3.4 NFC 技术原理

1. NFC 的工作原理

NFC 的基本工作原理是：支持 NFC 的设备可以在主动或被动模式下交换数据。

在被动模式下，启动 NFC 通信的设备，也称 NFC 发起设备(主设备)，在整个通信过程中提供射频场(RF-field)，它可以选择 106 kb/s、212 kb/s 或 424 kb/s 中一种传输速度，将数据发送到另一台设备。另一台设备称为 NFC 目标设备(从设备)，不必产生射频场，而是使用负载调制(load modulation)技术，即可以相同的速度将数据传回发起设备。此通信机制与基于 ISO 14443A、MIFARE 和 FeliCa 的非接触式智能卡兼容，因此，NFC 发起设备在被动模式下，可以用相同的连接和初始化过程检测非接触式智能卡或 NFC 目标设备，并与之建立联系。

在主动模式下，启动 NFC 通信的发起设备和目标设备均提供射频场，发起者按照选定的传输速度开始通信，发送初始命令给目标设备，目标设备接收到命令后，经处理发送应答信号返回给发起设备，如图 6-49 所示。

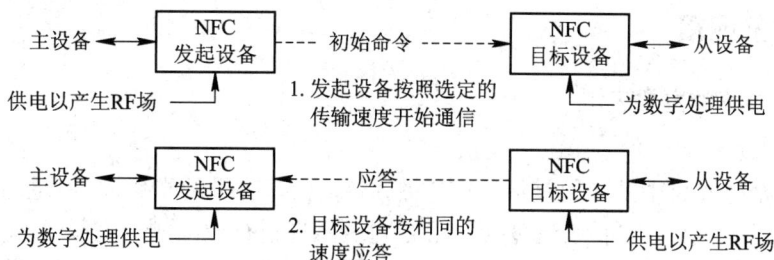

图 6-49 NFC 的工作原理

2. NFC 与 RFID 的区别

NFC 与 RFID 的区别如下。

(1) NFC 将非接触读卡器、非接触卡和点对点功能整合在一块单芯片上，而 RFID 必须由读写器和标签组成。RFID 只能实现信息的读取以及判定，而 NFC 技术则强调的是信息交互。通俗地说 NFC 就是 RFID 的演进版本，双方可以近距离交换信息。NFC 手机内置 NFC 芯片，组成 RFID 模块的一部分，可以当作 RFID 无源标签使用进行支付费用，也可以当作 RFID 读写器，用作数据交换与采集，还可以进行 NFC 手机之间的数据通信。

(2) NFC 传输范围比 RFID 小，RFID 的传输范围可以达到几米，甚至几十米，但 NFC 采取了独特的信号衰减技术，相对于 RFID 来说 NFC 具有距离近、带宽高、能耗低等特点。

(3) 应用方向不同。NFC 更多的是针对消费类电子设备相互通信，有源 RFID 则更擅长在长距离识别。

随着互联网的普及，手机作为互联网最直接的智能终端，必将会引起一场技术上的革命，如同以前蓝牙、USB、GPS 等标配，NFC 将成为日后手机最重要的标配，通过 NFC 技术，手机支付、看电影、坐地铁都能实现，将在我们的日常生活中发挥更大的作用。

3. NFC 与传统技术的比较

NFC 和蓝牙(bluetooth)都是短程通信技术，而且都被集成到移动电话中。但 NFC 不需要复杂的设置程序，同时 NFC 也可以简化蓝牙连接。

NFC 略胜蓝牙的地方在于设置程序较短，但无法达到低功率蓝牙(bluetooth low energy)的速度。在两台 NFC 设备相互连接的设备识别过程中，使用 NFC 替代人工设置会使创建连接的速度大大加快——少于十分之一秒。NFC 的最大数据传输量为 424 kb/s，远小于蓝牙 V2.1 (2.1 Mb/s)。虽然 NFC 的传输速度与距离比不上蓝牙(小于 20 cm)，但相应可以减少不必要的干扰，这让 NFC 特别适用于设备密集而传输变得困难的时候。相对于蓝牙，NFC 兼容于现有的被动 RFID (13.56 MHz ISO/IEC 18000-3)设施。NFC 的能量需求更低，与蓝牙 V4.0 低功耗协议类似。当 NFC 在一台无动力的设备(如一台关机的手机，非接触式智能信用卡，或是智能海报)上工作时，NFC 的能量消耗要小于低功耗蓝牙 V4.0。对于移动电话或是移动消费性电子产品来说，NFC 的使用比较方便。NFC 的短距离通信特性正是其优点，由于耗电量低、一次只和一台机器连接，拥有较高的保密性与安全性，NFC 有利于信用卡交易时避免被盗用。NFC 的目标并非取代蓝牙等其他无线技术，而是在不同的场合、不同的领域起到相互补充的作用。

6.3.5 NFC 的应用

1. NFC 技术的主要应用

1) 金融支付

NFC 在金融支付中的应用是最为广泛的，各大银行齐推的支付钱包，也让人产生了一种错觉，NFC 只应用在支付。无论褒贬，NFC 对金融支付行业的颠覆是无可厚非的。未来，人们将通过 NFC 与手机钱包的配合进行日常支付，更甚者，它不仅仅会消灭信用卡，还将消灭现金。

2) 交通

交通可以说是 NFC 应用最为基础的功能，通过 NFC 设备触碰闸机口的读卡区域，可以自动打开闸道，这是将城市交通卡的功能集成到 NFC 设备上，通过卡模拟实现。实际案例上，国内手机深圳通虽然使用的是 2.4 G 技术，技术实现上与 NFC 有所不同，但使用方式都是一样的，而 NFC 技术也可以在地铁公交的小额支付环境中大展神威。

业内认为，"公交服务和交通服务是亚洲 NFC 发展的一个重要驱动力"。NFC 可以帮助交通系统在效率上提高一个数量级，而交通系统对 NFC 的支持，也将助推 NFC，使之完成良好生态系统的初步也是基本构架。

3) 广告

NFC 标签因可重复读写，并且可记录读取的次数，在广告业也将掀起一番变革。深圳地铁，扶梯随处可见二维码，但极少有人会去扫描读取，这是因为二维码需要对准读取，而人在动态的扶梯中是难以对准的，从人性化设计来说，扶梯上的二维码意义不大。而 NFC 则可以在这种情况下实现对二维码相关功能缺乏的互补。在动态时，NFC 更利于读取。

4) 图书出版

对于图书而言，一直存在的争议是电子图书是否会替代纸质图书，而现在 NFC 技术的到来，也将改变图书出版的原有模式。通过 NFC 设备读取可以浏览多媒体，互动性、信息娱乐、个性化、社交媒体等都可以添加，如此可以带来不一样的阅读体验，特别是在视频、游戏、社交功能的添加之后，纸质图书也变得缤纷多彩。

出版不仅仅可以是图书，在光碟唱片上，NFC 也可以应用，首先是盗版的防止，二维码虽然也有一定的防伪功能，但是可复制性太强，安全上难以与 NFC 比肩。索尼就试图通过 NFC 进行游戏的防伪，杜绝二手游戏的流通，游戏的光碟将内置 NFC 标签，通过游戏主机的读取之后激活程序，而且该光碟需与特定的播放设备或用户账户挂钩之后才能运行，这样其他设备及用户将无法使用该光碟。视频声效和防伪的结合，在一定程度上可以丰富图书出版的形式，增加可阅读性。随着 NFC 标签成本的逐渐降低，NFC 在图书出版中的应用也将随之增加。

5) 通信

NFC 继承了 RFID 该有的人机交互、机器与机器交互等功能，这些功能都将走出专业工厂应用，走向人们日常家电当中，实现人们对家电的简单可控。当下应用较多的 NFC 家电有 NFC 蓝牙音箱、支持 NFC 的笔记本、NFC 数码相机、NFC 智能电视，而 NFC 手机不必多说地成为人们日常生活中最常用的电子设备，随着物联网概念的兴起，NFC 也将逐渐进入人们的生活当中。

6) 医疗

医疗行业需要的是化繁为简的技术，数据的管理至关重要，近日，哈佛大学也试图通过 NFC 进行药品追踪管理。追踪系统使用的是谷歌 Nexus 7 NFC 设备，使用该设备可以运行最新的应用并且储存每个病人的医疗数据以及用药情况，整个系统应用的 NFC 标签可以作为腕带，系在病人的手上，也可以在医疗袋和员工卡上附带。当需要进行用药情况管理时，护士使用 NFC 设备触碰上述拥有 NFC 标签的物品，设备中的应用将检查药物的种类和剂量是否使用得当，并且记录本次用药情况以及用药人，很好地保证了医护工作人员对用药的责任审查。

而英国某公司则通过 NFC 进行医护工作人员的管理，在每个需要医疗护理的家庭安装一个 NFC 标签，医护工作者到达和离去时都要进行一次读取，与此同时，后台还会实时传递合适的任务(如在附近的工作)，并且将相关信息发送至工作者的手机。当然，受到医护照料的家庭也可以实时查询医护情况。

7) 身份识别

NFC 通信距离短，传输范围也不如蓝牙、红外等通信手段，但是其安全性高，特别是在 SE 安全元件的帮助下，NFC 卡模拟功能成为身份识别的重要手段。NFC 汽车钥匙是NFC 卡模拟的经典应用，也是身份识别领域的新锐应用，而身份识别涉及的安全问题，国外已有厂商通过 NFC 将线下的实体证件与线上的社交账号结合，完成安全的身份识别登录。

2. NFC 技术在手机上的主要应用

NFC 技术在手机上的应用主要有以下五类(如图 6-50 所示)。

图 6-50   NFC 在手机上的应用

(1) 接触通过(touch and go)，如门禁管理、车票和门票等，用户将储存车票证或门控密码的设备靠近读卡器即可，也可用于物流管理。

(2) 接触支付(touch and pay)，如非接触式移动支付，用户将设备靠近嵌有 NFC 模块的POS 机可进行支付，并确认交易。

(3) 接触连接(touch and connect)，把两个 NFC 设备相连接，进行点对点(Peer-to-Peer)数据传输，如下载音乐、互传图片和交换通讯录等。

(4) 接触浏览(touch and explore)，用户可将 NFC 手机靠近街头有 NFC 功能的智能公用电话或海报，来浏览交通信息等。

(5) 下载接触(load and touch)，用户可通过 GPRS 网络接收或下载信息，用于支付或门禁等功能，如用户可发送特定格式的短信至家政服务员的手机，控制家政服务员进出住宅的权限。

思考题与练习题

1. 什么是 NFC？
2. NFC 的工作模式有哪些？

3. NFC 的工作原理是什么？

4. 简述 NFC 与 RFID 的区别。

5. 列举 NFC 的应用。

实训 6　二维码的生成

现在到处都能遇到"扫一扫"，以前的二维码只是用来查看商品的信息或辨真伪，随着时代的变化和社会的迅速发展，现在二维码有了更大的突破。交好友需要"扫一扫"，付款收款也要"扫一扫"。二维码的作用不仅发生了翻天覆地的变化，而且大街小巷都能看到张贴的不同形式的二维码。

当然，二维码不只专业的厂商能制作，个人也能轻松制作，甚至有的小伙伴还能制作出浪漫的表白二维码。其实制作方法很简单，有很多软件和网站都是能够创作的，接下来制作含有个人信息的二维码。

1. 任务目标

(1) 了解二维码的生成原理。

(2) 掌握利用 Excel 生成二维码的方法。

(3) 了解二维码生成的其他方法。

2. 任务内容

利用 Excel 生成含有个人信息的二维码，信息可以是姓名、学号等，按照步骤进行，思考除了 Excel 可以生成二维码，还有哪些其他方法可以生成二维码。

3. 任务实施

(1) 打开 Excel 的"开发工具"，选择"插入"控件中的"其他控件"，如图 6-51 所示。

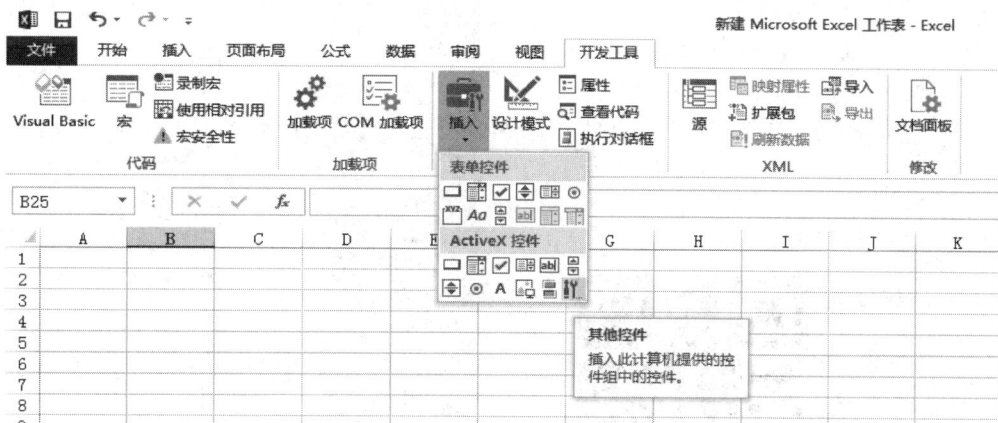

图 6-51　控件界面

(2) 从"其他控件"中选择"Microsoft BarCode Control 15.0"控件，并在指定的单元格区域插入控件生成条码，如图 6-52 所示。

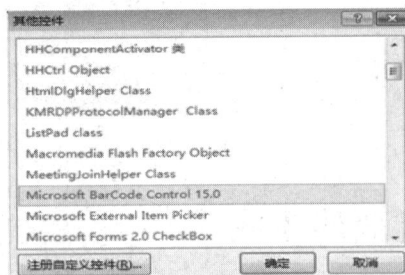
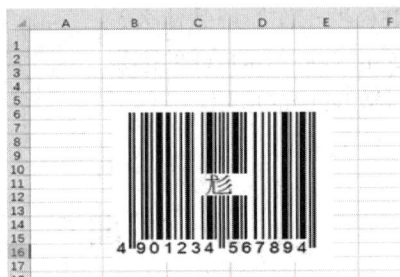

(a)　　　　　　　　　　　(b)

图 6-52　条码生成

(3) 右击条码，选择"Microsoft BarCode Control 15.0 对象"→"属性"，打开"Microsoft BarCode Control 15.0 属性"对话框，将"样式"设置为"11-QR Code"，如图6-53 所示。

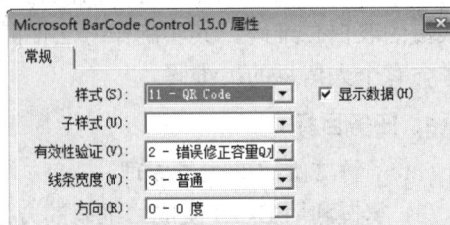

(a)　　　　　　　　　　　(b)

图 6-53　样式设置

(4) 条码将转换为二维码样式，右击二维码选择"属性"，打开"属性"对话框，将"LinkedCell"的值设置为单元格"A1"如图 6-54 所示。然后在 A1 单元格输入要写入二维码的内容即可。

(a)　　　　　　　　　　　(b)

图 6-54　二维码生成

(5) 评价(任务评价单见附录 A)

① 小组成员之间自评;

② 小组间互评;

③ 教师评价。

4. 实训报告

写出实训小结,内容包括实训心得(收获)、不足之处和今后应注意的问题。

思政课堂 科技之光——神奇的电子标签

提到标签,人们自然会联想到条形码,在相当长的一段时间内,条形码起到了重要作用。因为有了电子标签,统一的货物有了独一无二的身份。无论是铁路物流还是生产制造,图书管理还是鉴别真伪,在我们的生活中,电子标签以各种各样的形态服务、改变着我们的生活。

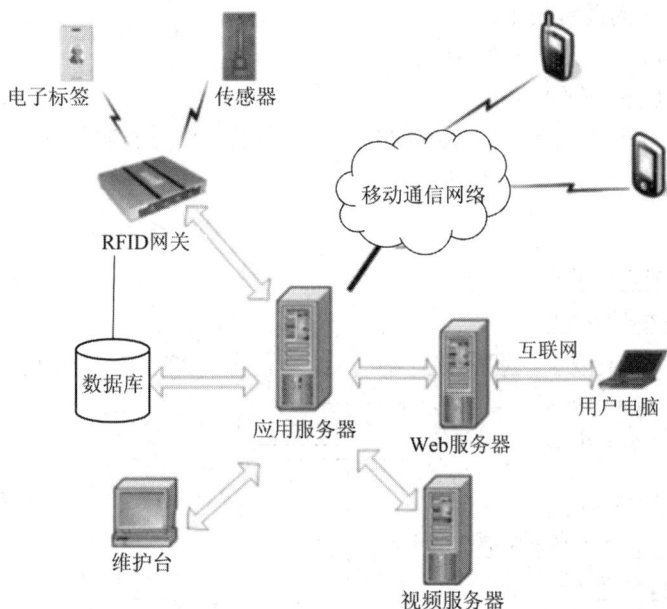

RFID 技术是依托于互联网的无线射频自动识别技术,对物品进行非接触、远距离、穿透式、移动识别,使物品从生产、存储、运输、经销商、卖场到消费者供应链各环节被实时追踪,并自动记录产品物流信息,实现产品物流信息自动化,同时通过物流信息自动化跟踪溯源,实现最佳的防伪效果。

RFID 技术具有绝对防伪性、加密技术、无法再利用、全程溯源、信息控制等优势,可以更好地降低劳动成本,提高工作效率,减少防伪打假的投入,提高产品档次。RFID 技术是物联网的核心技术,将带来物流信息产业的巨大变革。发达国家正在依托互联网和 RFID 技术建立国际物联网体系,国际物联网时代即将到来,RFID 标签是物品进入国际物联网必不可少的身份识别手段。

无处不在的 Wi-Fi

项目目标

(1) 了解 Wi-Fi 技术的概念、发展历程及应用;

(2) 了解 Wi-Fi 的关键技术;

(3) 掌握 Wi-Fi 的网络拓扑结构;

(4) 熟悉 Wi-Fi 模组的指令;

(5) 掌握 Wi-Fi 模块入网配置及 Wi-Fi 模组连接至云平台的配置方法。

知识脉络图

```
Wi-Fi技术简介
Wi-Fi技术的发展历程
Wi-Fi6与5G ─── 认识Wi-Fi通信技术 ───────── 实训　基于Wi-Fi实现端云互通
Wi-Fi6的应用场景
Wi-Fi6的发展趋势 ───────── 无处不在的Wi-Fi

Wi-Fi6的关键技术
Wi-Fi技术的拓扑结构 ─── 掌握Wi-Fi的工作原理 ───── 思政课堂　Wi-Fi别乱蹭！原来国家安全离我们这么近!
Wi-Fi的传输方式

Wi-Fi模组ESP8266介绍
Wi-Fi模组常用AT指令集介绍 ─── 学会Wi-Fi模组及其AT指令集
```

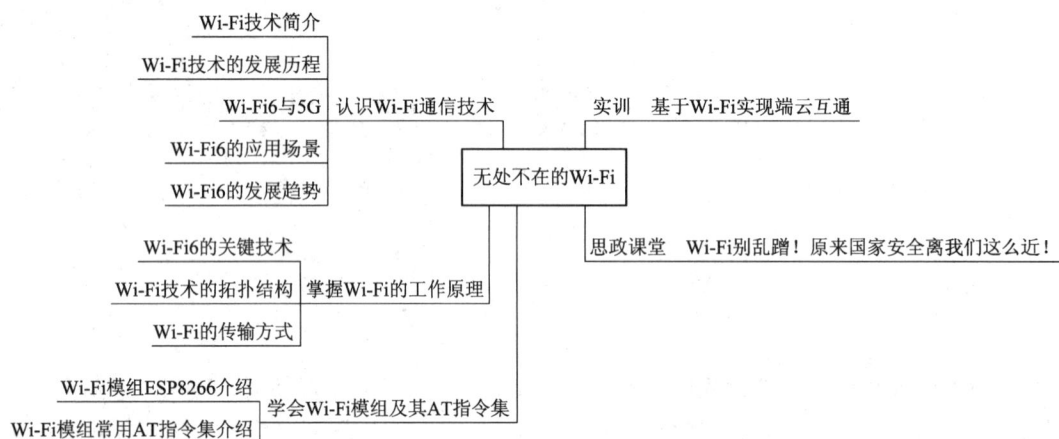

任务 7.1　认识 Wi-Fi 通信技术

任务引入

Wi-Fi 技术自诞生以来,以其便捷有效的特性,使人们摆脱了有线连接的束缚,迅速成为用户上网的首选方式。在过去的 20 多年中，Wi-Fi 使数十亿人能够轻松连接到互联网，享受在线视频、游戏、教育等丰富的媒体资源，彻底改变了人们获取信息的方式，使人们更好地与外界沟通互联。

本任务主要介绍 Wi-Fi 技术简介，Wi-Fi 技术的发展历程，Wi-Fi6 与 5G，Wi-Fi6 的应用场景和发展趋势。

任务相关知识

7.1.1　Wi-Fi 技术简介

Wi-Fi(Wireless Fidelity)是一种允许电子设备连接到无线局域网(WLAN)的技术，从 1997 年第一代 Wi-Fi 技术产生，至今已有 20 多年的历史。随着人们对网络传输速率要求的不断提升，截至目前 Wi-Fi 技术进行了 6 代的革新发展。Wi-Fi 已成为当今世界无处不在的技术，为数十亿设备提供连接，也是越来越多的用户上网接入的首选方式，并且有逐步取代有线接入的趋势。为适应新的业务应用和减小与有线网络带宽的差距，每一代 802.11 的标准都在大幅度地提升其速率。

近年来，随着无线技术以及智能家居的快速发展，越来越多的设备需要加入家庭无线网络，除了智能手机和笔记本电脑之外，新型设备如无线音箱、监控摄像头、恒温器、冰箱以及无数其他智能家电和机器都加入了家庭无线网络中。以传统 Wi-Fi 标准(802.11a/b/g/n/ac)运行的现有无线基础设施不足以应对连接的增加和带宽需求的提高，因此，急需引入新一代 Wi-Fi 技术，Wi-Fi6 就此应运而生。Wi-Fi6 具有更高的传输速率、更大的并发、更低的时延。这些特性使得其应用场景更加丰富，既满足智慧家庭 4K、VR、网络游戏、智能家居互联等业务的高效承载，也适用于行业应用中高密办公、生产无线、智慧教学、智慧传媒以及城市和企业的数字化等。Wi-Fi6 技术将为室内无线网络带来一次革新，彻底改变物联网和智能家居的实现方式，给人们带来前所未有的网络体验。

7.1.2　Wi-Fi 技术的发展历程

1997 年，IEEE 制定出第一个无线局域网标准 802.11，数据传输速率仅有 2 Mb/s，但这个标准的诞生改变了用户的接入方式，使人们从线缆的束缚中解脱出来。

1999 年，IEEE 发布 802.11b 标准。802.11b 运行在 2.4 GHz 频段，传输速率为 11 Mb/s，是原始标准的 5 倍。

1999 年，IEEE 又补充发布了 802.11a 标准，采用了与原始标准相同的核心协议，工作频率为 5 GHz，最大原始数据传输速率为 54 Mb/s，达到了现实网络中等吞吐量(20 Mb/s)的要求。

2003 年，IEEE 发布 802.11g，其载波的频率为 2.4 GHz(与 802.11b 相同)，原始传输速率为 54 Mb/s，净传输速率约为 24.7 Mb/s(与 802.11a 相同)。

2009 年，IEEE 发布 802.11n，同时工作在 2.4 GHz 和 5 GHz 频段，引入了 MIMO、安全加密等新概念和基于 MIMO 的一些高级功能，传输速率达到 600 Mb/s。

2013 年，IEEE 发布 802.11ac，工作频率为 5 GHz，引入了更宽的射频带宽(提升至

160 MHz)和更高阶的调制技术(256-QAM)，传输速率高达 1.73 Gb/s，进一步提升了 Wi-Fi 网络吞吐量。

2019 年，IEEE 发布 802.11ax，同时工作在 2.4 GHz 和 5 GHz 频段，引入上行 MU-MIMO、OFDMA 频分复用、1024-QAM 高阶编码等技术，将用户的平均吞吐量相比 Wi-Fi5 提高至少 4 倍，并发用户数提升 3 倍以上。

2019 年，Wi-Fi Alliance(WFA)以"Wi-Fi+数字"的命名方式，将 802.11ax 命名为 Wi-Fi6，并将前两代技术 802.11n 和 802.11ac 分别更名为 Wi-Fi4 和 Wi-Fi5，同时还更新了 Wi-Fi 的图标。当我们在使用 Wi-Fi 时，像手机上会变化的 3G 和 4G 信号标识一样，可根据后面的数字来判断当前使用的技术标准和速率等级。

随着 WLAN 技术的发展，家庭、企业等越来越依赖 Wi-Fi，并将其作为接入网络的主要手段。近年来出现的新型应用对吞吐率和时延要求也更高，如 4K 和 8K 视频(传输速率为 20 Gb/s)、VR/AR、游戏(时延要求低于 5 ms)、远程办公、在线视频会议和云计算等。虽然发布的 Wi-Fi6 已经重点关注了高密场景下的用户体验，但是面对上述更高要求的吞吐率和时延依旧无法完全满足需求。

为此，IEEE 802.11 标准组织即将发布一个新修订标准 IEEE 802.11be EHT，即 Wi-Fi7。IEEE 802.11be EHT 工作组已于 2019 年 5 月成立，802.11be(Wi-Fi7)的开发工作仍在进行中。整个协议标准将按照两个 Release 发布，Release1 2021 年发布草案版 Draft1.0，2022 年底发布标准版；Release2 在 2022 年初启动，并且在 2024 年底完成标准发布。

7.1.3 Wi-Fi6 与 5G

长期以来，Wi-Fi 与蜂窝网络彼此竞争且势均力敌，Wi-Fi 主要应用于室内，蜂窝网络主要应用于室外，Wi-Fi 以其流量便宜的特点，一直是蜂窝网络室内覆盖的补充。目前这两种技术已经分别发展到第五代和第六代，技术已经成熟，未来这两种技术在特定场景会存在互补替代，仍将长期共存。

1. 应用场景

2G 时代主要承载语音业务，早期的 Wi-Fi 标准 802.11a/b/g 主要承载数据业务，在当时的应用场景下两者基本上是互补关系。从 3G 时代大量承载数据业务开始，到 4G 时代移动互联网应用的蓬勃发展迎来移动数据量的爆发性增长，在人流密集的高铁站、体育场馆、商场、咖啡厅等场景 4G 和 Wi-Fi 标准 802.11n/ac 出现了一定程度的竞争。随着 VoIP 技术的成熟，许多场景下 Wi-Fi 也对语音业务进行了一定程度的渗透，逐渐形成了 4G 和 Wi-Fi5 两种技术既竞争又互补的应用格局。总体而言，4G 偏重移动性应用和广域网场景，而 Wi-Fi5 则偏重高带宽和局域应用场景。

随着 5G 和 Wi-Fi6 技术的互相学习和互相追赶，预计未来两种技术的主战场不会发生变化，但是可能产生细分差异。除了传统移动性要求高场景以外，预计在偏重低干扰、高 QoS、高安全、低延时、海量连接的场景 5G 会受到青睐。而对于偏重大带宽、低移动性，以及对组网成本、业务资费比较敏感等应用场景，Wi-Fi6 则大有可为。5G 与 Wi-Fi6 主要场景差异如表 7-1 所示。

表 7-1　5G 与 Wi-Fi6 主要场景差异

场景关注点	5G	Wi-Fi6
频段干扰	授权频段，干扰可控	频段非授权，干扰不可控
QoS	可靠物理层重传	MAC 重传，尽力而为承载
安全性	自底层而上，各级都有	依赖 MAC 以上层
大带宽	兼顾	有优势
低延时	空口非竞争，延时小	空口竞争，延时大
移动性	有优势	较差
广覆盖	有优势	较差
组网成本	较贵	有优势

2. 技术指标

5G 和 Wi-Fi6 的主要技术都是 OFDMA，可以说两种技术越来越趋同，频谱利用率也非常接近。但是由于偏重的应用场景差异，一些细微的技术差异仍然存在。5G 与 Wi-Fi6 主要技术指标差异如表 7-2 所示。

表 7-2　5G 与 Wi-Fi6 主要技术指标差异

技术指标	5G	Wi-Fi6
工作频段	700 MHz/2.6 GHz/3.5 GHz	2.4 GHz/5.8 GHz
系统最大下载速率	20 Gb/s@64T64R/100 MHz	9.6 Gb/s@8T8R/160 MHz
典型下载速率	850 Mb/s@2T2R/100 MHz	950 Mb/s@2T2R/80 MHz
时分复用方式	TDD 同步	TDD 异步
频分复用方式	OFDMA	OFDMA
编码方式	LDPC/Polar	LDPC
最大调制	256QAM	1024QAM
子载波间隔	30 kHz/60 kHz	312.5 kHz/78.125 kHz
典型符号长度	35.68 μs/17.84 μs	12.8 μs
典型 CP/GI	2.34 μs/1.17 μs	0.8 μs
MU-MIMO	Yes	Yes
接入网延时	0.5～5 ms	10～50 ms
最大覆盖范围	100 km@50 dBm/2.6 G	100 m@20 dBm/2.4 G
最大用户数	300～1000	32～256
典型远端成本	1000 RMB@2T2R/24 dBm	300 RMB@2T2R/20 dBm

Wi-Fi 的竞争接入一直是 Wi-Fi 的不足，直接导致空口延时巨大、多用户性能难以提高。Wi-Fi6 采用上行 OFDMA 和 MU-MIMO 等技术以后，提供多用户同时发送的能力。如果对标 5G，需要在时钟精度、时间精度上做提高。为了保证所有 STA 发送功率到达 AP 天线口大小差不多(底噪相同)，需要闭环功控技术配合。

由于 Wi-Fi6 不需要高速移动，多普勒效应不明显，信道估计算法相对简单且相对 5G 可获得较好的 SINR，可以通过采用较高的 1024QAM 调制方式来提高下载速率。Wi-Fi6 的覆盖范围较 5G 小，可以采用较短的 GI。由于 Wi-Fi 采用上下行异步双工方式，可以在单位时间只做下行来获得较高的下载速率，因此直接比较最高下行速率略显优势，更短的 GI 也有助于提高下载速率。

7.1.4 Wi-Fi6 的应用场景

1. 智慧家庭应用

1) 4K/8K/VR 等大带宽视频的承载

视频类业务驱动超宽带的发展，也逐渐改变用户的行为和需求，运营商也从关注连接转向关注体验。视频业务码率的不断提高，从标清到高清，从 4K 到 8K，直至现在的 VR 视频。

从网络传输角度看，影响视频质量的关键因素包含带宽、时延、丢包。其中，带宽直接影响视频的码率、分辨率、色深等，也就是图像的真实感，是用户体验的关键要素；丢包则直接影响画面的卡顿和流畅与否，也就是用户体验的愉悦感。不同视频标准指标对比如表 7-3 所示。

表 7-3 不同视频标准指标对比

技术/分类	入门 4K	优质 4K	极致 4K	入门 8K	优质 8K	极致 8K	VR	VR+
分辨率	3840 × 2160			7680 × 4320			3840 × 2160	7680 × 4320
帧率	30 P	60 P	120 P	30 P	60 P	120 P		
色深/ bit	8	10	12	8	10	12		
压缩算法	H.265							
平均码率/(Mb/s)	15	30	50	60	120	200		800
带宽需求/MHz	22.5	45	75	90	180	300		1200
丢包率	$1.7 \times 10^{-5} \sim 1.7 \times 10^{-4}$							

随着各类移动终端的普及，每个家庭预计均有几十部移动终端，从用户体验的角度看，用户更喜欢、更经常在移动终端上观看视频，特别对于 VR 类视频，无线接入是最佳的选择，摆脱了 VR 头盔的有线束缚，给用户带来极佳的体验愉悦感。

Wi-Fi6 技术支持 2.4 GHz 和 5 GHz 频段共存，其中 5 GHz 频段支持 160 MHz 频宽，接入速率最高可达 9.6 Gb/s，且 5 GHz 频段相对干扰较少，更适合传输视频业务，同时可以通过 BSS 着色技术、MIMO 技术、动态 CCA 技术等降低干扰，降低丢包率，以带来更好的视频业务体验。

2) 网络游戏等低时延业务的承载

网络游戏类业务属于强交互类业务，游戏要对用户的操作或动作做出及时反应。近年来兴起的 VR 游戏，甚至云 VR 游戏，均在带宽、时延等方面提出了更高的要求，如云 VR 游戏的带宽要求为 80 Mb/s～1 Gb/s，时延要小于 8～20 ms，丢包率要小于 $1×10^{-6}$～$1×10^{-5}$。

对于 VR 游戏，目前最好的接入方式是 Wi-Fi 无线方式。目前家庭内部的移动终端数量繁多，业务种类不尽相同，Wi-Fi 受到干扰因素也非常多，这些综合起来会影响到游戏业务的体验，构建一个高速率、低时延、可靠的家庭无线网络，是提升用户游戏体验的不二选择。Wi-Fi6 不仅是速率的提升，而且采用 OFDMA、MU-MIMO 等技术，极大地提升了信道利用率，满足多用户场景下的业务应用，平衡家庭网络中多部移动终端之间的资源协调。通过 BSS 着色技术、MU-MIMO 技术、动态 CCA 技术等降低干扰，也可以采用 Wi-Fi6 的信道切片技术提供游戏的专属信道，降低时延，满足游戏类业务，特别是云 VR 游戏业务对低时延传输质量的要求。

3) 智慧家庭智能互联

智慧家庭智能互联是智能家居、智能安防等业务场景的重要因素。家庭互联技术主要考虑三个方面：一是能否连接足够的设备数量，目前智能家居中传感器设备数量可达几十甚至百台以上；二是功耗是否低，很多智能设备都是没有充足电源供给，依靠电池供电长时间工作的微功耗设备，如智能门锁；三是互操作性是否友好，及用户是否可以使用普遍终端控制智能家居设备。

目前家庭互联技术有多种，如 ZigBee、Z-wave、BT、Wi-Fi，但它们都有不同的局限性。例如，ZigBee、Z-wave 属于低功耗技术，但产业链分散、碎片化、产业链单一，而且用户一些常用的移动终端并不支持这些技术，互操作性困难；对于 BT、Wi-Fi 技术来说，相应的标准组织也推出了低功耗版本规范，如 LBT、802.11ah，但由于兼容性不足，并没有形成规模产业链。因此，目前的智慧家庭互联技术还是比较繁杂的，且没有统一技术标准。

Wi-Fi6 技术的出现，将会给智慧家庭智能互联带来技术统一的机会，首先 Wi-Fi6 将成为下一代 Wi-Fi 技术的主流，支持 Wi-Fi6 的网关、路由器、手机及一些智能设备，如雨后春笋般出现。同时，Wi-Fi6 技术能够适应密集、高密度场景的接入，可以利用 Wi-Fi6 实现家庭内部的万物互联(如图 7-1 所示)，并将家庭物联网和家庭无线局域网融合在一起，便于用户使用任何设备、在任何地方操控家居设备，提升用户业务体验。

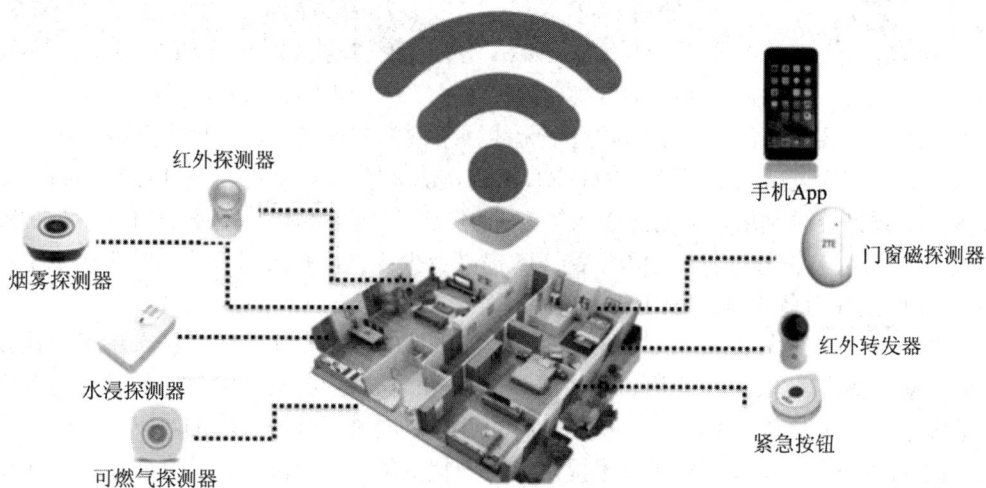

图 7-1　Wi-Fi6 应用于智能家居

Wi-Fi6 适用于家庭互联，还有另外一个重要因素，即 Wi-Fi6 技术借鉴 802.11ah 标准，引入了目标唤醒时间功能(TWT)，允许设备之间协商什么时候和多久被唤醒，然后发送和接收数据；通过分配不同 TWT 周期，减少唤醒后竞争无线介质的机会；TWT 还设置了睡眠时间，对采用电池供电的大量智能设备来说，大大延长了电池寿命。

可以看出，Wi-Fi6 既集高密度、大数量接入、低功耗优化于一体，同时又能与用户普遍使用的各种移动终端兼容，提供良好的互操作性。Wi-Fi6 是未来在智慧家庭智能互联领域中一个极具前景的技术选择。

2. 行业应用

Wi-Fi6 不仅仅是简单的速率提高(最高可达 9.6 Gb/s)，还引入了 DL/UL MU-MIMO、OFDMA 等技术，满足多用户、密集场景下的接入需求，提升了无线网络的整体效率；依靠子载波的间隔收窄、符号长度的延长、BSS 着色、动态 CCA 等技术提高了抗干扰的能力，满足视频、游戏等业务对低时延的传输需求。

在很多领域，可以利用 Wi-Fi6 技术构建无线接入网络。例如，在园区网络中采用 Wi-Fi6 技术构建无线接入(如图 7-2 所示)，可以实现低成本、广覆盖、高质量的移动办公接入，据此开展各类视频办公协作业务，改善员工网络体验，提升工作效率。

同时，Wi-Fi6 技术还可以用于室内外大型公共场所的无线接入覆盖。例如，机场属于典型的高密度、密集接入的公共场所，机场在向旅客提供 Wi-Fi 无线接入服务时(如图 7-3 所示)，除了网络运维管理方面，还应该重点考虑下述几个方面。

图 7-2　Wi-Fi6 应用于园区

图 7-3　Wi-Fi6 应用于机场

第一个方面要考虑如何在不降低整个无线网络效率的前提下，实现大量终端用户的接入。Wi-Fi6 标准通过引入上行 MU-MIMO、OFDMA 频分多址复用、1024-QAM 高阶编码等技术，从频谱资源利用、多用户接入等方面解决网络容量和传输效率的问题，在密集用户环境中，将用户的平均吞吐量相比 Wi-Fi5 提高至少 4 倍，并发用户数提升 3 倍以上，因此 Wi-Fi6 也被称为高效 Wi-Fi(HEW)。

第二个方面要考虑如何向旅客提供稳定、高质量的无线传输。随着越来越多的视频应用，如影视、游戏、VR/AR 应用、移动视频办公等，这些业务对网络传输质量提出了更高的性能要求——高带宽、低时延、低误码率。Wi-Fi6 通过子载波的间隔收窄、符号长度的延长、BSS 着色、动态 CCA 等技术提高了抗干扰的能力，保障稳定、高质量的无线接入传输，提升用户业务体验。

第三个方面要考虑如何向旅客提供安全的接入，特别是在开放的环境下，如何向用户提供安全的数据接入和传输。虽然 Wi-Fi6 标准本身并没有指定任何新的安全功能，但 WFA(Wi-Fi 联盟)推出了新一代的安全加密标准——WPA3，这是一种更安全的加密方式，已经成为 Wi-Fi6 的标准配置。针对开放性网络，WPA3 提出通过个性化数据加密增强用户隐私的安全性，是对每个设备和 AP 之间的连接进行加密的特征。因此采用 Wi-Fi6 及 WPA3 技术，可以为机场旅客提供安全接入保障。

Wi-Fi6 作为新一代高速率、多用户、高效率的 Wi-Fi 技术，将会在各种行业领域中得到广泛的应用。

7.1.5 Wi-Fi6 的发展趋势

IEEE 的 802.11ax 标准协议已基本定稿到 D6.0 版本，2020 年 9 月份封版，Wi-Fi6 已是正式标准，WFA 也已经开始做认证。

随着 Wi-Fi6 标准的诞生和技术的成熟，业界对 Wi-Fi6 高速率、广覆盖的技术优势是认可的，但是在 Wi-Fi4 技术并未退出市场、Wi-Fi5 技术满足目前市场需求已全面铺开并成熟应用的局面下，2019 年大多数设备厂家对 Wi-Fi6 的全面升级仍持保守态度，2019 年之前真正在助推和布局 Wi-Fi6 市场的主力军是各芯片厂家。

2017 年 2 月 13 日，Qualcomm 宣布推出第一款面向网络基础设施的 IPQ8074 系统级芯片(SoC)解决方案以及第一款面向客户终端的 QCA6290 解决方案，主要用于企业 AP、家庭 Wi-Fi 零售市场、智能手机；并于 2019 年 MWC 展会上发布了用于汽车以及移动设备领域的 Wi-F6 芯片——QCA6696 及 QCA6390。

2017 年 8 月 17 日，Broadcom(博通)发布了 802.11ax Wi-Fi6 芯片 BCM43684、BCM43694、BCM4375。该芯片主要应用于企业 AP、家庭 Wi-Fi 零售市场、智能手机。

2017 年 12 月，Marvel 推出一系列 802.11ax 产品，即面向大型企业和高端零售 AP 的 88W9068、面向主流企业和零售 AP 的 88W9064 以及面向 OTT 机顶盒等的低端方案——88W9064S，并在 2018 年发布了全球首款针对汽车车载系统的 802.11ax Wi-Fi 解决方案芯片——88Q9098。

2018 年，Intel 推出支持 802.11ax 的 WAV 系列芯片，用于电缆、xDSL 和光纤的主流 2×2 和 4×4 家庭路由器和网关；2019 年 4 月发布支持 802.11ax 的网卡方案 AX200，广泛应用于笔记本电脑。这些芯片均是基于 Wi-Fi6 技术的产品，提供更高的性能传输，其中有应用于企业路由器、家庭 Wi-Fi 零售市场、智能手机的，还有应用于车辆的。

联发科、以色列智能 Wi-Fi 制造商 Celeno、华为海思以及瑞昱半导体也在陆续发布其 Wi-Fi6 的研究方案，逐步推出相关产品及解决方案。

随着芯片厂家纷纷发力，行业及产业对 Wi-Fi6 的态度也从观望的态度变成积极参与，纷纷推出 Wi-Fi6 产品吸引客户。

在智能手机方面，小米前期发布了旗舰机小米 10 支持 Wi-Fi6，以及市面上已有的三星 Galaxy S10 系列产品和 Galaxy S20 系列产品、苹果 iPhone11 系列手机等，如表 7-4 所示。支持 Wi-Fi6 的手机终端正在逐步增多。

表 7-4   支持 Wi-Fi6 智能手机终端系列

厂家	型号	频段
小米	小米 10	2.4 GHz + 5 GHz
三星	Galaxy S10 系列	
三星	Galaxy S20 系列	
苹果	iPhone11 系列	

在笔记本方面，目前市面上的产品并不多，但是使用支持 Intel A X200 方案的无线网卡可兼容 Wi-Fi6；2019 年国际消费电子展上，联想公布了第七代 ThinkPad X1 Carbon，表示特定型号支持 Wi-Fi6 技术；在 CES2020 展会开幕前，联想发布了第八代 ThinkPad X1 Carbon 和第五代 ThinkPad X1 Yoga 笔记本(如表 7-5 所示)，增加支持 Wi-Fi6 的技术，2020 年底上市。

表 7-5   支持 Wi-Fi6 笔记本终端系列

厂家	型号	频段
联想	第八代 ThinkPad X1 Carbon	2.4 GHz + 5 GHz
	第五代 ThinkPad X1 Yoga	

在路由器方面，目前市面上的 Wi-Fi6 产品已经很多，如华硕推出支持 802.11ax 的 TUF GAMING AX3000 电竞路由器，小米的 MI AX3600，网件的 RAX40，以及 TP-LINK 的 TL-XDR3020 等(如表 7-6 所示)，价格在 500～1200 元区间不等。

表 7-6   支持 Wi-Fi6 路由器终端系列

厂家	型号	客户群	适用频段
华硕	TUF GAMING AX3000	电竞	2.4 GHz + 5 GHz
	RT-AX88U		2.4 GHz + 5 GHz；2.4 GHz、5 GHz
	RT-AX89X		2.4 GHz + 5 GHz
	ROG GT-AX11000		2.4 GHz、5 GHz
中兴	ZXHN E1607 AX1800	家庭	2.4 GHz + 5 GHz
网件	RAX40		2.4 GHz + 5 GHz；2.4 GHz、5 GHz
	RBK852 AX6000		
	AX6000M		
	AX11000	电竞	
小米	MI AX3600	家庭	2.4 GHz + 5 GHz
TP-LINK	TL-XDR3020		
华为	AirEngine5760-10	企业	2.4 GHz、5 GHz

目前支持 Wi-Fi6 的芯片，终端侧智能手机主要是 1×1/2×2 天线规格，而笔记本电脑大部分是 2×2 天线规格，终端侧芯片 2.4 G/5 G 双模可选。对于 AP 侧，2×2、3×3、4×4、5×5、8×8 分别对应不同的区域细分市场，其产品做到 2.5 G+5 G 双频并发，既兼容老设备，也为新设备保留新的频段。未来随着 Wi-Fi6 规格发布，AP 产品还会扩展 2.4 G/5 G/6 G 三频规格，市场还在不断地逐渐扩大中。2020 年中国联通开展了各类家庭终端的 Wi-Fi6 布局，率先推出支持 Wi-Fi6 的路由器设备，满足家庭业务的先行。智能网关、智能机顶盒等设备也会随之逐步推出。

目前 Wi-Fi6 产品价格普遍比较高，商品的价格主要由其价值决定，但是供求关系也绝对影响着价格的发展，参考以往的产品价格发展趋势，随着芯片厂家的发力，设备芯片成本逐渐降低，价格也会同步下降，购买者顺应市场需求量增大的同时购买量增大，产品的价格也必然会有一定的下降。

思考题与练习题

1. 什么是 Wi-Fi？
2. Wi-Fi 的发展经历了哪些阶段？
3. Wi-Fi 的应用有哪些？

任务 7.2　掌握 Wi-Fi 的工作原理

任务引入

本任务主要介绍了 Wi-Fi6 的关键技术、Wi-Fi 技术的拓扑结构及 Wi-Fi 的传输方式，要求了解 Wi-Fi 的关键技术及传输方式，掌握 Wi-Fi 的网络拓扑结构。

任务相关知识

7.2.1　Wi-Fi6 的关键技术

根据 WFA 的命名规则，IEEE 802.11ax 标准简称 Wi-Fi6。与 Wi-Fi5(802.11ac)相比，Wi-Fi6 在很多技术指标上有着突破性的提升，具体表现在最高 9.6 Gb/s 的传输速率、更高的并发能力、更低(10 ms 以内)的业务时延、更大的覆盖范围、更低的终端功耗。

1. OFDMA

在 802.11ac 中，数据传输采用 OFDM(Orthogonal Frequency Division Multiplexing，正交频分复用)技术，如图 7-4 所示。用户是通过不同时间片段区分出来的，每一个时间片段，一个用户完整占据所有的子载波，并且发送一个完整的数据包。随着用户数量的增多，用户之间的数据请求会发生冲突，从而造成瓶颈，导致当这些用户在请求数据(特别是在流式视频等高带宽应用中)时，服务质量较差。

OFDMA(Orthogonal Frequency Division Multiple Access，正交频分多址技术)，如图 7-5 所示，是将无线信道划分为多个子信道(子载波)形成一个个频率资源块，用户数据承载在每个资源块上，而不是占用整个信道，实现在每个时间段内多个用户同时并行传输。

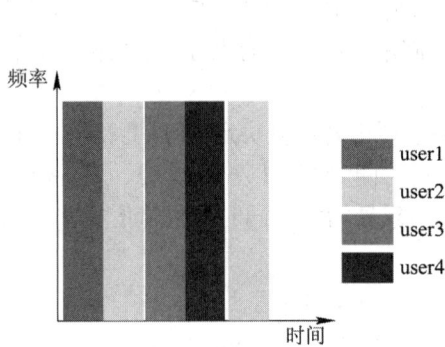

图 7-4   OFDM 技术

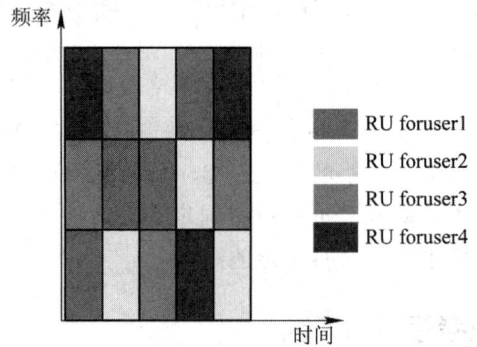

图 7-5   OFDMA 技术

在 OFDMA 中，Wi-Fi 信道被划分为更小的专用子信道——RU(Resource Unit，资源单位)，可以在多个 OFDMA 用户之间共享 802.11ax Wi-Fi 信道。RU 有多种类型，802.11ax 中最小 RU 尺寸为 2.031 MHz，最小子载波带宽是 78.125 kHz，因此最小 RU 类型为 26 子载波 RU。Wi-Fi 信道划分为 OFDMA 的多个 RU 的示例如表 7-7 所示。

表 7-7   不同带宽下的 RU 数量

RU 类型	CBW 20 MHz	CBW 40 MHz	CBW 80 MHz	CBW 160 MHz
26 子载波	9	18	37	74
52 子载波	4	8	16	32
106 子载波	2	4	8	16
242 子载波	1	2	4	8
484 子载波		1	2	4
996 子载波	N/A		1	2
2×996 子载波		N/A	N/A	1

根据表 7-7 可知，对于 20 MHz 带宽，最多可容纳 9 个 RU，此时最多同时接入 9 个用户。RU 越大，同时接入的用户数也越多。

20 MHz 信道一共有 256 个子载波(子载波频宽为 78.125 kHz)，实际 26-tone RU 总共只使用了 234(26×9)个，相差 22 个子载波，这些子载波是用来做保护间隔的，其中包括 DC 保护(7 个)、空子载波(4 个)和保护子载波(5 + 6 个)。

2. MU-MIMO

常规的 MIMO 又称为 SU-MIMO，即"单用户多进多出"，其虽然可以通过多链路同时传输的方式，提升路由器与客户端设备之间的网络通信速率，但在同一时间和同一频段内，路由器只能与一个客户端设备通信。因此，即便客户端设备不能完全占用路由器的无线带宽，路由器也无法将剩余带宽分配给其他设备使用。

MU-MIMO(Multi-User Multiple-Input Multiple-Output，多用户多进多出)技术，允许路由器同时与多个设备通信，而不是依次进行通信，提升了整个系统的容量。MU-MIMO 使用信道的空间分集在相同带宽上发送独立的数据流，所有用户都使用全部带宽，从而带来多路复用增益。

MU-MIMO 技术在 802.11acWave2 中已经有所应用，不过只应用在下行，最多同时支持 4 个用户同时传输。在 802.11ax 中，增加了下行 MU-MIMO 的数量，可以达到 8 个，支持 8 根天线，最多支持 8 个用户同时传输。

802.11ax 除了沿用 802.11ac 下行 MU-MIMO 技术之外，还新增了上行 MU-MIMO，通过发射机和接收机多天线技术使用相同的信道资源在多个空间流上同时传输多个用户的数据，最多支持 8 个用户同时上行传输数据。

3. 1024QAM

QAM(Quadrature Amplitude Modulation，正交振幅调制)是二维点阵调制方式，调制即将数据信号"01"转换为无线电波。802.11ac 采用的是 256QAM 正交幅度调制，每个符号位传输 8 bit 数据($2^8 = 256$)，802.11ax 则采用 1024QAM 正交幅度调制，每个符号位传输 10 bit 数据($2^{10}=1024$)，数据传输能力提升了 3 倍，如图 7-6 所示。

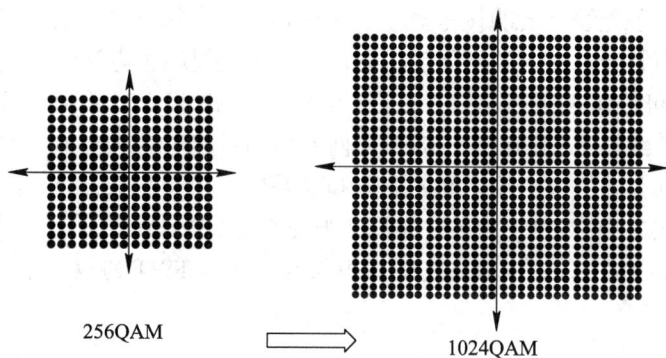

256QAM　　　⟹　　　1024QAM

图 7-6　256QAM 与 1024QAM 的星座图对比

4. BSS-Coloring 技术

一直以来，Wi-Fi 采用 CSMA/CA(载波侦听多路访问/冲突避免)机制，即每次在传送数据之前，会监听无线信道上有无其他 AP 也在传送数据，若有则先避让，等下个时间段再传送。这意味着当多个 AP 工作于同一信道时，采用轮流单独通信的方式，会大幅降低网络容量。

802.11ax 中引入了一种新的同频传输识别机制，即 BSS-Coloring 着色机制，又称为"BSS 着色"(Basic Service Set coloring)机制，如图 7-7 所示。系统为每个 AP"着色"，即在数据报头增加 6 bit 的标识符以区分不同 AP。这样一来，当路由器或设备在发送数据前侦听到信道已被占用时，会首先检查该"占用"的 BSS-Coloring，确定是否为同一 AP 的网络。若颜色相同，则认为是同一 BSS 内的干扰信号，发送将推迟；若不是，则不用避让，允许多个 AP 在同一信道上运行，从而有效缓解多路由场景下同信道干扰退避的问题，提升频谱资源利用率。

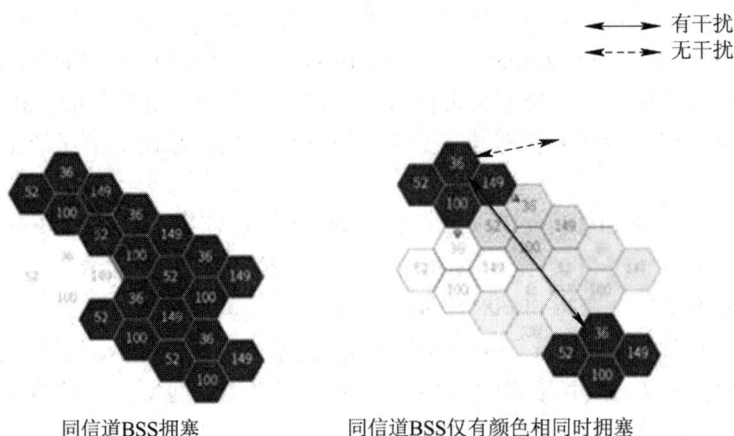

图 7-7　BSS-Coloring 技术

5. TWT 技术

TWT(Target Wakeup Time，目标唤醒时间)是 802.11ax 引入的资源调度功能，它允许设备协商它们什么时候和多久会被唤醒，然后发送或接收数据；允许设备在 beacon 传输周期之外的其他周期唤醒。此外，Wi-Fi AP 可以将客户端设备分组到不同的 TWT 周期，从而减少唤醒后同时竞争无线介质的设备数量。终端设备仅在收到自己的"唤醒"信息之后才进入工作状态，而其余时间均处于休眠状态，从而大大提高了电池寿命。

802.11ax AP 可以和 STA 协调 TWT 功能的使用，AP 和 STA 会互相交换信息，其中将包含预计的活动持续时间，以定义让 STA 访问介质的特定时间或一组时间。如此一来，STA 就可控制需要访问介质的客户端之间的竞争和重叠情况。802.11ax STA 可以使用 TWT 来降低能量损耗，在自身的 TWT 来临之前进入睡眠状态。另外，AP 还可另外设定调度程序并将 TWT 值提供给 STA，这样双方之间就不需要个别的 TWT 协议，此操作称为"Beacon TWT 操作"。

7.2.2　Wi-Fi 技术的拓扑结构

无线局域网的拓扑结构可归纳为两类，即无中心网络和有中心网络。

1. 无中心网络

无中心网络是最简单的无线局域网结构，又称为无 AP 网络、对等网络或 Ad-Hoc 网络，它由一组有无线接口的计算机(无线客户端)组成一个独立基本服务集(IBSS)，这些无线客户端有相同的工作组名、ESSID 和密码，网络中任意两个站点之间均可直接通信。无中心网络的拓扑结构如图 7-8 所示。

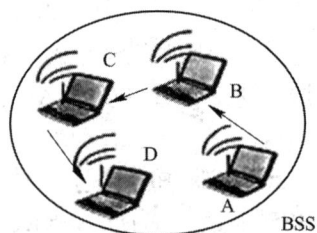

图 7-8　无中心网络的拓扑结构

无中心网络一般使用公用广播信道，每个站点都可竞争公用信道，而信道接入控制协议大多采用 CSMA 类型的多址接入协议。这种结构的优点是网络抗毁性好、建网容易、成本较低。这种结构的缺点是：当网络中用户数量(站点数量)过多时，激烈的信道竞争将直接降低网络性能。此外，为了满足任意两个站点均可直接通信的要求，网络中的站点布局受环境限制较大。因此，这种网络结构仅适应于工作站数量相对较少的工作群，并且这些工作站应离得足够近。

2. 有中心网络

有中心网络又称为结构化网络，它由一个或多个无线 AP 以及一系列无线客户端构成。其拓扑结构如图 7-9 所示。在有中心网络中，一个无线 AP 以及与其关联(associate)的无线客户端被称为一个 BSS(Basic Service Set，基本服务集)，两个或多个 BSS 可构成一个 ESS(Extended Service Set，扩展服务集)。

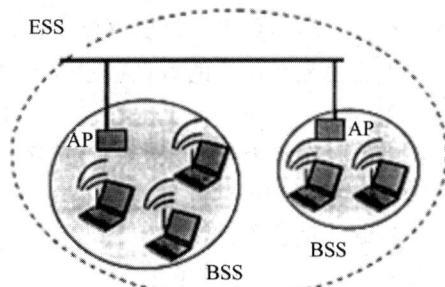

图 7-9 有中心网络的拓扑结构

有中心网络以无线 AP 作为中心站，所有无线客户端对网络的访问均由无线 AP 控制。这样，当网络业务量增大时，网络吞吐性能及网络时延性能的恶化并不强烈。由于每个站点只要在中心站覆盖范围内就可与其他站点通信，因此网络布局受环境限制比较小。此外，中心站为接入有线主干网提供了一个逻辑访问点。有中心网络拓扑结构的缺点是：抗毁性差，中心站点的故障容易导致整个网络瘫痪，并且中心站点的引入增加了网络成本。

虽然在 IEEE 802.11 标准中并没有明确定义构成 ESS 的分布式系统的结构，但目前大都是指以太网。ESS 的网络结构只包含物理层和数据链路层，不包含网络层及其以上各层。因此，对于 IP 等高层协议来说，ESS 就是 IP 子网。

7.2.3 Wi-Fi 的传输方式

传输方式涉及无线局域网采用的传输媒体、选择的频段及调制方式。目前，无线局域网采用的传输媒体主要有两种，即微波与红外线。按照不同的调制方式，采用微波作为传输媒体的无线局域网又可分为扩展频谱方式与窄带调制方式。微波和红外线都属于电磁波。

1. 数据的传输

当把数据传送到一个近距离的设备时，可以通过网络连接进行同步输出到远程的接收设备。而且，在传送过程中能同时传输整个字节(8 位)的数据，或是多个字节，这样就可使整个传输速度大幅度提升。但是，对于远距离的传输则可能会因为传送信号被干扰，导致不能同时传送多个字节。接收方必须对所收到的数据进行 Error Checking(侦错)操作，以确保传输数据的正确性。若发现收到的数据中有不符合侦错算法的内容，则会采取一定的措施来修复该错误，如要求发送方重新发送被侦察到的错误位或字节。

对于无线局域网来说，因为其技术与有线局域网是相似的，所以在每次接受通信前都会有三次"握手"的过程，如图 7-10 所示。这三次"握手"可以保证传送数据的双方能在可靠的连接下进行通信。

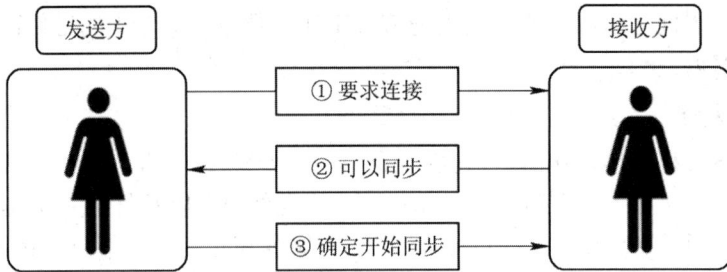

图 7-10　三次"握手"

在传送数据前，发送方并不会立即把数据传送到网络上。因为发送方并不清楚接收方是否能立即处理数据，所以为了避免发送过去的数据被接收方"置之不理"，会先发送一个要求同步的握手要求。

当接收方收到这样的要求，而且接收方也有足够的资源接收时，就会返回响应要求的包。在发送和接收双方之间经过三次"握手"操作后，就能确立一条持续通信的网络连接。

在传输介质能连接后，设备就一直处于连接状态，直到设备被断开电源。但是该状态的连接并没有附带任何可以作为实际应用中用到的信息，如 IP 地址、路由信息等内容。所以，需要利用操作系统为这些连接进行初次系统级别的连接操作——handshaking。

虽然在许多连接种类中，大部分都能传送高品质的语音或者是简单的数据，但是对于大规模数据的传输则显得有点力不从心。这是因为这些连接是不断的通信，一旦在传输数据过程中连接受到干扰，那么所传送的大规模的数据就会发生错误。所以，为了传送大规模数据，就要把数据分成一块一块的、空间占用比较小的数据，也就是所谓的 packets(数据包)。

这些 packets 是从一个数据信息中切割出来的，并且通过系统封装为 packets。所谓的封装，就是把切割出来的数据整合到网络传输格式中去。所封装的 packets 会包含许多信息，如数据的目的地、内容的大小等。

每一个包中都会包含目的地的 IP 地址以及邻近的序列号，这样在发送过程中就会根据序列号侦测没有到达目的地的包，并且根据该号码重新组合为信息。

所以，无线网络传送包要经过切割信息、封装(把目的地的 IP 地址封装到包中)、发送到目的地、解开包、重组信息等步骤。而这些传送操作，对于用户而言，却不会感觉到烦琐的操作在进行。

2. 802.11b 传输控制

由于一个网络架构必须与不同的传输设备进行相互操作，因此就需要统一相互之间的传输标准，使得传输能在相互都"了解"的情况下进行，避免不同厂商所生产的网络设备发生兼容性问题。

1) 物理层

物理层是规范网络设备如何利用电子信号进行传输，且设备之间如何协调的内容。例如，设备使用的电压、发送无线电的频率，甚至是设备与设备之间连接的线材插头都要规范为统一的形状。否则，将会出现电压过高而烧毁设备、发射频率不同步而不能接收信号、频道与频道之间的过分接近导致干扰、线材插头不统一造成无法连接等情况。

综合来说，物理层是让不同厂商生产的网络设备都能在统一的规范中相互传送的最基本的数据单元，也就是常说的"0"和"1"。例如，所有设备都是使用大于 3.3 V 的电压表示"1"，而小于 0 V 的电压则表示为"0"。

在 Wi-Fi 中同样需要统一的物理层进行规范。但不同的是，Wi-Fi 会在包中增加 144 bit 的内容。其中，128 bit 是让发送端设备以及接收端设备进行同步的内容。另外 16 bit 则是一个名为 start-of-frame 的 field(字段)，表示该 Frame 的开始点。

2) 访问控制层

访问控制层是用来控制数据如何从无线电波发送出去，以及处理其他无线网络产生的问题，如通过 CSMA/CA(Carrier Sense Multiple Access with Collision Avoidance，载波侦听多重访问/避免冲突)解决传送冲突，或者是增加安全，使传输更加保密。

在 Wi-Fi 中，使用的两种过滤方式分别为 SSID(Service Set Identifier，服务区域识别串)和 MAC。在 AP 的覆盖范围中所有计算机都需要设为同一个 SSID(该 ID 必须与 AP 一致)。当客户端计算机要求进入该 AP 管辖的网络时，AP 就会检查客户端发送来的 ID 是否与自己所拥有的一致。若 ID 一致，AP 才允许计算机连接到网络。相反地，AP 将会拒绝客户端连接到网络。MAC 是利用无线上 MAC 地址(独一无二的网卡卡号)判别计算机能否连接到网络中。MAC 通常在用户群比较固定的环境中使用，如公司的办公室。因为，在办公室的环境中可以比较容易获得网卡上的 MAC，而且 MAC 并不会经常变化，所以在固定用户群体的环境中，使用 MAC 方式是比较常见的。

思考题与练习题

1. Wi-Fi6 的关键技术有哪些？
2. Wi-Fi 的网络拓扑结构有哪些？

任务 7.3　学会 Wi-Fi 模组及其 AT 指令集

任务引入

AT 指令是应用于终端设备与 PC 应用之间连接与通信的指令。AT 即 Attention，AT 指令集是从 TE(Terminal Equipment，终端设备)或 DTE(Data Terminal Equipment，数据终端设备)向 TA (Terminal Adapter，终端适配器)或 DCE (Data Circuit Terminal Equipment，数据电路终端设备)发送的。通过发送 AT 指令来控制移动台的功能，从而实现与各种网络业务的交互。

本任务主要介绍了 Wi-Fi 模组 ESP 8266 及其常用 AT 指令集。

任务相关知识

7.3.1　Wi-Fi 模组 ESP8266 介绍

随着互联网的日益发展，智能家居的观念也逐渐深入人心。在智能家居领域中最常使用的就是 Wi-Fi，目前市面上使用最多的 Wi-Fi 模组就是 ESP8266。ESP8266 可以用作串口透传、PWM 调控、远程控制开关(控制插座、开关、电器等)。Wi-Fi 模组有三种工作模式，分别是 STA 模式、AP 模式、STA+AP 模式。这些模式可以根据用户的具体情况来选择。

STA 模式：ESP8266 模块通过路由器连接互联网，手机或电脑通过互联网实现对设备的远程控制。

AP 模式：ESP8266 模块作为热点，手机或电脑直接与模块连接，实现局域网无线控制。

STA+AP 模式：两种模式的共存模式，即可以通过互联网控制，实现无缝切换，方便操作。

7.3.2 Wi-Fi 模组常用 AT 指令集介绍

本文只介绍 ESP8266 模组在调试中常用的 AT 指令，如有兴趣可参考完整的 ESP8266 AT 命令手册 V1.1 版本，具体如表 7-8 所示。

表 7-8 Wi-Fi 模组常用 AT 指令集

AT 指令	描述
AT	测试指令
AT+CWMODE=<mode>	设置应用模式(需重启生效)
AT+CWMODE?	获得当前应用模式
AT+CWLAP	返回目前的 AP 列表
AT+CWJAP=<SSID>, <PWD>	加入某一 AP
AT+CWJAP?	返回当前加入的 AP
AT+CWQAP	退出当前加入的 AP
AT+CIPSTART=<type>, <addr>, <port>	建立 TCP/UDP 连接
AT+CIPMUX=<mode>	是否启用多连接
AT+CIPSEND=<param>	发送数据
AT+CIPMODE=<mode>	是否进入透传模式

1. 设置模组模式

ESP8266 模组共有三种工作模式，可以通过 AT+CWMODE=<mode>指令进行配置，如表 7-9 所示。

表 7-9 配置终端工作模式的指令

执行指令	模组返回	参　　数
AT+CWMODE=<mode>	OK	1: STA 模式(客户端) 2: AP 模式(服务器、热点) 3: STA+AP 模式(混合模式)

2. 设置 AP 模式下的参数

Wi-Fi 模组设置为 AP 模式后，可通过 AT+CWSAP=<SSID>, <PWD>, CHL, ECN 指令配置 Wi-Fi 模组的 AP 参数，具体如表 7-10 所示。

表 7-10　设置模组功能为全功能模式

执行指令	模组返回	参　数
AT+CWSAP="SSID", "PWD", CHL, ECN	OK	SSID：该 AP 名称(字符串) PWD：密码(字符串) CHL：通道号(取值 1~14 之间) ECN：加密方式(取值 0~4 之间)

3. 设置透传模式

通过 AT+CIPMODE=\<mode>指令可将 Wi-Fi 模组设置为透传模式,具体如表 7-11 所示。

表 7-11　设置模组为透传模式

执行指令	模组返回	参　数
AT+CIPMODE=\<mode>	OK	0：非透传，默认模式 1：透传模式

4. 设置加入 AP

通过 AT+CWJAP=\<SSID>, \<PWD>指令可设置 Wi-Fi 模组加入 AP,具体如表 7-12 所示。

表 7-12　设置模组加入 AP

执行指令	模组返回	参　数
AT+CWJAP=\<SSID>, \<PWD>	OK	SSID：接入 AP 的名称(字符串) PWD：接入 AP 的密码(字符串)

思考题与练习题

1. Wi-Fi 模组 ESP8266 的工作模式有哪些?
2. Wi-Fi 模组常用 AT 指令集有哪些?

实训 7　基于 Wi-Fi 实现端云互通

1. 任务目标

了解 Wi-Fi 模组工作配置方式;利用 Wi-Fi 模组串口 AT 指令调试实验,掌握 Wi-Fi 模组入网配置方法;掌握 Wi-Fi 模组连接至云平台的配置方法,以及系统的开发流程与方法。

2. 任务内容

本实训重点在于了解 Wi-Fi 模组与串口 AT 指令的工作原理,掌握通过 AT 指令配置 Wi-Fi 模组的方法。

3. 任务需要的设备

(1) 硬件设备:讯方物联网认证实验箱一个(如图 7-11 所示)、农业模块(N3M9-WDMTHI 扩展板)一个(如图 7-12 所示)、STLink 烧录器一个、12 V 电源适配器一个(在实验箱内操作只需将实验箱上电即可)。

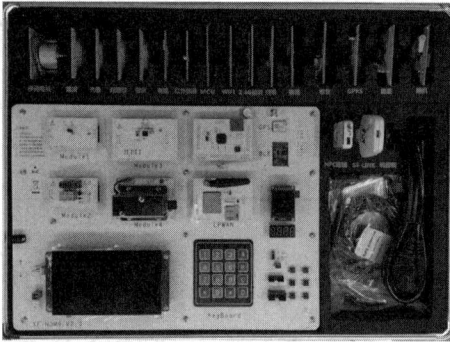

图 7-11　认证实验箱

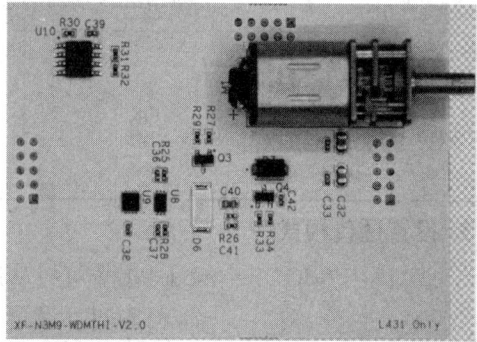

图 7-12　农业模块

(2) 软件工具：IoT Studio、XCOM。

4. 任务实施

本实训共有以下两项任务。

1) 任务 1：通过串口发送 AT 指令配置 Wi-Fi 模组接入网络

(1) 串口配置 Wi-Fi 模组流程。手动接入网络的流程是通过给 Wi-Fi 终端发送 AT 指令，对多项需要配置的参数进行手动配置，相关指令及介绍如表 7-13 所示。

表 7-13　串口 AT 指令

执行指令	模组返回	说　明
ATE1	OK	设置命令回显
AT+CWMODE=3	+CGSN:1 OK	设置 Wi-Fi 模组工作模式
AT+CWJAP="xunfangNB", "XF12345678"	WIFI CONNECTED WIFI GOT IP OK	配置模组需要连接 Wi-Fi 的 AP 名称与密码
AT+CWJAP?	+CWJAP:"xunfangNB""ec:17:2f:90:b0:ac", 1, -45 OK	查询该模组当前 AP 参数

(2) 使用串口工具发送 AT 指令配置测试。打开实验箱电源，使用串口线连接实验箱与 PC，将实验箱串口上方的串口选择开关拨至 LWPAN 挡位，然后打开 XCOM 工具，串口选择需要根据设备管理器中端口号进行相应的配置，"波特率"设置为 115 200，"停止位"设置为 1，"数据位"设置为 8，"奇偶校验"选择无，然后打开串口，将表 7-14 中的 AT 指令逐条发送即可。串口配置如图 7-13 所示。

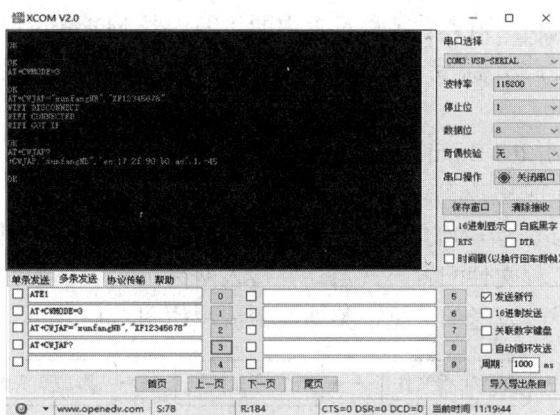

图 7-13　串口工具发送 AT 指令配置测试

2) 任务 2：配置 Wi-Fi 模组参数，传输数据至华为云物联网平台

(1) 配置工程、编译并烧录代码。

① 使用 IoT Studio 打开名为 "OC_WIFI_N3M9_WDMTHI" 的工程。

② IoT Studio 开发环境工程配置。

③ 工程编译。在编译之前需在工程 OC_GPRS_N3M9_WDMTH/targets/STM32L431_XF/GCC/config.mk 文件中修改端云互通组件的通信方式，修改 NETWORK_TYPE 为 ESP8266。在工程 components/net/ at_device/Wi-Fi_esp8266/Wi-Fi_esp8266.h 文件中修改 Wi-Fi_PASSWD 的参数为该 AP 的密码，在工程 OC_WI-FI_N3M9_ DMTHI/demos/ agenttiny_Lwm2m/ genttiny_wm2m_demo.c 文件中修改 g_endpoint_ name 的参数为 Wi-Fi 模组的唯一标识码。此处建议设置为 "Wi-Fi+手机号"。

配置

登录平台

单击 IoT Studio 软件工具栏中编译按钮进行编译，编译成功后底部控制台区域会显示此次编译成功，如图 7-14 所示。

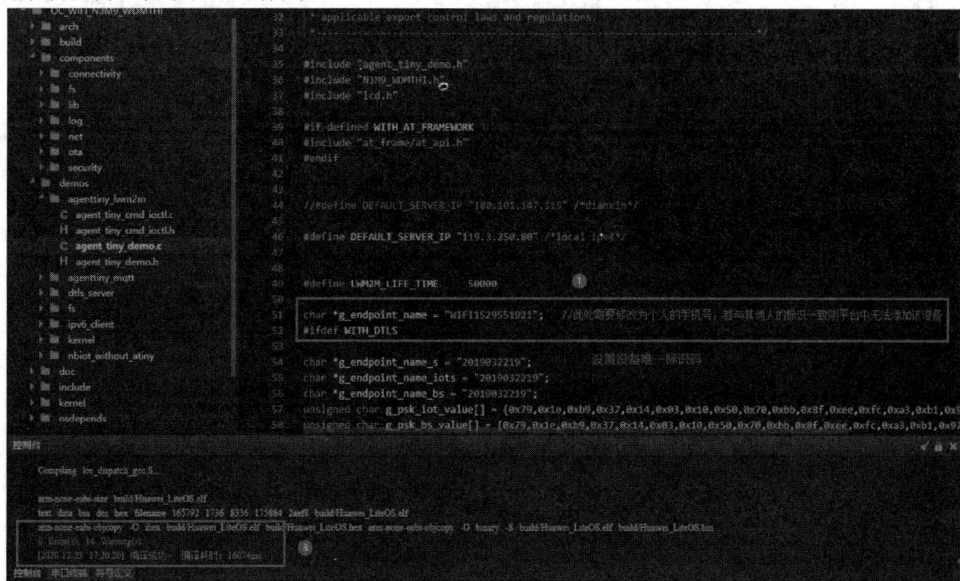

图 7-14　唯一标识码设置及工程编译界面

注意：若编译不成功，则查看工程设置中的"编译器-Makefile 路径"是否为自己电脑中存放工程的路径；此处需要将 Makefile 文件路径更改为自身电脑存放本工程的 GCC/Makefile 路径。

④ 工程烧录。单击 IoT Studio 软件工具栏中烧录按钮进行烧录，烧录成功后底部控制台区域会显示此次烧录成功。

(2) 建立 Wi-Fi 模组与华为物联网平台通信的流程。Wi-Fi 模组与华为物联网平台通信，首先需要将模组通过工程文件配置方式启动并接入网络，然后在 OC 平台中创建一个简单的产品模型用来接收模组发送的数据，整体实验流程如图 7-15 所示。

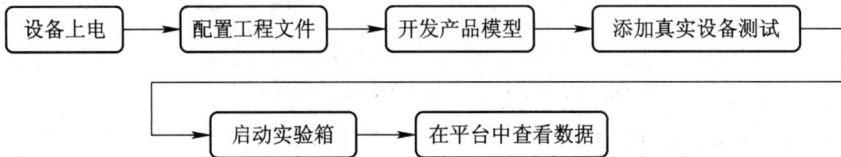

图 7-15　Wi-Fi 模组与华为物联网平台通信的实验流程

(3) 在 OC 平台申请与注册账号。

① 登录与注册华为云平台开发者账号。打开网址 https://www.huaweicloud.com/，单击右上角"登录"按钮，登录华为云账号；若没有华为云账号，则单击"免费注册"，注册开发者账号，如图 7-16 所示。

华为帐号注册

图 7-16　华为云平台注册界面

注册并登录成功后进行实名认证，单击右上角"个人账号"，进入账号中心，选择"实名认证"(个人知识产权保护方式)。在实名认证界面选择扫码认证，可以即时认证成功，如图 7-17 所示。

图 7-17　华为云平台账户认证成功

扫码认证是用手机扫描二维码后，在手机上填写真实姓名和身份证号并按要求完成实名认证。

② 进入华为物联网平台。打开谷歌浏览器，进入 https://www.huaweicloud.com/product/iothub.html 华为物联网平台，选择使用华为云账户登录，登录成功后访问接入服务，单击"立即使用"进入设备接入控制台界面，如图 7-18 所示。

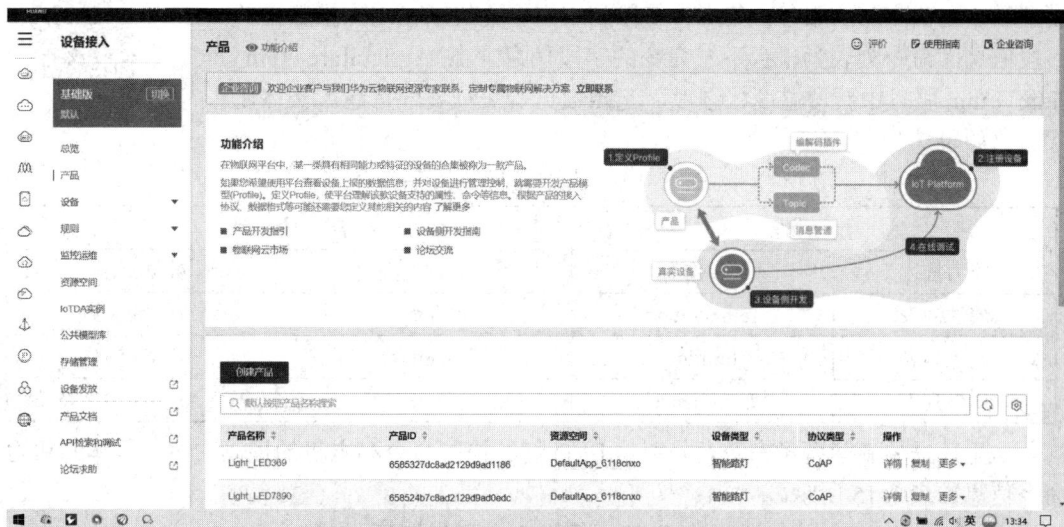

图 7-18　物联网平台界面

(4) 在 OC 平台中开发产品模型。

① 在 OC 平台中创建产品——智慧农业应用案例。使用华为云账号，登录设备接入，选择页面左侧的"产品"，单击右上角的"创建产品"，创建一个基于 CoAP 协议的产品。填写参数后的产品信息如图 7-19 所示，完成产品的创建。

产品定义+服务

创建产品

★ 所属资源空间	DefaultApp_6118cnxo　▼　⑦
	如需创建新的资源空间，您可前往当前实例详情创建
★ 产品名称	Agriculture
协议类型	LwM2M/CoAP　▼　⑦
★ 数据格式	二进制码流　▼　⑦
★ 厂商名称	xunfang
所属行业	无　▼
★ 设备类型	MultiSensor　⑦

高级配置 ▼　定制ProductID | 备注信息

确定　取消

图 7-19　创建产品

② 定义产品模型。在产品详情，"模型定义"页面，单击"自定义模型"，配置产品的服务。其中，属性列表主要为终端模块上报数据的字段信息，命令列表为平台下发命令的字段信息，在 Agriculture_Tem_Hum_Lum 服务中新增温度、湿度、光照数据等三项属性信息。具体属性信息如表 7-14 所示。

模型定义

表 7-14　模型属性列表信息

属　　　性		属　性　值	
能力描述	属性名称	数据类型	数据范围
属性列表	Temperature	int	0～65 535
属性列表	Humidity	int	0～65 535
属性列表	Luminance	int	0～65 535

这里还需要新建两条命令，分别是 LED 灯的控制命令和电机的控制命令。具体的新增命令信息如表 7-15 所示。

表 7-15　模型命令列表信息

命令名称	命令字段	字段名称	类型	数据范围/长度	枚举值
Agriculture_Control_Light	下发字段	Light	string	3	ON，OFF
	响应字段	Light_State	int	0～1	
Agriculture_Control_Motor	下发字段	Motor	string	3	ON，OFF
	响应字段	Motor_State	int	0～1	

③ 编写智慧农业应用案例的编解码插件。

a. 在产品详情插件开发页面，单击"图形化开发"。

b. 在"在线开发插件"区域，单击"新增消息"。

c. 新增 Agriculture_Tem_Hum_Lum 消息，配置如下：

消息名：Agriculture_Tem_Hum_Lum。

消息类型：数据上报。

d. 在"新增消息"页面，首先单击"添加字段"，勾选"标记为地址域"，添加地址域字段 messageId，然后单击"确认"。

e. 单击"添加字段"，添加 Temperture 字段，字段名字填写 Temperture，数据类型选择 int8u，填写相关信息后，然后单击"确认"。

f. 首先单击"添加字段"，添加 Humidity 字段，字段名字填写 Humidity，数据类型选择 int8u，填写相关信息后，然后单击"确认"。

g. 单击"添加字段"，添加 Luminance 字段，字段名字填写 Luminance，数据类型选择 int16u，填写相关信息后，然后单击"确认"。

h. 在"新增消息"页面，单击"确认"，完成 Agriculture_Tem_Hum_Lum 的配置。

i. 新增 Agriculture_Control_Lightt 消息，配置如下：

消息名：Agriculture_Control_Light。

消息类型：命令下发。

添加响应字段：是。

j. 在"新增消息"页面，首先单击"添加字段"，勾选"标记为地址域"，添加地址域字段 messageId，然后单击"确认"。

k. 首先单击"添加字段"，勾选"标记为响应字段标识"，添加响应标识字段 mid，然后单击"确认"。

l. 首先单击"添加字段"，字段名称填写 Light，数据类型选择 string，长度为 3，然后单击"确认"。

m. 在"新增消息"页面，首先单击"添加响应字段"，勾选"标记为地址域"，添加地址域字段 messageId，然后单击"确认"。

n. 首先单击"添加响应字段"，勾选"标记为响应标识字段"，然后单击"确认"。

o. 首先单击"添加响应字段"，勾选"标记为命令执行状态字段"，添加命令执行状态字段 errcode，然后单击"确认"。

p. 首先单击"添加响应字段"，添加 light_state 响应字段，字段名字填写 light_state，数据类型选择 int8u，长度为 1，填写相关信息，然后单击"确认"。

q. 新增 Agriculture_Control_Motor 消息，配置如下：

消息名：Agriculture_Control_Motor。

消息类型：命令下发。

添加响应字段：是。

r. 在"新增消息"页面，首先单击"添加字段"，勾选"标记为地址域"，添加地址域字段 messageId，然后单击"确认"。

s. 首先单击"添加字段"，勾选"标记为响应字段标识"，添加响应标识字段 mid，然后单击"确认"。

t. 首先单击"添加字段",字段名称填写 Motor,数据类型选择 string,长度为 3,然后单击"确认"。

u. 在"新增消息"页面,首先单击"添加响应字段",勾选"标记为地址域",添加地址域字段 messageId,然后单击"确认"。

v. 首先单击"添加响应字段",勾选"标记为响应标识字段",然后单击"确认"。

w. 单击"添加响应字段",勾选"标记为命令执行状态字段",添加命令执行状态字段 errcode,然后单击"确认"。

x. 单击"添加响应字段",添加 light_state 响应字段,字段名字填写 Motor_State,数据类型选择 int8u,长度为 1,填写相关信息,然后单击"确认"。

y. 拖动右侧"设备模型"区域的属性字段、命令字段和响应字段,与数据上报消息、命令下发消息和命令响应消息的相应字段建立映射关系,保存并部署编解码插件。

④ 注册设备。下面介绍集成 GPRS 模块设备的注册方法。

在产品详情页面,选择"在线调试",单击"新增测试设备",此处新增的是非安全的 GPRS 设备。

在新增测试设备页面,选择"真实设备",并填写设备名称、设备标识码,如图 7-20 所示。将串口工具中获取的 GPRS 模块 IMEI 号填写在 OC 平台的真实设备中(串口发送 AT+QGSN 指令获取 IMEI)。该步骤是将 GPRS 模块与新创建的项目进行绑定。

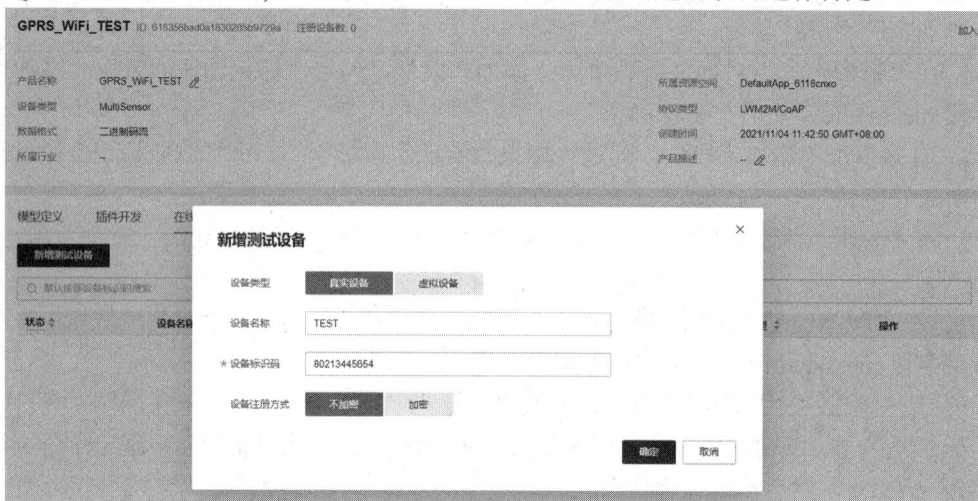

图 7-20   GPRS 模块绑定 OC 平台中的测试项目

⑤ 在应用模拟器中查看实验箱上传的数据。首先将实验箱串口上方的串口选择开关拨至 MCU 挡位,其次在 OC 平台中进入产品开发,选择 GPRS_WIFI_TEST 产品模型,最后进入在线调试界面单击"调试",查看应用模拟器中是否有传感器数据上传。(注意:此实验 GPRS 模块插入的是移动物联网卡。)

调试

注意:实验完成后需删除项目注册的设备,由于 GPRS 模块使用 M26 模组上的 IMEI 标识码,是唯一的,故每次实验完成后需进行删除设备操作,否则下次没有办法重新注册设备,删除操作如图 7-21 所示。

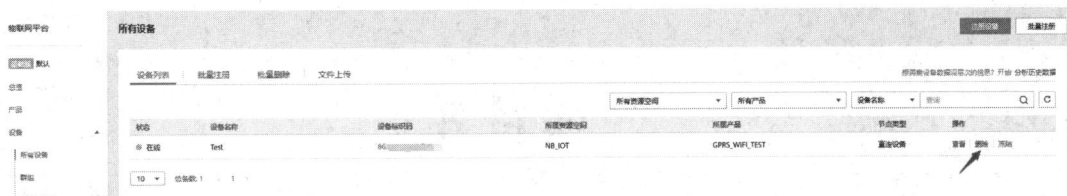

图 7-21　设备删除

5. 评价(任务评价单见附录 A)

(1) 小组成员之间自评;

(2) 小组间互评;

(3) 教师评价。

6. 实训报告

写出实训小结,内容包括实训心得(收获)、不足之处和今后应注意的问题。

思政课堂　Wi-Fi 别乱蹭!原来国家安全离我们这么近!

普法提示:

根据《中华人民共和国刑法》第三百九十八条关于故意泄露国家秘密罪、过失泄露国家秘密罪的规定,国家机关工作人员违反保守国家秘密法的规定,故意或者过失泄露国家秘密,情节严重的,处三年以下有期徒刑或者拘役;情节特别严重的,处三年以上七年以下有期徒刑。非国家机关工作人员犯前款罪的,依照前款的规定酌情处罚。

本案中,小美没有树立安全风险意识,使用陌生 Wi-Fi 热点,导致公司机密泄露,造成了不堪设想的后果。

项目 8

蓝牙的兴起与崛起

项目目标

(1) 了解蓝牙技术的发展历程；

(2) 熟悉蓝牙的基本工作原理；

(3) 掌握蓝牙系统的构成和特点；

(4) 掌握蓝牙网络的拓扑结构和路由机制；

(5) 掌握蓝牙的协议体系；

(6) 熟悉蓝牙的应用及发展趋势。

知识脉络图

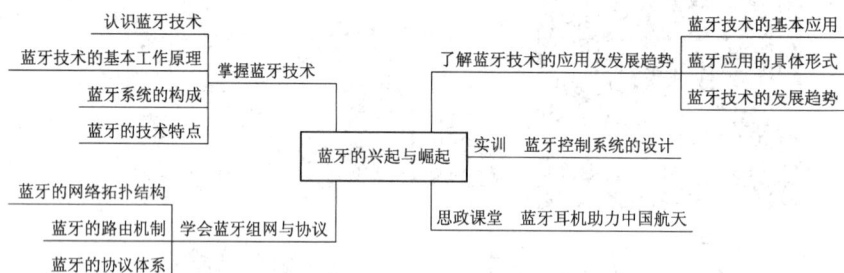

任务 8.1　掌握蓝牙技术

任务引入

本任务主要介绍蓝牙技术的形成与发展历程，蓝牙技术的基本工作原理，蓝牙系统的软件和硬件构成，蓝牙的主要技术特点。

任务相关知识

8.1.1　认识蓝牙技术

蓝牙(bluetooth)是一种短距离无线数据和语音传输的全球性开放式技术规范，也是一种用于各种固定的、移动的数字化硬件设备之间近距离无线通信技术的代称。它可以取代数据电缆，支持电子设备之间的通信。

早在 1994 年，瑞典的爱立信(Ericsson)公司便已经着手蓝牙技术的研究开发工作，意在通过一种短程无线连接替代已经广泛使用的有线连接。

1998 年 5 月，爱立信、诺基亚、东芝、IBM、英特尔 5 家著名厂商，在联合开展短程无线通信技术的标准化活动时提出了蓝牙技术，其宗旨是提供一种短距离、低成本的无线传输应用技术。这 5 家厂商还成立了蓝牙特别兴趣小组(Special Interest Group，SIG)，以使蓝牙技术能够成为未来的无线通信标准。芯片霸主英特尔公司负责半导体芯片和传输软件的开发，爱立信负责无线射频和移动电话软件的开发，IBM 和东芝负责笔记本电脑接口规格的开发。1999 年下半年，著名的业界巨头微软、摩托罗拉、3COM、朗讯与蓝牙特别兴趣小组的 5 家公司共同发起成立了蓝牙技术推广组织，从而在全球范围内掀起了一股"蓝牙"热潮。全球业界随之开发了一大批蓝牙技术的应用产品，使蓝牙技术呈现出极其广阔的市场前景，在 21 世纪初掀起了波澜壮阔的全球无线通信浪潮。截至目前，SIG 成员已经超过了 2500 家，几乎覆盖了全球各行各业，包括通信厂商、网络厂商、外设厂商、芯片厂商、软件厂商等，甚至消费类电器厂商和汽车制造商也加入了 SIG。

蓝牙协议的标准版本为 IEEE 802.15.1，基于蓝牙规范 V1.1 实现，后者已构建到现行很多蓝牙设备中。新版 IEEE 802.15.Ia 基本等同于蓝牙规范 V1.2 标准，具备一定的 QoS 特性，并完整保持后向兼容性。IEEE 802.15.Ia 的 PHY 层中采用先进的扩频跳频技术，提供 10 Mb/s 的数据传输速率。另外，在 MAC 层中改进了与 802.11 系统的共存性，并提供增强的语音处理能力、更快速的建立连接能力、增强的服务品质以及提高蓝牙无线连接安全性的匿名模式。2010 年 7 月，SIG 宣布正式采纳蓝牙 4.0 核心规范，并启动对应的认证计划。蓝牙 4.0 实际是个三位一体的蓝牙技术，它将三种规格合而为一，分别是传统蓝牙、低功耗蓝牙和高速蓝牙技术，这三个规格可以组合或者单独使用。蓝牙 4.0 的标志性特色是 2009 年年底宣布的低功耗蓝牙无线技术规范。蓝牙 4.0 最重要的特性是功耗低，极低的运行和待机功耗可以使一粒纽扣电池连续工作数年之久。此外，低成本和跨厂商互操作性、3 ms 低延迟、100 m 以上的超长传输距离、AES-128 加密等诸多特色，使其可以用于计步器、心律监视器、智能仪表、传感器物联网等众多领域，大大扩展了蓝牙技术的应用范围。蓝牙 4.0 依旧向下兼容，包含传统蓝牙技术规范和最高速率 24 Mb/s 的高速蓝牙技术规范。

2013 年 12 月，SIG 发布了蓝牙 4.1。蓝牙 4.1 主要是为了实现物联网，迎合可穿戴连接，对通信功能的改进。在传输速率方面，蓝牙 4.1 在蓝牙 4.0 的基础上进行升级，使得批量数据可以以更高的速度传输，但这一改进仅仅针对兴起的可穿戴设备，而不可以用蓝牙高速传输流媒体视频。在网络连接方面，蓝牙 4.1 支持 IPv6，使用蓝牙的设备能够通过蓝牙连接到可以上网的设备上，实现与 Wi-Fi 相同的功能。另外，蓝牙 4.1 支持多连一，即用户可以把多款设备连接到一个蓝牙设备上。

蓝牙 4.2 发布于 2014 年 12 月 2 日，它为物联网推出了一些关键性能，是一次硬件的更新。但是一些旧的蓝牙硬件也能够获得蓝牙 4.2 的一些功能，如通过固件实现隐私保护更新。具体来说，蓝牙 4.2 的最大改进是支持灵活的互联网连接选项 6LowPAN，即基于 IPv6 协议的低功耗无线个人局域网技术。这一技术允许多个蓝牙设备通过一个终端接入互联网或局域网。另一改进则表现在隐私方面，现在蓝牙设备只会连接受信任的终端，在与陌生终端连接之前会请求用户许可，这一改进可以避免用户无意间暴露自己的位置或留下自己的记录。在传输性能方面，蓝牙 4.2 标准将数据传输速率提高了 2.5 倍，主要由于蓝牙智能数据包的容量相比此前提高了 10 倍，同时降低了传输错误率。

8.1.2　蓝牙技术的基本工作原理

1. 蓝牙通信的主从关系

蓝牙技术规定每一对设备之间进行蓝牙通信时，必须一个为主角色，另一个为从角色。通信时，必须由主端进行查找，发起配对，建链成功后，双方即可收发数据。理论上，一个蓝牙主端设备，可同时与 7 个蓝牙从端设备进行通信，一个具备蓝牙通信功能的设备，可以在两个角色间切换，平时工作在从模式，等待其他主设备来连接，需要时，转换为主模式，向其他设备发起呼叫。一个蓝牙设备以主模式发起呼叫时，需要知道对方的蓝牙地址、配对密码等信息，配对完成后，可直接发起呼叫。

2. 蓝牙的呼叫过程

蓝牙主端设备发起呼叫，首先是查找，找出周围处于可被查找的蓝牙设备，此时从端设备需要处于可被查找状态。

主端设备找到从端蓝牙设备后，与从端蓝牙设备进行配对，此时需要输入从端设备的 PIN 码，一般蓝牙耳机默认为 1234 或 0000，立体声蓝牙耳机默认为 8888，也有设备不需要输入 PIN 码。配对完成后，从端蓝牙设备会记录主端设备的信任信息，此时主端即可向从端设备发起呼叫，根据应用不同，可能是数据链路呼叫或语音链路呼叫，已配对的设备在下次呼叫时，不再需要重新配对。已配对的设备，作为从端的蓝牙耳机也可以发起建链请求，但作为数据通信的蓝牙模块一般不发起呼叫。

链路建立成功后，主从两端之间即可进行双向的数据或语音通信。在通信状态下，主端和从端设备都可以发起断链——断开蓝牙链路。

3. 蓝牙一对一的串口数据传输应用

蓝牙数据传输应用中，一对一串口数据通信是最常见的应用之一，蓝牙设备在出厂前即提前设好两个蓝牙设备之间的配对信息，主端预存有从端设备的 PIN 码、地址等，两端设备加电即自动建链，透明串口传输，无须外围电路干预。

一对一应用中从端设备可以设为两种类型：一是静默状态，即只能与指定的主端通信，不被别的蓝牙设备查找；二是开发状态，既可被指定主端查找，也可以被别的蓝牙设备查找建链。

8.1.3　蓝牙系统的构成

蓝牙系统由天线单元、链路控制单元、链路管理器、蓝牙软件和协议等部分共同组成。

1. 天线单元

蓝牙的天线部分体积十分小巧、重量轻，因此，蓝牙天线属于微带天线。蓝牙空中接口是建立在天线电平为 0 dB 的基础上的。空中接口遵循 OFCC(美国联邦通信委员会)有关电平为 0 dB 的 ISM 频段的标准。如果全球电平达到 100 MW 以上，可以使用频谱扩展功能来增加一些补充业务。频谱扩展功能是通过起始频率为 2.420 GHz，终止频率为 2.480 GHz，间隔为 1 MHz 的 79 个跳频频点来实现的。出于某些本地规定的考虑，日本、法国和西班牙都缩减了带宽。蓝牙天线最大的跳频速率为 1660 跳/秒，理想的连接范围为 100 mm～10 m，但是通过增大发送电平可以将距离延长至 100 m。

蓝牙工作在全球通用的 2.4 GHz ISM 频段。蓝牙的数据传输速率为 1 Mb/s。ISM 频带是对所有无线电系统都开放的频带，因此使用其中的某个频段都会遇到不可预测的干扰源。例如，某些家电、无绳电话、汽车房开门器、微波炉等，都可能是干扰源。为此，蓝牙特别设计了快速确认和跳频方案以确保键路稳定。跳频技术是把频带分成若干个跳频信道(hop channel)，在一次连接中，无线电收发器按一定的码序列(即一定的规律，技术上叫做"伪随机码"，就是"假"的随机码)不断地从一个信道"跳"到另一个信道，只有收发双方是按这个规律进行通信的，而其他的干扰不可能按同样的规律进行干扰；跳频的瞬时带宽是很窄的，但通过扩展频谱技术使这个窄带成百倍地扩展成宽频带，使干扰可能造成的影响变得很小。时分双工(TDD)方案被用来实现全双工传输。

与其他工作在相同频段的系统相比，蓝牙跳频更快、数据包更短，这使蓝牙比其他系统更稳定。FEC(前向纠错)的使用抑制了长距离链路的随机噪声，应用了二进制调频(FM)技术的跳频收发器被用来抑制干扰和防止衰落。

2. 链路控制单元

链路控制单元(即基带)描述了硬件——基带链路控制器的数字信号处理规范。基带链路控制器负责处理基带协议和其他一些低层常规协议。

1) 建立链路

蓝牙设备之间的连接被建立之前，所有的蓝牙设备都处于待命(standby)状态。此时，未连接的蓝牙设备每隔 1.28 s 就周期性地"监听"信息。每当一个蓝牙设备被激活，它就将监听划给该单元的 32 个跳频频点。跳频频点的数目因地理区域的不同而异(32 只适用于使用 2.402～2.480 GHz 波段的国家)。作为主蓝牙设备首先初始化连接程序，若地址已知，则通过寻呼(page)消息建立连接；若地址未知，则通过一个后接寻呼消息的查询(inquiry)消息建立连接。在最初的寻呼状态，主单元将在分配给被寻呼单元的 16 个跳频频点上发送一串 16 个相同的寻呼消息。若没有应答，主单元则按照激活次序在剩余 16 个频点上继续寻呼。从单元收到主单元发来的消息的最大延迟时间为激活周期的 2 倍(2.56 s)，平均延迟时间是激活周期的一半(0.6 s)。查询消息主要用来寻找蓝牙设备。查询消息和寻呼消息很相像，但是查询消息需要一个额外的数据串周期来收集所有的响应。

正常情况下，两台蓝牙设备之间的连接过程为：主单元查询一定范围内的蓝牙设备，如果附近的蓝牙设备正在侦听这些查询(查询扫描子状态)，它就会通过发送自己的地址和时钟信息(FHS 数据包)给主单元(查询响应子状态)以响应主单元。发送这些信息之后，从单元就开始侦听来自主单元的寻呼消息(寻呼扫描)。主单元在发现范围内的蓝牙设备之后可以寻呼这些设备(寻呼子状态)以建立连接。处于寻呼扫描状态的从单元若被该主单元寻呼到，则从单元可以立即用自己的设备访问码(DAC)作为响应(从单元响应子状态)。主单元接收到来自从单元的响应之后即可传送主单元的实时时钟、奇偶位以及设备类别(FHS 数据包)作为响应。从单元收到该 FHS 数据包后，主单元和从单元即进入连接状态。

2) 差错控制

基带有 3 种纠错方式：1/3 比例前向纠错(1/3FEC)码，用于分组头；2/3 比例前向纠错(2/3FEC)码，用于部分分组；数据的自动请求重发方式，用于带有 CRC(循环冗余校验)的数据分组。差错控制用于提高分组传送的安全性和可靠性。

3) 验证和加密

蓝牙基带部分在物理层为用户提供保护和信息加密机制。验证基于"请求—响应"运算法则，采用口令/应答方式，在连接进程中进行，它是蓝牙系统的重要组成部分。它允许用户为个人的蓝牙设备建立一个信任域，如只允许主人自己的笔记本电脑通过主人自己的移动电话通信。加密采用流密码技术，适用于硬件实现，它被用来保护连接中的个人信息，密钥由程序的高层来管理。网络传送协议和应用程序可以为用户提供一个较强的安全机制。

3. 链路管理器

链路管理器(LM)软件模块设计了链路的数据设置、鉴权，链路硬件配置和其他一些协议。链路管理器能够发现其他蓝牙设备的链路管理器，并通过链路管理协议(LMP)建立通信联系。链路管理器提供的服务项目包括：发送和接收数据、设备号请求(LM 能够有效地查询和报告名称或者长度最大可达 16 位的设备 ID)，链路地址查询，建立连接，验证、协商并建立连接方式，确定分组类型、设置保持方式及休眠方式。

4. 蓝牙软件

蓝牙设备应具有互操作性，即任何蓝牙设备之间都应能够实现互通互联，这包括硬件和软件。对于某些设备，从无线电兼容模块和控制接口，直到应用层协议和对象交换格式，都要实现互操作性；而另外一些简单的设备(如耳机)的要求则宽松得多。蓝牙计划的目标就是要确保任何带有蓝牙标记的设备都能进行互换性操作。软件的互操作性始于链路级协议的多路传输，设备和服务的发现，以及分组的分段和重组。蓝牙设备必须能够彼此识别，并通过安装合适的软件识别出彼此支持的高层功能。互操作性要求采用相同的应用层协议栈。不同类型的蓝牙设备对兼容性有不同的要求(如用户不能奢望头戴式设备内含地址簿)。蓝牙的兼容性是指它具有无线电兼容性，有语音收发能力及发现其他蓝牙设备的能力，更多的功能则要由手机、手持设备及笔记本电脑来完成。为实现这些功能，蓝牙软件构架必须利用现有的规范，而不是再去开发新的规范。设备的兼容性要求能够适应蓝牙规范和现有的协议。软件结构的功能有配置及故障诊断工具、自动识别其他蓝牙设备、电缆仿真、与外网设备的通信、音频通信与呼叫控制、商用卡的交易与号簿网络协议。蓝牙的软件体系是一个独立的操作系统，不与任何操作系统捆绑。适用于几种不同商用操作系统的蓝牙规范正在完善中。蓝牙规范接口可以直接集成到蜂窝电话、笔记本电脑等设备中，也可以通过 PC 卡或 USB 接口附加设备连接。

8.1.4 蓝牙的技术特点

蓝牙是一种短距离无线通信的技术规范，它起初的目标是取代现有的计算机外设、掌上电脑和移动电话等各种数字设备上的有线电缆连接。蓝牙规范在制定之初，就建立了统一全球的目标，其规范向全球公开，工作频段为全球统一开放的 2.4 GHz 频段。从目前的应用来看，由于蓝牙在小体积和低功耗方面的突出表现，它几乎可以被集成到任何数字设备之中，特别是那些对数据传输速率要求不高的移动设备和便携设备。蓝牙技术标准的特点如下所述。

1. 使用全世界通用的频段和跳频抗干扰技术

蓝牙工作在 2.4 GHz 的 ISM 频段，全球大多数国家 ISM 频段的范围是 2.4～2.4835 GHz，使用该频段无须向各国的无线电资源管理部门申请许可证。为了避免与此频段上的其他通信系统相互干扰，蓝牙技术还采用了频率跳跃(frequency hopping)技术来消除干扰和降低电波衰减。SIG 将该频段划分为 79 个跳频信道，每个信道带宽 1 MHz。为了抗衰减、抑制干扰和提高系统稳定性，蓝牙采用高速跳频、短分组及快速确跳的方案工作，当蓝牙接收到一个分组时，迅速随机跳到另一个新的频点工作。跳频技术非常适用于低功率以及低成本的发射元件上，所以蓝牙采用此技术也并非独例。但是蓝牙运用此跳频技术的最大特点在于每秒高达 1600 次的跳跃频率上。

2. 采用 TDMA(时分多址)技术

蓝牙应用 TDMA 技术，蓝牙基带信号速率为 1 Mb/s，采用数据包的形式按时隙传送，每个时隙 0.625 ms。每个蓝牙设备都在自己的时隙中发送数据，这在一定程度上可以有效地避免无线通信的碰撞和隐藏终端问题。

3. 可同时传输语音和数据

蓝牙采用电路交换和分组交换技术，支持异步数据信道、三路语音信道或异步数据和同步语音同时传输的信道。其中每个语音信道为 64 kb/s，语音信号的调制采用脉冲编码调制(Pulse Code Modulation，PCM)或连续可变斜率增量调制(Continuous Variable Slope Delta，CVSD)。对于数据信道，若采用非对称数据传输，则单向最大传输速率为 721 kb/s，反向为 57.6 kb/s；若采用对称数据传输，则速率最高为 342.6 kb/s。蓝牙定义了两种链路类型，即异步无连接(Asynchronous Connectionless，ACL)链路和面向同步连接(Synchronous Connection-Oriented，SCO)链路。ACL 链路支持对称或非对称、分组交换和多点连接，主要用来传输数据；SCO 链路支持对称、电路交换和点到点的连接，主要用来传输语音。

4. 可以建立临时性的对等连接

蓝牙设备根据其在网络中的角色，可以分为主设备(master)与从设备(slave)。蓝牙设备建立连接时，主动发起连接请求的为主设备，响应方为从设备。当几个蓝牙设备连接成一个微微网时，其中只有一个主设备，其余的均为从设备。微微网是蓝牙最基本的一种网络，由一个主设备和一个从设备所组成的点对点的通信是最简单的微微网。几个微微网在时间和空间上相互重叠，进一步组成了更加复杂的网络拓扑结构，即散射网。散射网中的蓝牙设备可能是某个微微网的从设备，也可能同时是另一个微微网的主设备。

不同的微微网之间的跳频频率各自独立、互不相关，其中每个微微网可由不同的跳频序列来标识,参与同一微微网的所有设备都与此微微网的跳频序列同步。尽管在开放的 ISM 频段原则上不允许有多个微微网的同步，但通过时分复用技术，一个蓝牙设备便可以同时与几个不同的微微网保持同步。具体来说，就是该设备按照一定的时间顺序参与不同的微微网，即某一时刻参与一个微微网，而下一时刻参与另一个微微网。

5. 具有很小的体积

蓝牙具有很小的体积，因此可以集成到各种设备中。由于个人移动设备的体积较小，嵌入其内部的蓝牙模块体积就应该更小，如超低功耗射频专业厂商 Nordic Semiconductor 的蓝牙 4.0 模块 PTR5518，尺寸约为 15 mm × 15 mm × 2 mm。

6. 微小的功耗

蓝牙设备在通信连接(connection)状态下，有 4 种工作模式，即激活(Active)模式、呼吸(Sniff)模式、保持(Hold)模式和休眠(Park)模式。Active 模式是正常的工作状态，另外 3 种模式是为了节能所规定的低功耗模式。Sniff 模式下的从设备周期性的被激活；Hold 模式下的从设备停止监听来自主设备的数据分组，但保持其激活成员地址；Park 模式下的主从设备仍保持同步，但从设备不需要保留其激活成员地址。这 3 种节能模式中，Sniff 模式的功耗最高，但对于主设备的响应最快，Park 模式的功耗最低，但对于主设备的响应最慢。

7. 开放的接口标准

SIG 为了推广蓝牙技术的使用，将蓝牙的技术标准全部公开，全世界范围内的任何单位和个人都可以进行蓝牙产品的开发，只要最终通过 SIG 的蓝牙产品兼容性测试，就可以推向市场。这样一来，SIG 就可以通过提供技术服务和出售芯片等业务获利，同时大量的蓝牙应用程序也可以得到大规模推广。

8. 低成本，使得设备在集成了蓝牙技术之后只需增加很少的费用

蓝牙产品刚刚面世时，价格昂贵，一副蓝牙耳机的售价就达到 5000 元左右。随着市场需求的扩大，各个供应商纷纷推出自己的蓝牙芯片和模块，如爱立信、飞利浦、CSR、索尼、英特尔等公司，蓝牙产品的价格也飞速下降。对于购买蓝牙产品的用户来说，仅仅一次性增加较少的投入，却换来了永久的便捷与效率。

思考题与练习题

1. 蓝牙的版本有哪些？
2. 蓝牙通信有哪些特点？
3. 蓝牙系统由哪些部分组成？
4. 蓝牙的基本原理是什么？

任务 8.2   学会蓝牙组网与协议

任务引入

本任务主要介绍蓝牙技术的两种网络拓扑结构，由 3 个主要功能模块形成的路由机制，蓝牙的 4 层协议体系结构。

任务相关知识

8.2.1 蓝牙的网络拓扑结构

蓝牙既可以"点到点"也可以"点到多点"地进行无线连接。这就是说，若干蓝牙设备可以组成网络使用。蓝牙在物理层采用跳频技术，这意味着蓝牙设备必须首先通过同步彼此的跳频模式，发现彼此的存在才能相互通信。蓝牙系统采用一种灵活的无基站的组网方式，蓝牙的网络拓扑结构有两种形式，即微微网(piconet)和散射网(scatternet)。

1. 微微网

蓝牙中的基本联网单元是微微网，它由 1 台主设备和 7 台活跃的从设备组成，如图8-1 所示。每个蓝牙设备都有自己的设备地址码(BD_ADDR)和活动成员地址(AD_ADDR)。组网过程中首先发起呼叫的蓝牙装置称为主设备，其余的称为从设备。在一个微微网中，主设备只能有一个。从设备仅可与主设备通信，并且只可以在主设备授予权限时通信。从设备之间不能直接通信，必须经过主设备才行。例如，主设备为笔记本电脑，其他设备——手机、投影仪、打印机、扫描仪和 PDA 为从设备。在同一微微网中，所有用户均用同一跳频序列同步，主设备确定此微微网中的跳频序列和时序。在一个互联的分布式网络中，一个节点设备可同时存在于多个微微网中，但不能在两个微微网中处于激活状态。

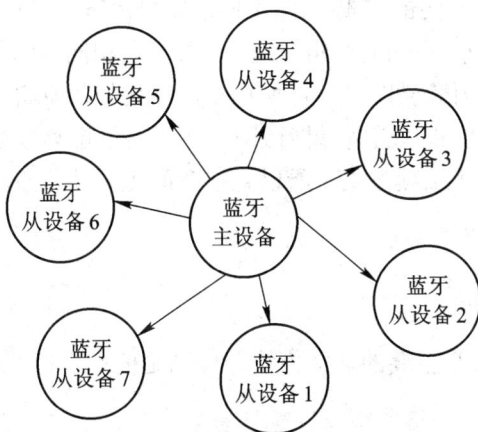

图 8-1 微微网示意图

2. 散射网

一个微微网中的设备也可作为另一个微微网的一部分存在，并在每个微微网中起从设备或主设备功能，这种形式的重叠被称为散射网，如图8-2 所示。

散射网是由多个独立的非同步的微微网组成的，以特定的方式连接在一起，每个微微网有一个不同的主节点，独立地进行跳变。各微微网由不同的跳频序列区分，也就是说，每个微微网的

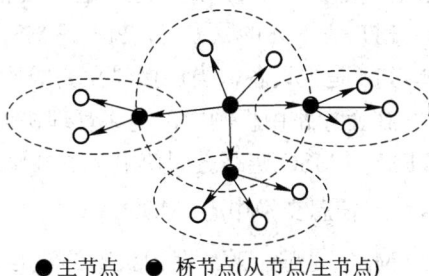

● 主节点 ● 桥节点(从节点/主节点)

图 8-2 散射网示意图

跳频序列互不相同，序列的相位由各自的主节点确定。信道上的分组携带不同的信道接入码，信道接入码是由主节点的设备地址决定的。如果有多个微微网覆盖同一个区域，节点根据使用的时间可以加入两个甚至多个微微网中，要参与一个微微网，就必须使用相应的主节点的地址和时钟偏移，以获得正确的相位。参与了两个或两个以上微微网的节点称为网桥节点。网桥节点可以是这些微微网的从节点，也可以是在一个微微网中担任主节点，而在其他微微网中担任从节点。网桥节点担负了微微网之间的通信中继任务。

蓝牙散射是自组网的一种特例。其最大特点是可以无基站支持，每个移动终端的地位是平等的，并可独立进行分组转发的决策。其建网灵活性、多跳性，拓扑结构动态变化和分布式控制等特点是构建蓝牙散射网的基础。

微微网/散布网体系结构与其他形式的无线网络相比各有优点。微微网/散射网的优点在于：它允许大量设备共享相同的物理区域，并有效地利用带宽。在散射网中，几个微微网分布在一个区域内，这时干扰就是一个严重的问题，一个蓝牙信道被定义为跳频序列(79 个载频)，每个信道有不同的跳频序列与不同的相位，然而所有的蓝牙网络都采用 79 个载频，而且没有协调机制，一旦不同的微微网某一时隙采用相同的频率，则会发生磁撞，发送信号就会相互干扰。

如果不使用跳频，那么一个单一的信道将对应一个单一的 1 MHz 波段。随着跳频的使用，一个逻辑信道由跳频序列定义。在任意既定的时间内，可用的带宽为 1 MHz，最多可由 8 台设备共享此带宽。不同的逻辑信道(不同的跳频序列)能同时共享同样的 80 MHz 带宽。当设备在不同的微微网、不同的逻辑信道，且碰巧在相同时间使用同一个跳跃频率时，将产生冲突。当一个区域内微微网的数量增加时，冲突的数量将会增加，性能随之下降。总之，散射网共享物理区域和总带宽，微微网共享逻辑信道和数据传递。

由于蓝牙系统采用快速跳频方式，所以磁撞时间短，蓝牙主单元还采用轮询机制来保证服务质量和控制网络流量。

8.2.2　蓝牙的路由机制

蓝牙路由机制包括 3 个主要的功能模块，分别是信息交换中心、(MSC)固定蓝牙主设备(FM)和移动终端(MT)。

MSC 负责跟踪系统内各蓝牙设备的漫游，并在数据包路由过程中充当中继器，它通过光缆或双绞线直接与 FM 连接。FM 的位置间隔是固定的，在 MSC 与其他蓝牙设备(如 MT)之间提供接口。MT 是普通的蓝牙设备，与其他普通的蓝牙设备或更大的蓝牙系统进行通信。MT 是 FM 的从设备，FM 是 MSC 的从设备。在 MT 与 FM 之间进行连接建立的过程中，FM 是主设备，当连接建立完成后，MT 与 FM 之间要进行主从转换。

在蓝牙路由机制中，链路管理协议(LMP)用来传输路由协议数据单元(PDU)。此外，在 FM 与 MSC 链路之间使用了一种修改的蓝牙基带连接，且不使用蓝牙跳频技术。

1. 信息交换中心(MSC)

MSC 是整个蓝牙路由机制的核心部分。MSC 应放置在相对于各个 FM 的中心位置，如建筑物的中心位置或 Internet 的接口处。MSC 通过光缆或双绞线直接与 FM 连接，所以理论上 MSC 与 FM 之间没有距离的约束。但 MSC 不直接与 MT 进行连接通信，而是通过 FM 与 MT 进行连接通信的。

MSC 有 3 个主要的功能：通过路由表跟踪和定位系统内所有的蓝牙设备；在 2 个属于不同微微网的蓝牙设备之间建立路由连接，并在设备之间交流路由信息；在需要的情况下帮助完成系统的切换功能。此外，若 MSC 连接到一个 Internet 端口，则对于 BRS 系统，MSC 起到一个网关的作用，这就使得蓝牙信息流可以出入该 BRS 系统或进入到其他蓝牙系统。

(1) 路由表。MSC 路由表包含了所有的 FM 及其从设备(如 MT)的地址。路由表分 2 层，每当有 MT 进入/离开一个 FM 微微网或每当一个 FM 被激活/使不活动时，路由表就更新一次。一个 MT 可以有多个入口(即可以属于多个 FM 的从设备)，但在一个 FM 微微网中只有一个入口。

(2) 路由的建立。通常情况下，蓝牙设备会向 MSC 发出路由连接请求，该请求信息包含被请求连接蓝牙设备的地址 BD_ADDR(设备号)。发出连接请求的蓝牙设备可能是 FM 或 MT。在路由连接中，发出连接请求的蓝牙设备是源端，被请求连接的蓝牙设备是目的端。当 MSC 收到该路由连接请求时，它会通知目的端。如果目的端是 FM，MSC 将直接把路由连接请求信息发给 FM，如果目的端是 MT，MSC 将通过路由表找到该 MT 所属的 FM 微微网，进而通过此 FM 转发路由连接请示信息至目的端 MT。当目的端收到路由请求信息时，将通知 MSC，然后 MSC 通知源端可以进行通信。源端的基带数据包通过 MSC、FM 时要进行包头和接入码的检测，然后修改包头或接入码路由到下一链路。当路由链路出错或链路中有一蓝牙设备发出特殊链路管理信息来终止链路时，路由链路会被终止。

(3) 切换。MSC 可以帮助并加速完成 MT 从一个 FM 微微网切换到另一个 FM 微微网。当一个 MT 需要 MSC 来帮助完成切换时，它会通过当前的 FM 向 MSC 发送切换请求信息。切换请求信息包含发出请求的 MT 蓝牙地址，新的 FM 的地址，及 MT 与新的 FM 之间的时钟偏移量。MSC 收到 MT 的切换请求后，会把 MT 的蓝牙地址及 MT 与新的 FM 之间的时钟偏移量发送给新的 FM，并通知该新的 FM 对 MT 进行寻呼。这样会减少新的 FM 进行寻呼的时间，并在新的 FM 与 MT 之间不再进行主从转换，从而使整个切换时间快 7 倍(相对于 MSC 没有参与切换的情况下)。

2. 固定蓝牙主设备(FM)

FM 的位置是固定的，通常是在房间里以覆盖最大范围。FM 是 MT 到 MSC 的接口，并负责 MT 与 MSC 之间信息的转换。此外，FM 也实现了正常的蓝牙功能。FM 通过光缆或双绞线与 MSC 进行连接，二者之间使用了一种修改的蓝牙基带连接，且不使用蓝牙跳频技术。FM 与 MT 之间进行正常的蓝牙通信。2 个 FM 之间不能直接通信，需要 MSC 作为中介。

FM 除了具有正常的蓝牙功能外，还有许多其他功能：接收新的蓝牙从设备进入整个 BRS 系统；通知 MSC 本 FM 微微网的变化；到其他 FM 微微网的路由信息；在本 FM 微微网和 MSC 之间充当中继器的角色。

3. 蓝牙移动终端(MT)

MT 是普通的蓝牙设备，此外还附加一些特殊的功能。MT 直接与 FM 进行通信，或通过 FM、MSC 与 BRS 系统内的其他蓝牙设备进行通信。当与 MSC 进行通信时，FM 起到中继器的作用；当与超出本 FM 微微网范围的其他 FM 或 MT 进行通信时，必须通过 MSC，即 MT—FM—MSC—FM(—MT)。相对于 FM、SMC，MT 的附加功能要少些，但共享 FM 的一些特殊功能。MT 的主要特点是：可进出一个 FM 微微网；当从一个 FM 微微网漫游到另一个 FM 微微网时，可以发出切换帮助信息；可以与本 FM 微微网外的其他蓝牙设备建立连接进行通信。

4. BRS 系统与外部的路由连接

当 BRS 系统与外部进行路由连接时，MSC 起到网关的作用。路由的源端/目的端可能是蓝牙设备，也可能不是蓝牙设备。

在 BRS 系统之间，各 BRS 系统的 MSC 通过以太网连接构成一个非面向连接的系统。各个 MSC 对从其他 MSC 传送过来的蓝牙数据包，进行接入码中蓝牙地址的检测，只有与路由表相匹配的包才会被转发，否则拒绝该包。

BRS 与 LAN/WAN 之间的路由：源端的 MSC 在发送蓝牙数据包时，加上 TCP/IP 包头，然后通过 LAN/WAN 路由到目的端，目的端的 MSC 收到包后再去掉 TCP/IP 包头。

蓝牙路由机制 BRS 基于现行最新蓝牙协议规范，并做了适量的修改，具有一定的灵活性和可升级性。相信随着蓝牙技术及其协议的不断完善，路由机制将成为蓝牙技术的一个重要方面。

8.2.3 蓝牙的协议体系

蓝牙技术规范的目的是使符合该规范的各种应用之间能够互通，为此，本地设备与远端设备需要使用相同的协议栈。不同的应用可以在不同的协议栈上运行。但是，所有的协议栈都要使用蓝牙技术规范中的数据链路层和物理层。在蓝牙协议栈的顶部支持蓝牙使用模式的相互作用的应用被构造出来。不是任何应用都必须使用全部协议，相反，应用只会采用蓝牙协议栈中垂直方向的协议。各个协议使用其他协议所提供的服务，但在某些应用中这种关系是有变化的，当需控制连接管理器时，一些协议如逻辑链路控制和适配协议(L2CAP)、二元电话控制规范(TCS Binary)可使用链路管理协议(LMP)。完整的协议包括蓝牙专用协议(LMP 和 L2CAP)和蓝牙非专用协议(如对象交换协议 OBEX 和用户数据报协议 UDP)。设计协议和协议栈的主要原则是尽可能利用现有的各种高层协议，保证现有协议与蓝牙技术的融合及各种应用之间的互通性，充分利用兼容蓝牙技术规范的软/硬件系统。蓝牙技术规范的开放性保证了设备制造商可自由地选用蓝牙专用协议或常用的公共协议，在蓝牙技术规范基础上开发新的应用。

蓝牙协议体系结构如图 8-3 所示。其中，LMP 为链路管理协议，L2CAP 为逻辑链路控制和适配协议，RFCOMM 为电缆替换协议，PPP 为点对点协议，IP 为网际协议，UDP 为用户数据报协议，TCP 为传输控制协议，vCard 为虚拟卡，vCal 为虚拟日历，OBEX 为对象交换协议，WAE 为无线应用环境，WAP 为无线应用协议，TCS Binary 为二元电话控制协议，SDP 为服务发现协议。

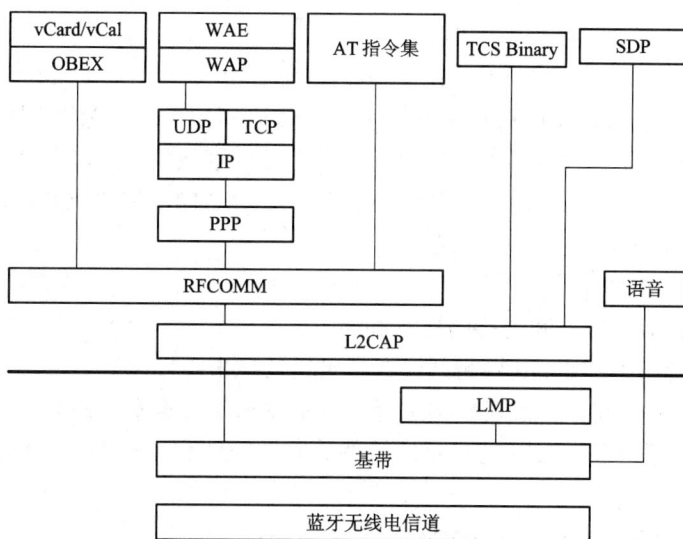

图 8-3 蓝牙协议体系结构

蓝牙协议体系中的协议分为 4 层,分别如下。

- 蓝牙核心协议:基带、LMP、L2CAP、SDP。
- 电缆替换协议:RFCOMM。
- 电话传送控制协议:TCS Binary、AT 指令集。
- 选用协议:PPP、UDP/TCP/IP、OBEX、vCard、vCal、WAP、WAE。

除上述协议层外,蓝牙规范还定义了主机控制器接口(Host Controller Interface,HCI),它为基带控制器、连接管理器提供命令接口,并且通过它可访问硬件状态和控制寄存器。HCI 位于 L2CAP 的下层,但 HCI 也可位于 L2CAP 上层。蓝牙核心协议由 SIG 制定的蓝牙专利协议组成,绝大部分蓝牙设备都需要蓝牙核心协议(包括无线部分),而其他协议根据应用的需要而定。总之,电缆替换协议、电话传送控制协议和选用协议构成了面向应用的协议,允许各种应用运行在核心协议之上。

1. 蓝牙核心协议

1) 基带协议(Baseband)

基带就是蓝牙的物理层,它负责管理物理信道和链路中除了错误纠正、数据处理、调频选择和蓝牙安全之外的所有业务。基带在蓝牙协议栈中位于蓝牙射频之上,基本上起链路控制和链路管理的作用,如承载链路连接和功率控制这类链路级路由等。基带还管理异步和同步链路、处理数据包、寻呼、查询接入和查询蓝牙设备等。基带收发器采用时分复用 TDD 方案(交替发送和接收),因此除了不同的跳频之外(频分),时间都被划分为时隙。在正常的连接模式下,主单元总是以偶数时隙启动,而从单元则总是以奇数时隙启动(尽管可以不考虑时隙的序数而持续传输)。

基带和链路控制层确保了微微网内各蓝牙设备单元之间由射频构成的物理连接。蓝牙的射频系统是一个跳频扩展频谱系统,其任一分组在指定时隙、指定频率上发送,它使用查询和寻呼进程来同步不同设备间的发送跳频和时钟。蓝牙提供了两种物理连接方式及其相应的基带数据分组,即同步面向连接和异步无连接,而且在同一射频上可实现多路数据传送。此外,不同数据类型(包括连接管理信息和控制信息)都分配了特殊通道。

2) 链路管理协议(LMP)

LMP、L2CAP 都是蓝牙的核心协议，L2CAP 与 LMP 共同实现 OSI 数据链路层的功能。

LMP 负责蓝牙设备之间的链路建立，包括鉴权、加密等安全技术及基带层分组大小的控制和协商，它还控制无线设备的功率以及蓝牙节点的连接状态。L2CAP 在高层和基带层之间作适配协议，它与 LMP 是并列的，区别在于 L2CAP 向高层提供负载的传送，而 LMP 不能，即 LMP 不负责业务数据的传递。

LMP 有以下关键作用。

(1) LMP 负责蓝牙组件间连接的建立和断开。

(2) 通过监控信道特性、支持测试模式和出错处理来维护信道。

(3) 通过连接的发起、交换、核实进行身份鉴权和加密等安全方面的任务。

(4) 控制微微网内及微微网之间蓝牙组件的时钟补偿和计时精度。同时控制微微网内蓝牙组件的工作模式。

3) 逻辑链路控制和适配协议(L2CAP)

L2CAP 位于基带层之上，向上层协议提供服务，它与 LMP 并行工作，它们的区别在于 L2CAP 为上层提供服务，负荷数据不通过 LMP 消息进行传递。

L2CAP 向上层提供面向连接的和无连接的数据服务，它采用了多路技术、分割和重组技术、群提取技术。L2CAP 允许高层协议及应用以最大为 64 kB 的长度收发数据包。虽然基带协议提供了 SCO 和 ACL 两种连接类型，但 L2CAP 只支持 ACL 连接，不支持 SCO 连接。

L2CAP 的关键作用有：完成数据的拆装、基带与高层协议间的适配，并通过协议复用、分段及重组操作为高层提供数据业务和分类提取，允许高层协议和应用接收或发送达 64 KB 的 L2CAP 数据包。数据重传和低级别流控也由 L2CAP 协议完成。

4) 服务发现协议(SDP)

在蓝牙系统中，服务的设备和提供服务的设备都有可能是在不断移动的，而且在移动的过程中，可能有新的设备加入或者原先的设备离开，所以为使用蓝牙技术的设备制定一个程序来帮助用户方便地挑选这些服务就显得尤为重要。并且，蓝牙设备常常是在一种未知的情况下相遇，所以必须制定一个标准化的程序来查找、定位并标识这些设备。蓝牙协议栈中的 SDP 就可用来查找附近存在的蓝牙设备，一旦找到了某些附近的蓝牙设备提供的可用服务，用户就可以选择使用其中的一个或多个服务。由此可见，SDP 对于蓝牙系统至关重要，它是所有使用模式的基础。使用 SDP，可以查询到设备信息、服务和服务类型，从而在蓝牙设备间建立相应的连接。

SDP 支持 3 种类型的服务查询方式，即通过服务种类来查询服务、通过服务特征属性来查询服务、通过服务浏览方式来查询服务。前两种方式用于查询已知的特定的服务，类似于查询："服务 A 或具有特征 B 和 C 的服务 A 存在吗?"最后一种查询方式是最一般的服务查询方式，它类似于查询："现在有些什么服务可以使用?"SDP 将服务分为不同的种类，每一服务种类中有若干服务可以被使用。这些服务由服务特征属性来唯一确定，并存储于服务器端以供客户端查询使用。以上 3 种服务查询方式可以概括为以下两种情况。

一是在用户未知的情况下，客户端设备与其附近被搜索到的设备进行连接来执行服务查询。

二是在用户已知的情况下，客户端设备与其他设备连接来执行服务查询。无论是哪种情况，客户端设备都需要先发现其邻近的设备，再与之建立连接，然后向这些设备查询它们所提供的服务。

2. 电缆替换协议(RFCOMM)

RFCOMM 是基于 ETSI07.10 规范的串口仿真协议。RFCOMM 在蓝牙基带上仿真 RS-232 控制和数据信号，为使用串行线传送机制的上层协议(如 OBEX)提供服务。

蓝牙技术的目的是替代电缆。很明显，最应该替代的似乎就是串行电缆。要想有效地实现这一点，蓝牙协议栈就需要提供与有线串行接口一致的通信接口，以便能为应用提供一个熟悉的接口，使那些不曾使用过蓝牙通信技术的传统应用能够在蓝牙链路上无缝的工作。对于熟悉串行通信应用开发的人员来说，无须做任何改动即可保证应用能在蓝牙链路上正常工作。然而传输的协议并不是专门为串口而设计的。

SIG 在协议栈中定义了一层与传统串行接口十分相似的协议层，这层协议就是 RFCOMM，其主要目标是要在当前的应用中实现电缆替代方案。

RFCOMM 使用 L2CAP 实现两个设备之间的逻辑串行链路的连接。需要特别指出的是，一个面向连接的 L2CAP 信道能将两个设备中的两个 RFCOMM 实体连接起来，在给定的时间内，两个设备之间只允许有一个 RFCOMM 连接，但是这个连接可以被复用，所以设备间可以存在多个逻辑串行链路。第一个 RFCOMM 的客户端在 L2CAP 上建立 RFCOMM 连接；已有连接上的其他用户能够利用 RFCOMM 的复用能力，在已有的链路上建立新的信道；最后关闭 RFCOMM 串行链路的用户将结束 RFCOMM 连接。

在一个单独的 RFCOMM 连接上，规范允许建立多达 60 个复用的逻辑串行链路，但是对于一个 RFCOMM 实现而言，并没有强制性的规定不能超过这个复用级别。数据链路链接标识符 DLCIO 为控制信道，DLCI1 根据服务器信道概念不能使用，DLCI62～63 保留使用。

3. 电话传送控制协议

1) 二元电话控制协议(TCS Binary 或 TCS BIN)

二元电话控制协议是面向比特的协议，它定义了蓝牙设备间建立语音和数据呼叫的呼叫控制信令。此外，还定义了处理蓝牙 TCS 设备群的移动管理进程。基于 ITU-T 推荐书 Q.931 建议的 TCS Binary 被定义为蓝牙的二元电话控制协议规范。

2) 电话控制协议 AT 指令集(AT Commands)

蓝牙 SIG 根据 ITU-TV250 建议和 GSMO7.07 定义了在多使用模式下控制移动电话和调制/解调器的 AT 命令集(可用于传真业务)。

4. 选用协议

1) 点对点协议(PPP)

在蓝牙技术中，PPP 位于 RFCOMM 上层，完成点对点的连接。

2) UDP/TCP/ IP

UDP/TCP/ IP 协议是由 IEEE 制定的、广泛应用于互联网通信的协议。在蓝牙设备中使用这些协议是为了与互联网相连接的设备进行通信。蓝牙设备均可以作为访问 Internet 的桥梁。

3) 对象交换协议(OBEX)

OBEX 是由红外数据协会(IrDA)制定的会话层协议，它采用简单和自发的方式交换目标。假设传输层是可靠的，OBEX 就能提供如 HTTP 等一些基本功能，采用客户机/服务器模式，独立于传输机制和传输应用程序接口(API)。除了 OBEX 协议本身，以及设备之间的 OBEX 保留用"语法"，OBEX 还提供了一种表示对象和操作的模型。

另外，OBEX 协议定义了"文件夹列表"的功能目标，用来浏览远程设备上文件夹的内容。在第一阶段，RFCOMM 被用作 OBEX 的唯一传输层，将来可能会支持 TCP/IP 作为传输层。

4) 无线应用协议(WAP)

WAP 是由无线应用协议论坛制定的，它融合了各种广域无线网络技术，其目的是将互联网的内容及电话业务传送到数字蜂窝电话和其他无线终端上。

选用 WAP，可以充分复用为无线应用环境(WAE)所开发的高层应用软件，包括能与 PC 上的应用程序交互的 WML 和 WTA 浏览器。构造应用程序网关就可以在 WAP 服务器和 PC 上的某些应用程序之间进行调节，从而可以实现各种各样隐含的计算功能，如远程控制、从 PC 到手持机预取数据等。WAP 服务器还允许在 PC 和手持机之间交换信息，带来信息中转的概念。WAP 框架也使得使用 WML 和 WML Script 作为通用的软件开发工具来为手持设备开发定制应用程序成为可能。

5. 主机控制器接口(HCI)功能规范

1) 通信方式

HCI 是通过包的方式来传送数据、命令和事件的，所有在主机和主机控制器之间的通信都以包的形式进行，包括每个命令的返回参数都通过特定的事件包来传输。HCI 有数据、命令和事件三种包，其中数据包是双向的，命令包只能从主机发往主机控制器，而事件包始终是从主机控制器发向主机的。主机发出的大多数命令包都会触发主机控制器产生相应的事件包作为响应。命令包分为以下 6 种类型。

(1) 链路控制命令：允许主机控制器控制其他蓝牙设备的连接。在链路控制命令运行时，链路管理(LM)控制蓝牙微微网与散射网的建立与维持。这些命令指示 LM 创建及修改与远端蓝牙设备的连接链路，查询范围内的其他蓝牙设备，及其他链路管理协议命令。

(2) 链路策略命令：用于改变本地和远端设备链路管理器的工作方式，允许主机以适当的方式管理微微网。

(3) 主机控制和基带命令：用来改变与建立如声音设置、认证模式、加密模式的连接相联系的 LM 的操作方式。

(4) 信息命令：这些信息命令的参数是由蓝牙硬件制造商确定的，它们提供了关于蓝牙设备及设备的主机控制器、链路管理器及基带的信息。主机设备不能更改这些参数。

(5) 状态命令：提供了目前 HCI、LM 及基带的状态消息，这些状态参数不能被主机改变，除了一些参数可以被重置。

2) 通信过程

当主机与基带之间用命令的方式进行通信时，主机向主机控制器发送命令包。主机控制器完成一个命令，大多数情况下，它会向主机发出一个命令完成事件包，包中携带命令完成的信息。有些命令不会收到命令完成事件，而会收到命令状态事件包，若收到该事件则表示主机发出的命令已经被主机控制器接收并开始处理，过一段时间该命令被执行完毕时，主机控制器会向主机发出相应的事件包来通知主机。若命令参数有误，则会在命令状态事件中给出相应错误码。若错误出现在一个返回 Command Complete 事件包的命令中，则此 Command Complete 事件包不一定含有此命令所定义的所有参数。状态参数作为解释错误原因同时也是第一个返回的参数，总是要返回的。若紧随状态参数之后是连接句柄或蓝牙的设备地址，则此参数也总是要返回的，这样可判别出此 Command Complete 事件包属于哪个实例的命令。在这种情况下，事件包中连接句柄或蓝牙的设备地址应与命令包中的相应参数一致。若错误出现在一个不返回 Command Complete 事件包的命令中，则事件包包含的所有参数不一定都是有效的。主机必须根据与此命令相联系的事件包中的状态参数来决定它们的有效性。

思考题与练习题

1. 蓝牙的拓扑结构有哪几种？
2. 蓝牙的协议体系分为几层？分别是什么？
3. 蓝牙路由机制有几个功能模块？分别是什么？

任务 8.3　了解蓝牙技术的应用及发展趋势

任务引入

本任务首先详细介绍了蓝牙技术的三种基本应用，其次详细介绍了蓝牙技术在居家办公、工作、驾驶、娱乐、停车场等多个场景的具体应用形式，最后分析了蓝牙技术的发展趋势。

任务相关知识

8.3.1　蓝牙技术的基本应用

蓝牙无线技术的应用大体上可以划分为替代线缆(Cable Replacement)、因特网桥(Internet Bridge)和临时组网(Ad hoc Network)三个领域。

1. 替代线缆

1994 年，爱立信公司就将蓝牙作为替代设备之间线缆的一项短距离无线技术。与其他短距离无线技术不同，蓝牙从一开始就定位于结合语音和数据应用的基本传输技术。最简单的一种应用就是点对点(Point to Point)的替代线缆，如耳机和移动电话、笔记本电脑和移动电话、PC 和 PDA(数据同步)、数码相机和 PDA 以及蓝牙电子笔和电话之间的无线连接。

围绕替代线缆再复杂一点的应用就是多个设备或外设在一个简单的个域网(PAN)内建立通信连接，如在台式电脑、鼠标、键盘、打印机、PDA 和移动电话之间建立无线连接。

为了支持这种应用，蓝牙还定义了微微网的概念，同一个 PAN 内至多有 8 个数据设备，即 1 个主设备和 7 个从设备共存。

2. 因特网桥

蓝牙标准还更进一步的定义了网络接入点(network access point)的概念，它允许一台设备通过此网络接入点来访问网络资源，如访问 LAN、Internet 和基于 LAN 的文件服务和打印设备。这种网络资源不仅仅可以提供数据业务服务，还可以提供无线的语音业务服务，从而可以实现蓝牙终端和无线耳机之间的移动语音通信。通过接入点和微型网的结合，可以极大地扩充网络基础设施，丰富网络资源，从而最终实现不同类型和功能的多种设备依托此种网络结构共享语音和数据业务服务。

建立这样一个安全和灵活的蓝牙网络需要三部分软件和硬件设施：一是蓝牙接入点(Bluetooth Access Point，BAP)，它们可以安装在提供蓝牙网络服务的公共、个人或商业性建筑物上，目前大多数接入点只能在 LAN 和蓝牙设备之间提供数据业务服务，而少数高档次的系统可以提供无线语音连接；二是本地网络服务器(local network server)，此设备是蓝牙网络的核心，它提供基本的共享式网络服务，如接入 Internet 和连接基于 PBX 的语音系统等；三是网络管理软件(network management software)，此软件也是网络的核心，集中式管理的形式能够提供如网络会员管理、业务浏览、本地业务服务、语音呼叫路由、漫游和计费等功能。

3. 临时组网

上述"网络接入点"是基于网络基础设施(Network Infrastructured)的，即网络中存在固定的、有线连接的网关。蓝牙标准还定义了基于无网络基础设施(Infrastructure-less Network)的"散射网"的概念，意在建立完全对等(P2P)的 Ad hoc Network。Ad hoc Network 是一个临时组建的网络，其中没有固定的路由设备，网络中所有的节点都可以自由移动，并以任意方式动态连接(随时都有节点加入或离开)，网络中的一些节点客串路由器来发现和维持与网络其他节点间的路由。Ad hoc Network 应用于紧急搜索和救援行动中、会议和大会进行中及参加人员希望快速共享信息的场合。

8.3.2　蓝牙应用的具体形式

蓝牙技术在居家办公、工作、驾驶、娱乐和停车场中得到了广泛应用。

1. 居家办公

现代家庭与以往的家庭有许多不同之处，在现代技术的帮助下，越来越多的人开始居家办公，生活更加随意而高效。他们还将技术融入居家办公以外的领域，将技术应用扩展到家庭生活的其他方面。

通过使用蓝牙技术产品，人们可以免除在办公中被电缆缠绕的苦恼。鼠标、键盘、打印机、膝上型计算机、耳机和扬声器等均可以在 PC 环境中无线使用，这不但增加了办公区域的美感，还为室内装饰提供了更多创意和自由(设想将打印机放在壁橱里)。此外，通过在移动设备和家用 PC 之间同步联系人和日历信息，用户可以随时随地存取最新的信息。

蓝牙设备不仅可以使居家办公更加轻松，还能使家庭娱乐更加便利。用户可以在 9 m 以内无线控制存储在 PC 或 iPod 上的音频文件。蓝牙技术还可以用在适配器中，允许人们从相机、手机、膝上型计算机向电视发送照片来与朋友共享。

2. 工作

蓝牙技术的用途不仅限于解决办公室环境的杂乱情况。启用蓝牙设备能够创建自己的即时网络，让用户能够共享演示稿或其他文件，不受兼容性或电子邮件访问的限制。蓝牙设备能方便地召开小组会议，通过无线网络与其他办公室进行对话，并将干擦白板上的构思传送到计算机。

不管是在一个未联网的房间里工作或是试图召开热情互动的会议，蓝牙无线技术都可以帮助用户轻松开展会议，提高效率并增进创造性协作。市场上有许多产品都支持通过蓝牙连接从一个设备向另一个设备无线传输文件。类似 eBeam Projection 之类的产品支持以无线方式将白板上的会议记录保存在计算机上，而其他一些设备则支持多方参与献计献策。

3. 驾驶

1) 免提电话

开车接听或者拨打电话的情况在街头并不少见，这种行为不但违反交通法规，还存在安全隐患。而使用蓝牙技术，用户进入车内，车载系统会自动连接上用户手机，用户在驾车行驶过程中，无须用手操作就可以完成拨号、接听、挂断和音量调节等功能，可通过车内麦克风和音响系统进行全双工免提通话。

2) 汽车遥控

用户可以在 10 m 范围内用附有蓝牙的手机控制车门和车中的各类开关，包括汽车的点火控制等。

3) 电子导航

用户可以通过手机加蓝牙下载电子地图等数据到车载 GPS 导航系统中，导航系统得到当前坐标参数由蓝牙再通过手机短信传回导航中心。越来越多的车主购买"经济型"导航仪的原因有两个：一个是"指路"，车载导航仪内置了上百个城市的详细地图，覆盖全国几十个省市，车主选择始发地和目的地，导航仪就会给出最适合的路线，并全程语音提示，帮助车主顺利到达目的地；另一个是"兴趣点"导航，如加油站、宾馆、饭店、旅游景点，使车主即使是行驶在陌生的城市也能得心应手。

4) 汽车自动故障诊断

车载系统可以通过手机加蓝牙将故障代码等信息发往维修中心，维修中心派人前来修理时可以按故障代码等信息准备好相应的配件和修理工具，现场排除故障。

5) 车辆定位

蓝牙地址唯一性特点，给车辆的身份确认和定位提供了技术解决方案。首先，汽车上的蓝牙可以通过周边附有蓝牙设备的固定物体，如路边指示牌、路灯、桥梁、大楼等作为参照，再由电子地图确认自身的准确位置。其次，以蓝牙微微网加移动通信构成的网络可以在需要时实时查找汽车位置信息。

6) 避开拥堵路段

目前，汽车拥堵在大城市已是一个非常突出的问题，特别是在我国，已到了非治理不可的地步了。其中除了车辆增长过快以外，没有一个智能化的信息平台也是一个重要的方面。蓝牙芯片价格便宜，又具有地址功能，所以用蓝牙在城市构成微微网，可以迅速组网，从而用最少的经费实现交通管理信息化的要求。一方面，交管部门可以通过附有蓝牙的汽车掌握流量信息并及时发布(而不是实况视频)，实现智能管理；另一方面，车载蓝牙实时系统可以提示驾驶员避开拥堵路段绕行。

4. 娱乐

玩游戏、听音乐、聊天、与朋友共享照片，越来越多的消费者希望能够方便即时的享受各种娱乐活动，而又不想再忍受电线的束缚。蓝牙无线技术是一种能够真正实现无线娱乐的技术。内置了蓝牙技术的游戏设备，让用户能够在任何地方与朋友展开游戏竞技。

5. 停车场

蓝牙停车场的全称是蓝牙远距离停车场管理系统，它是利用蓝牙技术完成远距离(现有技术在 3～15 m 范围内)非接触性刷卡的停车场管理系统。蓝牙远距离停车场管理系统具有省时省力节能，收费、计时准确可靠，保密防伪性好，灵敏度高，使用寿命长，不停车刷卡进出门等优点。

司机把蓝牙卡放在车挡风玻璃边，调好角度，车辆距离蓝牙读头 3～30 m 时，激活蓝牙读卡器，读卡器读取该卡的特征和有关信息，若卡有效，则给停车场控制器传达指令，停车场控制器给道闸开关量信号，道闸升起，车辆感应器检测到车辆通过后，栏杆自动落下；若卡片无效或已过有效期，则道闸不起杆。当车辆在感应线圈下时，自动道闸杆永不落下，车辆感应器具有防砸车功能。

8.3.3 蓝牙技术的发展趋势

车载蓝牙技术变得越来越先进，在 3GSM 世界大会上，LG 展示了一款采用蓝牙技术的后视镜。当手机有电话呼入时，该后视镜可显示呼叫方的身份验证信息，并且司机按一下后视镜上的按钮可接听电话。

蓝牙应用的范围很广泛，它可以应用于无线设备(如 PDA、手机、智能电话)、图像处理设备(照相机、打印机、扫描仪)、安全产品(智能卡、身份识别、票据管理)、消费娱乐(耳机、MP3、游戏)、汽车产品(GPS、ABS(防抱死制动系统)、动力系统、安全气囊)、家用电器(电视机、冰箱、烤箱、微波炉、音响、录像机)、医疗健身、建筑、玩具等各个领域。

启用蓝牙无线技术的产品使得构建个人局域网成为现实。现今我们可以通过蓝牙无线技术进行同步、连接、共享和收听操作。以后，蓝牙技术将从以下几个方面进一步发展、升级。

1. 芯片越来越小巧

蓝牙技术是将专用半导体集成电路芯片嵌入电子器件内，而与用户直接见面的产品界面则是各种时尚电子产品。因此，蓝牙技术要嵌入到电子器件内就要考虑蓝牙的芯片尺寸，它必须具有小巧、廉价、结构紧凑和功能强大的特点才能融入移动电话中。

该技术目前已经有所突破，法国 Alcatel Microelectronics 等公司研发了用于蓝牙的单芯片 LSI，CSR 公司也推出了嵌入电池中的单芯片蓝牙 ICVlueCore01。

2. 产品将更具有兼容性

SIG 曾召集制造商开了两次会议来测试各自蓝牙产品基础组件间的兼容情况，已经解决测试中发现的一些不兼容情况。

3. 提高抗干扰能力和传输距离

实验表明,在同时使用无线 LAN 和微波炉的情况下,蓝牙的性能明显下降,无干扰时,数据速率为 500～600 kb/s,一旦干扰出现,速率突降至 200 kb/s。

蓝牙只有 10 m 的传输距离也制约着它的应用和发展,需要充分利用其功率类型,增加特殊应用通信距离。

4. 众多操作系统支持蓝牙

微软公司于近年上市的所有 Windows 操作系统均支持蓝牙。以 IBM 公司为首的众多计算机厂商正在努力达成协议,为 PC 平台制定蓝牙标准,以解决不同设备之间的兼容性。

5. 支持漫游功能

蓝牙技术可以在微网络或扩大网之间切换,但每次切换都必须断开与当前 PAN 的连接。为解决此问题,Commil 技术公司设计了一种系统,即使在蓝牙模式不同入口点之间漫游,仍可以维持连续的、不中断的数据和声音交流。这种蓝牙网络技术提供很好的连接,其中一个连接是从一个蓝牙入口点出发,在运作中保证不断开。

思考题与练习题

1. 蓝牙的基本应用有几种? 分别是什么?
2. 在生活中有哪些蓝牙应用?

▲ 实训 8　蓝牙控制系统的设计

1. 任务目标

开发设计一个温湿度报警的蓝牙控制系统。

2. 任务内容

本任务首先在手机端安装已开发完的蓝牙 App。通过 App 利用手机内部自带的蓝牙模块发送控制命令,从机蓝牙模块接收到控制信号后,通过单片机的串口发送给单片机,单片机收到控制信号后发出报警指示。

3. 任务实施

1) 蓝牙模块

HC-06 蓝牙模块是英国 CSR 公司芯片,遵循 V2.0+EDR 蓝牙规范,该模块支持 UART、USB、SPI 等接口,具有成本低、体积小等优点。该模块主要用于短距离的数据无线领域,可方便的与手机等智能终端的蓝牙设备相连,也可实现两个模块之间的数据互通。

(1) 蓝牙串口通信波特率的设置。

可以使用 AT 指令设置蓝牙串口通信的波特率。使用 AT+BAUDx 指令设置波特率,其中 x 为 1 到 C 的任何一个字符,对应波特率如下。蓝牙模块默认波特率是 9600 b/s。

1—1200　　　　　　　　　2—2400

3—4800　　　　　　　　　4—9600(默认设置)

5—19 200　　　　　　　　6—38 400

7—57 600　　　　　　　　8—115 200

9—230 400　　　　　　　A—460 800

B—921 600　　　　　　　C—1 382 400

(2) 其他 AT 指令。

除了上述 AT 指令之外，蓝牙模块还有其他指令(如表 8-1 所示)，可以根据需求进行设置。

表 8-1　AT 指令总集

序　号	作　用	AT 指令(x 表示参数)
1	测试通信	AT
2	设置蓝牙串口通信波特率	AT+BAUDx
3	更改蓝牙名称	AT+NAMEname
4	更改蓝牙配对密码	AT+PINxxxx
5	更改模块主从工作模式	AT+ROLE=S(从)/AT+ROLE=M(主)
6	无校验设置指令	AT+PN
7	偶校验设置指令	AT+PE
8	奇校验设置指令	AT+PO
9	获取 AT 指令版本命令	AT+VERSION
10	开关灯指令	AT+LED0(开)/AT+LED1(关)

2) 电路设计

基于 51 单片机的家居照明蓝牙控制系统硬件电路如图 8-4 所示。电路中采用的蓝牙模块如图 8-5 所示，此模块共有四个引出端，Vcc 为电源，输入电压范围为 3.6～6 V，GND 为地，TX、RX 分别是信号输出端和输入端，由于此模块支持 UART 接口，按图 8-4 连接电路，通电后即可进行串口通信。

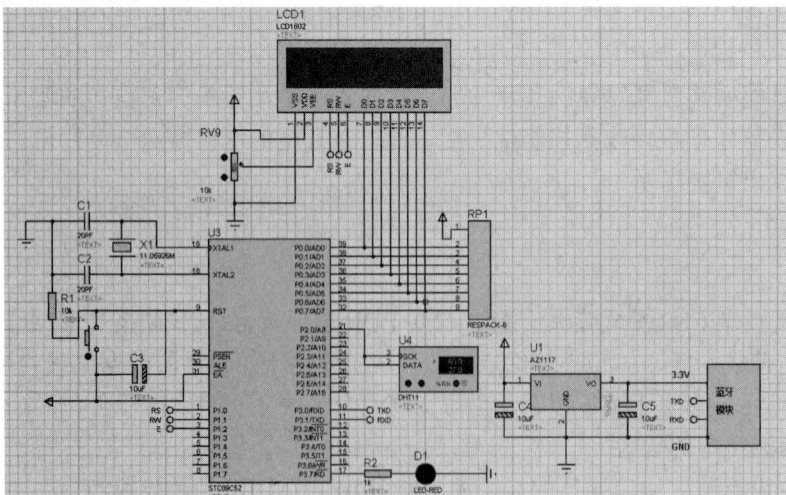

图 8-4　蓝牙控制系统硬件电路

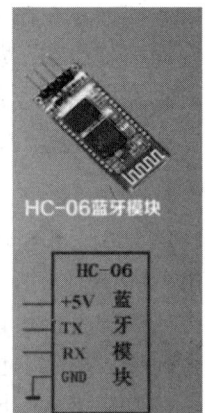

图 8-5　蓝牙模块

3) 程序设计

见立体资源库资源。

4) 蓝牙 App 设置及系统运行调试

软件程序

在手机上安装蓝牙串口 App，如图 8-6 所示，开启手机的蓝牙功能，然后打开 App。点击右上角的"连接"按钮，此时会列出手机已配对的所有蓝牙模块，若连接在单片机上的蓝牙模块未出现在列表中(本例中蓝牙模块已命名为"SZPZ")，则可以点击右上角的搜索按钮进行搜索，这时可看到名为"SZPT"的蓝牙模块出现在其他设备下面，点击"SZPT"进行配对并输入密码"1234"就可以成功完成连接。

图 8-6　蓝牙 App

4. 实训报告

写出实训小结，内容包括实训心得(收获)、不足之处和今后应注意的问题。

思政课堂　蓝牙耳机助力中国航天

看到神舟飞船的发射我们的内心是无比激动的，随着科技发展，我们也可以同步看到宇航员在空间站的生活状态，央视更是揭秘了航天员在中国空间站如何进行天地通话。空间站的每位航天员都配备了骨传导蓝牙耳机，可以正常通信，数据传输速率与地面通信时效率更高，闲暇时他们还可以通过耳机听音乐进行放松。这种耳机以"解放双耳"出名，直接绕过鼓膜，通过头骨传声，航天员在空间站就用它进行天地通话，与传统耳机相比它的伤害最小。

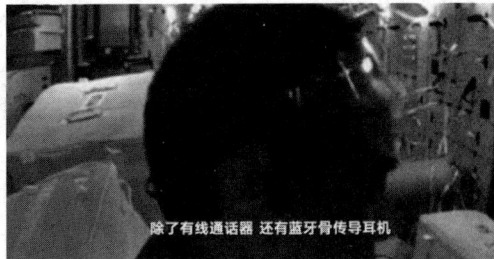

项目 9

NB-IoT 塑造智慧城市的未来

项目目标

(1) 掌握 NB-IoT 的概念、发展历程及应用场景；

(2) 了解 NB-IoT 的关键技术和系统架构；

(3) 熟悉 NB-IoT 模组的 AT 指令集；

(4) 掌握 NB-IoT 模块入网配置方法及 NB-IoT 模组连接至云平台的配置方法。

知识脉络图

```
                    NB-IoT 概述
         NB-IoT 技术的发展历程    了解 NB-IoT
                    NB-IoT 的应用场景
                                              NB-IoT 塑造智慧城市的未来
                    NB-IoT 的特点
            NB-IoT 的关键技术
        NB-IoT 模块的工作模式       学会 NB-IoT 的
        NB-IoT 模块的工作频率       关键技术和系统架构
            NB-IoT 的系统架构

         掌握 NB-IoT 模组的          NB-IoT 模组 AT 指令集介绍
              AT 指令集             3GPP AT 指令集

                                  实训  智慧农业应用案例开发

                                  思政课堂  奋斗中国
```

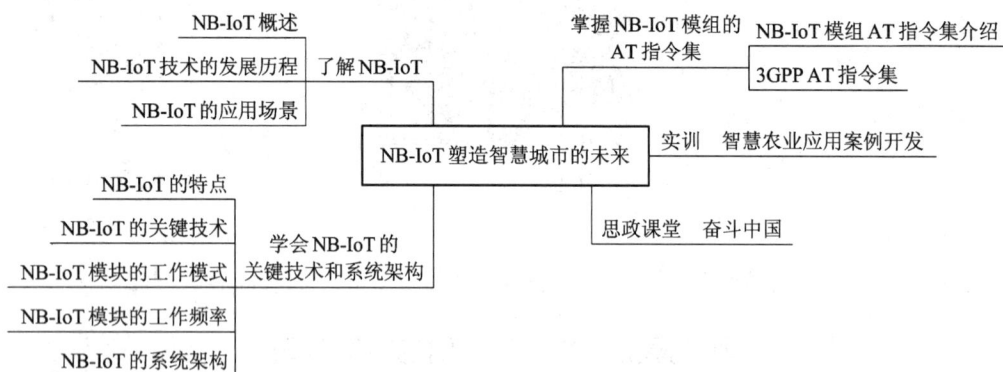

任务 9.1   了解 NB-IoT

任务引入

NB-IoT 在短短几年的发展时间内，已经落地了如智慧城市、智慧物流、智慧消防、远程抄表、智能停车、共享单车等丰富的应用。NB-IoT 构建于蜂窝网络，只消耗大约 180 kHz 的频段，可直接部署于 GSM 网络、UMTS 网络或 LTE 网络，以降低部署成本，实现平滑升级。

本任务首先介绍了 NB-IoT 概述，其次介绍了 NB-IoT 技术的发展历程，最后介绍了 NB-IoT 的应用场景。

任务相关知识

9.1.1　NB-IoT 概述

NB-IoT(Narrow Band-Internet of Things，窄带物联网)是属于物联网通信范畴的一种技术。LPWA(Low Power Wide Area)具有低带宽、低功耗、远距离通信、广覆盖、海量连接等具体使用要求的物联网通信技术总称，同时也是适合由运营商部署的一种物联网技术，LPWA 目前主要包括 NB-IoT、LoRa、Sigfox 等通信技术。NB-IoT 是由华为主导，并已成为 3GPP 标准的 LPWA 技术，而 LoRa、Sigfox 等通信技术是私有化网络通信技术，需要独立的基站设备才能运行，NB-IoT 是由运营商进行基站部署，用户只需要使用 NB 模组就可实现网络连接收发收据。

NB-IoT 作为万物互联网络的一个重要分支，构建于蜂窝网络，只消耗大约 180 kHz 的频段，可直接部署于 GSM 网络、UMTS 网络或 LTE 网络，以降低部署成本，实现平滑升级。NB-IoT 是 IoT 领域一个新兴的技术，支持低功耗设备在广域网的蜂窝数据连接。NB-IoT 支持待机时间短、对网络连接要求较高设备的高效连接。NB-IoT 设备电池寿命可以提高至少 10 年，同时还能提供非常全面的室内蜂窝数据连接覆盖。

9.1.2　NB-IoT 技术的发展历程

NB-IoT 技术标准最早是由华为和沃达丰主导提出的，之后又吸引了高通和爱立信等一些厂家。NB M2M 经过不断地演进和研究，2015 年演进为 NB-IoT，2016 年 NB-IoT 的标准正式被冻结。当然，NB-IoT 的标准依然在持续的演进中，在 2017 年的 R14 中就新增了许多特性，到了 R14 版本，NB-IoT 具有更高的速率，同时也支持站点定位和多播业务。

在 2020 年 7 月 9 日召开的会议上，NB-IoT 技术已经被正式接纳为 5G 的一部分。这一事件对于 NB-IoT 来说有什么好处呢？当 NB-IoT 技术被归为 5G 的标准之后，也就是说，即使是通过 NB-IoT 接入网络的物联网设备，最终也可以连接 5G 核心网，享受 5G 的边缘计算、网络切片等服务。所以，这一事件对于 NB-IoT 来说是非常重要的。因为现阶段的 NB-IoT 并不支持接入 5G 网络，所以该技术在后续仍需要经过不断的演化才能进入 5G 网络中。

根据数据统计显示，截至 2021 年 4 月，全球已经有 71 个国家投资建设了 129 张移动物联网，其中 NB-IoT 网络达到 93 张。NB-IoT 技术的标准化是由 3GPP 组织进行推进的，从窄带蜂窝物联网相关技术的提出到最后 NB-IoT 各项标准的冻结，经历了两年多的时间，其发展历程如图 9-1 所示。

2014 年 5 月，华为提出了窄带技术 NB M2M。

2015 年 9 月，窄带蜂窝物联网(NB-IoT)标准应运而生。

2016 年 6 月，NB-IoT 获得国际组织 3GPP 通过，标志着 NB-IoT 商用化开始。

2017 年 6 月，工信部发布《关于全面推进移动物联网(NB-IoT)建设发展的通知》，明确提出 2017 年末基站规模达到 40 万个，连接总数超过 2000 万。

2020 年，NB-IoT 基站规模达到 150 万个，连接总数超过 6 亿。

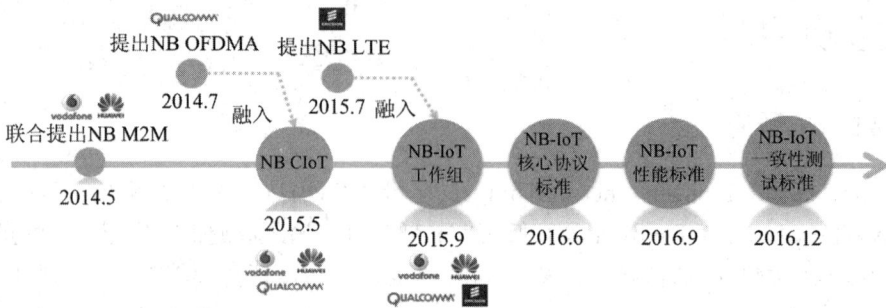

图 9-1　NB-IoT 的发展

9.1.3　NB-IoT 的应用场景

NB-IoT 在短短几年的发展时间内，已经落地了如远程抄表、智能停车、共享单车等丰富的应用。NB-IoT 低功耗、广覆盖、低成本、大连接的技术优势正在生活中的各个领域落地生根。

1. 智慧城市

智慧城市的建设与发展离不开物联网、互联网、大数据、云计算等技术的支撑。城市是一个巨大的生态系统，除了不同身份的居民之外，还有如电力、公交、医院、学校、环境等不同职责的职能部门，这些不同职能部门发挥各自的职责，从而支撑城市的正常运转。针对不同职责部门提升效率的行业应用是智慧城市的关注点。

智慧城市系统在纵向可以分为综合感知、可靠传输和智能处理三个部分。其中，信息的传输是非常重要的环节，技术可靠性与部署成本成为重要的度量因素。下面对智慧城市中部分使用 NB-IoT 方案的场景进行介绍。

1) 智能抄表

常用的检测表计包括水表、电表、燃气表等，它们一般采用固定安装的方式，分布零散且遍布各地。传统的抄表方式一般为委派专门的抄表员上门对各类表计进行读数，效率低下，并且存在人工操作误差等问题。远程抄表系统专门针对数据量少、功耗低的场景设计，智能抄表终端与应用服务器之间采用双向通信功能，在提供测量、收集、存储、分析用户对表计资源使用情况之外，也可以向用户提供实时定价和远程开关的服务。运营企业根据输送网路各个环节的抄表值核算，也可以快速定位管网的漏损段，此方式改变了人工逐一排查的漏点检测方式，提高了管网排查效率。此外，智能抄表的远程数据传输功能还可以使政府以及相关运营企业通过掌握的用户大数据，对资源进行科学的配置和优化，达到效率最大化以及节能减排的目的。

智能抄表系统一般由测量模块、数据处理模块、通信模块和应用系统等组成。测量模块采用针对测量物设计的物理测量单元和模/数转换模块，将待测的物理量转化为数字信号量，如采用电压电流芯片测量用电量，采用超声波、孔板流量计来测量流量等。采样后的电信号通过 MCU 的处理计算，将结果进行存储、显示、输出或通信发送到应用服务器，应用服务器对这些数据进行处理和显示输出。

智能抄表通信系统最早使用总线的网络连接方式，然而总线方式的部署和维护成本非常高，并且许多场景布线困难，存在很大的缺点。近些年演化到使用 ZigBee、GPRS 等无线通信方式，在网络部署方面比较便利，但是仍然存在信号干扰和穿透能力有限等问题，智能抄表通信系统需要一项信号穿透性强、覆盖面积广、功耗控制强的通信技术，NB-IoT 的技术特点非常好地满足了这些需求。

2) 智能停车

智能停车是智慧城市规划和智能交通子系统中一个具有重要意义的应用。智能停车系统致力于通过物联网技术将城市分散的停车场地资源连接起来，整合城市停车系统实时采集上报资源数据信息，通过城市的管理平台发布实时车位信息，通过 App 或者开放接口将车位的实时情况开放给用户和第三方平台，减少城市寻找车位的无效车流量和油耗损失，从而提高整个交通系统的运转效率。

传统的停车车位需要有专门的人员进行管理，存在管理效率低下和结算费用"跑冒滴漏"现象。若采用物联网智能停车系统管理以及加入征信系统等方式，便可以实现停车信息公开、系统公平核算、车位管理的自动化。

智能停车系统由车辆检测系统、通信系统和上层应用服务系统三部分组成。其架构图如图 9-2 所示。车辆检测系统通过地磁传感器和超声波距离传感器等检测车位的使用情况，收费停车场还使用图像识别等技术检测车辆的车牌号对车辆进行标识以提供收费依据。车辆检测技术目前已经有很多成熟的解决方案，智能停车方案推广的障碍在于许多地下停车场通信网络覆盖不足，车辆检测信息不能实时发送出去，成为制约城际大型智能停车系统发展的瓶颈。

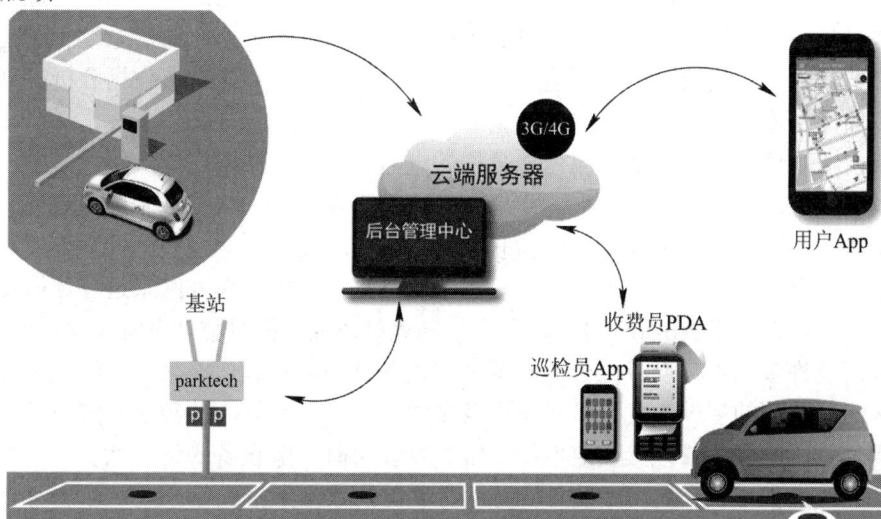

图 9-2　智能停车系统架构图

NB-IoT 技术方案可以很好地解决此问题，NB-IoT 的强穿透性和低功耗使得地下停车通信不再是制约智能停车业务发展的瓶颈，车辆检测装置即装即用，电池更换周期也变得更长。

3) 共享单车

共享单车的出现将国内共享商业模式推向高潮。共享单车没有城市公共自行车办证复杂、停车桩位置调度冲突等问题，办理注册只需要支付相应押金，自行车随取随停，有效地解决了短距离出行问题，为绿色出行的节能减排计划提供了一份现实可行的方案。

共享单车的电子车锁形形色色，有使用自动开关的 GPRS 连接方式，也有蓝牙解锁以及按键解锁方式。GPRS 模式的车锁采用 GSM 网络和 GPS 定位技术，GPRS 模块定期向应用服务系统发送状态包(或称心跳包)更新设备的在线状态和位置状态，应用服务器收到用户解锁请求后发送命令包给 GSM 模块进行开锁。在开锁状态，GSM 模块会缩短上报周期，以实时获取自行车的地理位置；当落锁后，GSM 模块便处于休眠状态以达到省电的目的，尽管共享单车通过太阳能电池板和花鼓自发电等方式给锂电池进行供电，但耗电量依旧较高。另外，在地铁站、公交车站等交通枢纽地段，共享单车停放数量比较密集，解锁成功率将大大降低，这是由于 GSM 网络承载能力有限，在网络堵塞的情况下通信成功率变得很低。

NB-IoT 方案下的共享单车能够有效解决这些问题。NB-IoT 终端的功耗消耗比较低，即使不用外部供电的方式，也可以将共享单车从数月内更换一次电池延长到数年；NB-IoT 基站支持大连接，在单车分布密集的区域能够保证单个设备的正常通信；NB-IoT 的广覆盖特性可以使得即使在地下车库的共享单车也可以实现有效的通信。因此，NB-IoT 方案的使用将会促进共享单车的用户体验和管理效率进一步得到提升。

此外，NB-IoT 在智慧路灯、智能垃圾桶、环境检测、隧道消防、资产定位追踪等智慧城市领域也有丰富的应用场景。

2. 智慧工厂

未来工业将朝着智能化、信息化生产，资源节约型、高效型的方向不断迈进，智慧工厂可以实时收集和发送工厂运转中产生的各种数据，通过传感器、通信系统、控制器将工业生产环节的物和物连接起来，在达到自动化控制的基础上，通过大数据分析提高生产效率、节省能源和成本消耗。

在目前大量使用局域网络检测传输数据的电力、石油、铁路、煤炭等系统中，网络覆盖范围的局限性以及节点供电困难一直是检测部署的难题；NB-IoT 技术的出现使工业应用使用廉价的公共网络成为可能，工业物联网可以直接通过蜂窝网络和广域网连接，降低部署的复杂度。但是需要进一步考虑的是，对于一些工业应用使用外网来进行数据传输存在安全性的问题，在使用 NB-IoT 进行工业场景部署时还要依据具体业务环境来决定。

工业现场许多场景是设备位于不同地理位置并且相隔较远，不具备有线网络铺设的条件，如风力发电厂的多风力发电机系统以及多油气开采平台等，此类场景的设备监控和维护就变得非常困难，靠管理人员定期检查维护难以实时了解设备的运行状况，此类场景需要合适的无线通信协议来实现系统各部分运行状况的数据上报工作。NB-IoT 协议在此方面也具有一定的应用前景，各种传感技术与设备系统相结合可以实时获取系统运行状态，通过广覆盖低功耗窄带物联网可以定期将状态数据上报管理系统，使得管理者清晰、直观地了解设备的运行状况，从而对设备的运行状况进行评估。

另外，NB-IoT 也可以应用到工业生产链管理网络中，工业生产链管理需要以工业物联网技术为基础，对企业内部的生产线的输入和输出作精准的追踪、控制、调配和协调，可以实时反映生产线生产状态，提高决策效率和生产运营效率。

对于传统的不具有远传功能的系统，基于 NB-IoT 的数据传输模块(Data Transfer Unit,

DTU)可以采集工业现场传输的数据，传输到网络平台，实现低成本的传统设备升级。

3. 智慧农业

农业是社会发展的根基，我国农业总产量位居世界前列，但是仍然处在劳动密集型阶段，自动化程度不高和信息化程度低一直制约着我国农业的现代化发展。传统农业的作物生产环节都是必须有人参与的，决策控制主要靠人的判断，而人获取信息的渠道又是有限的，决策执行的环境未必是适合作物生产的最佳区间。这种依靠人为经验判断的管理方式存在许多误差，一旦造成损失，决策信息的模糊对问题定位也会带来障碍。

现代智慧农业体系建立在大量传感器节点之上，通过节点采集到的数据分析帮助农业管理者发现问题，并通过专属网络对各种自动化、远程控制的设备施加控制，管理者可以清楚地查询到历史数据，第三方机构也可以针对这些数据定制作物生长状态分析软件，辅助管理者进行决策。

农业环境检测是智慧农业中必不可少的一部分。农业环境检测系统由各类农业领域的传感器节点组成，这些传感器包括土壤水分检测传感器、温度传感器、湿度传感器、环境光传感器、雨量传感器、土壤酸碱度传感器等，还有土壤肥力的土壤氨氮检测仪等设备可以对作物生产环境作细致的检测，网络摄像头可以对病虫害作判断。

从农业现场的情况来看，实现大规模部署有线传感网络，部署和维护成本都是相当高的，节点供电存在很多安全隐患。采用运营商 GPRS 模块虽然解决了部署问题，但是功耗控制和并发超载仍然无法得以解决。NB-IoT 技术可以有效解决农业环境检测系统中的问题，运营商的蜂窝网络趋于全覆盖，终端节点的功耗控制较为理想，不需要额外增加供电解决方案，方便了安装和维护，解决了农业传感网络的部署痛点。另外，NB-IoT 在畜牧业中也有丰富的应用，如基于 NB-IoT 的沼气浓度检测等。图 9-3 为智慧农业的解决方案。

图 9-3　智慧农业的解决方案

思考题与练习题

1. 什么是 NB-IoT？
2. NB-IoT 的发展经历了哪些阶段？
3. NB-IoT 的应用场景有哪些？

任务 9.2 学会 NB-IoT 的关键技术和系统架构

任务引入

本任务主要介绍了 NB-IoT 的特点、关键技术、工作模式、工作频率及系统架构，要求了解 NB-IoT 的关键技术，掌握 NB-IoT 的系统架构。

任务相关知识

移动通信正经历着从人与人的连接，向人与物以及物与物的连接迈进，万物互联是必然趋势。相比 Wi-Fi、蓝牙和 ZigBee 等中短距离通信技术，移动蜂窝网络具备广覆盖、可移动以及大连接等优势，能够支撑更加丰富的应用场景，理应成为物联网的主要连接通信方式。

作为 LPWA 的一种典型技术，NB-IoT 的目标是解决当前使用蜂窝网于 LPWA 应用中的主要痛点问题。总结起来，主要痛点有如下四个方面。

1. 典型场景网络覆盖不足

具体而言，传统蜂窝网的覆盖设计主要针对的用户是人。人的活动范围往往是有限且有规律的，即使在一些信号覆盖较弱的地方，可能也是短暂停留；而物联网各类应用中物的存在范围却是大大增加了，如一些野外监控的场景可能是很偏僻的地方，传统的蜂窝网覆盖信号很弱甚至没有覆盖。更糟糕的是，对于物联网应用而言，这类节点不是短暂的，在信号很弱的区域，很可能需要长期部署节点，如偏僻野外的环境监控系统、地下车库的停车系统等。这些应用场景下，物联网对网络覆盖的要求更高，现有的网络覆盖存在着不足。

2. 终端功耗过高

当前蜂窝网络的终端模组，设计时考虑的主要用户对象为人。人每天不是 24 小时工作的，在休息时间可以对终端进行充电，所以电池是可以每天充电的。但是在物联网应用中，希望一块电池充满后可以工作几个月甚至几年，因为当前蜂窝网络通信机制的设计是终端一直是在线，而且要不停响应基站的心跳数据包，所以即使在设计上做大量优化，终端的功耗依然很难降低，需要从总体方案上重新设计一种新的针对物联特征的蜂窝系统。

3. 无法满足海量终端要求

在移动互联网时代，接入基站的用户数目和社会中人的数目是一个数量级的，所以在传统的蜂窝网设计中，每个基站的用户接入数量往往是有限的。例如，GPRS 网络中每个基站同时接入用户数量在几百以内，而 LTE 网络每个基站的接入用户数量可以上千，但是对于物联终端而言，这个数量还是远远不够的。例如，之前某品牌共享单车使用 GPRS 作为物联通信方案时，就出现过上下班高峰期地铁站附近的单车无法操作的问题，原因就在于网络基站无法同时支持大量终端的连接。这也是设计新的面向物联的蜂窝系统需要考虑的问题。

4. 综合成本高

物联网应用数量巨大、终端种类多、批量小、业务开发门槛高，所以使得使用传统蜂窝网络来实现物联网具有较高的成本。传统蜂窝网络针对用户为人、用户数量有限，单个终端即使价格数千，用户也是可以接受的。但是在物联网应用中，数目巨大的终端使得成本成为系统的一个重要考量。

9.2.1　NB-IoT 的特点

NB-IoT 很好地解决了上述四个痛点问题，其具有广覆盖、低功耗、大连接、低成本四大特点，如图 9-4 所示。

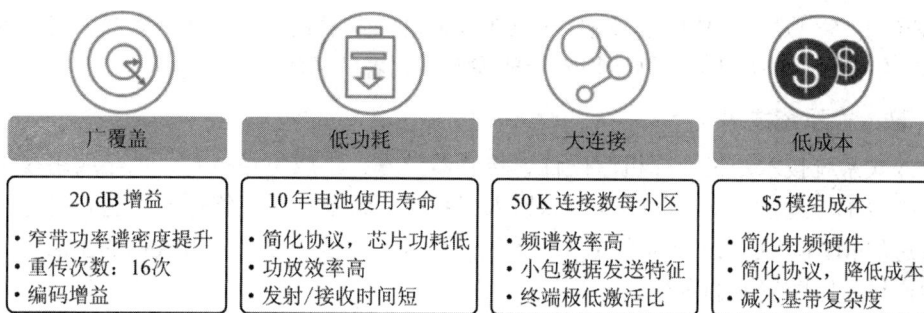

广覆盖	低功耗	大连接	低成本
20 dB 增益	10 年电池使用寿命	50 K 连接数每小区	$5 模组成本
• 窄带功率谱密度提升 • 重传次数：16 次 • 编码增益	• 简化协议，芯片功耗低 • 功放效率高 • 发射/接收时间短	• 频谱效率高 • 小包数据发送特征 • 终端极低激活比	• 简化射频硬件 • 简化协议，降低成本 • 减小基带复杂度

图 9-4　NB-IoT 的特点

1. 广覆盖

NB-IoT 专门为物联网特别是 LPWA 连接进行设计，通过空口重传和超窄带宽，相比 GSM 有 20 dB+增益，意味着更少站点可以覆盖更广区域，且强穿透性，可穿透楼层到达地下室，这将使隐蔽位置的设备如水电表以及要求广覆盖的宠物跟踪等业务得到应用。

2. 低功耗

针对小包、偶发的物联网应用场景，NB-IoT 设计独特的 PSM、eDRX 特性，终端在发送数据包后，立刻进入一种休眠状态，不再进行任何通信活动，等到有上报数据的请求时，它会唤醒自己，随后发送数据，然后又进入睡眠状态。按照物联网终端的行为习惯，将会达到 99%的时间在休眠状态，使得功耗非常低，实现了设备超低功耗。

3. 大连接

由于 NB-IoT 的终端便宜，能够支持大批量部署，特别是各类仪表行业。在同一基站的情况下，NB-IoT 可以提供比现有无线技术高 50～100 倍的接入数。一个区能够支持 10 万个连接，支持低延时敏感度、超低的设备成本、低设备功耗和优化的网络架构。

4. 低成本

华为提供 SingleRAN 解决方案，支持在现有网络设备上升级改造，从而降低网络建设和维护成本。NB-IoT 的芯片是专门为物联网设备设计的，只针对窄带、低速率，并针对物联网需求只支持单天线、半双工方式，另外简化了信令处理，大幅降低终端芯片价格。

综上，NB-IoT 工作在授权频谱，适合低延时敏感度、超低的设备成本要求和低设备功耗的物联网应用，聚焦低功耗、广覆盖物联网市场，是一种可在全球范围内广泛应用的新兴物联网通信传输技术。

9.2.2　NB-IoT 的关键技术

1. 传感器技术

传感器技术也是计算机应用中的关键技术。大家都知道，到目前为止绝大部分计算机处理的都是数字信号。自从有计算机以来就需要传感器把模拟信号转换成数字信号计算机才能处理。在物联网科技中也不例外，传感器的模拟信号必须转换成数字信号才可以被计算机识别处理。

2. RFID 标签

RFID 标签也是一种传感器技术，RFID 技术是融合了无线射频技术和嵌入式技术的综合技术，RFID 在自动识别、物品物流管理等方面有着广阔的应用前景。

3. 嵌入式系统技术

嵌入式系统技术是集计算机软硬件、传感器技术、集成电路技术、电子应用技术为一体的复杂技术。经过几十年的演变，以嵌入式系统为特征的智能终端产品随处可见。小到人们身边的 MP3，大到航天航空的卫星系统，嵌入式系统正在改变着人们的生活，推动着工业生产以及国防工业的发展。

如果把物联网用人体做一个简单比喻，传感器相当于人的眼睛、鼻子、皮肤等感官，网络就是神经系统，用来传递信息，嵌入式系统则是人的大脑，在接收到信息后要进行分类处理。这个例子很形象地描述了传感器、嵌入式系统在 NB-IoT 中的地位与作用。

传感技术和 RFID 标签技术都处于物联网的感知层，其中传感器获得模拟信号，再转换成数字信号，通过网络传递到应用层。嵌入式系统技术处于应用层，相当于人体的大脑。

9.2.3　NB-IoT 模块的工作模式

NB-IoT 模块默认有三种工作状态，即 Connected(连接态)、Idle(空闲态)、PSM(节能态)。

1. Connected(连续态)

模块处于 Active(工作)模式，模块注册入网后处于该状态，所有功能正常使用，在该状态时模块可以发送和接收数据，无数据交互超过一段时间后会进入 Idle 模式，这段等待时间可进行自由配置。模块在此状态可以切换到 Idle 和 PSM 模式。

2. Idle(空闲态)

模块处于 Light Sleep(轻休眠)模式，处于该状态的模组可收发数据，此时模块的网络处于 DRX 或 eDRX 状态，模块在此状态可以切换到 Connected 和 PSM 模式。

DRX 是一种节省终端功耗的工作模式，其基本原理是让模块周期性地进入休眠模式；休眠期间，模块将不监听 PDCCH、关闭收发单元，以降低其功耗。DRX 作用于 Idle 态中，通过在 Idle 态中周期性监听寻呼的方式来降低模块功耗。但 DRX 参数由网络决定，模块无法修改也无法建议网络修改。

　　为了进一步降低功耗，NB-IoT 不仅支持传统 LTE 的 DRX 模式，还支持扩展的 DRX 周期，即 eDRX。eDRX 目的与 DRX 相同，均是通过让模块周期性进入休眠状态以达到降低功耗的目的。其基本原理是将 Idle 态分成寻呼期和休眠期：在寻呼期，模块的工作模式和 LTE 的 DRX 一致；在休眠期，模块不监听下行寻呼。相比 DRX，eDRX 可支持更长的寻呼周期，以达到进一步降低功耗的目的。eDRX 模式下，模块只在 PTW 内按 DRX 周期监听下行寻呼、接收下行业务(打开接收机)；如果在休眠期有数据发给模块，模块并不能及时接收，只能等到当前 eDRX 周期完毕后再次进入 PTW 监听寻呼。因此，eDRX 模式下，模块功耗的降低以实时性为"代价"，实际应用时需要根据业务模型确定合适的 eDRX 周期和 PTW 值，以达到功耗与实时性的平衡。

　　NB-IoT 模块 Idle 模式工作图如图 9-5 所示。

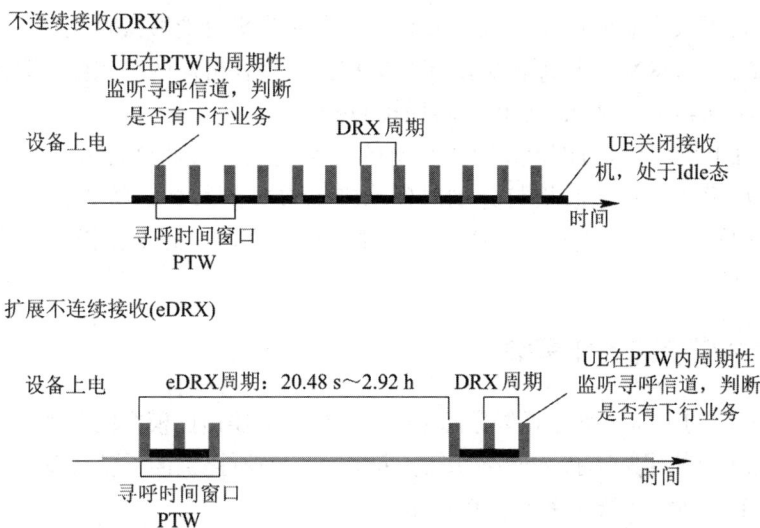

图 9-5　NB-IoT 模块 Idle 模式工作图

3. PSM(节能态)

　　模块处于 Deep Sleep(深睡眠)模式，CPU 掉电，模块内部只有 RTC 工作，网络处于非连接状态，无法接收下行数据，模块在此状态可以切换到 Connected 模式。NB-IoT 模块 PSM 模式工作图如图 9-6 所示。

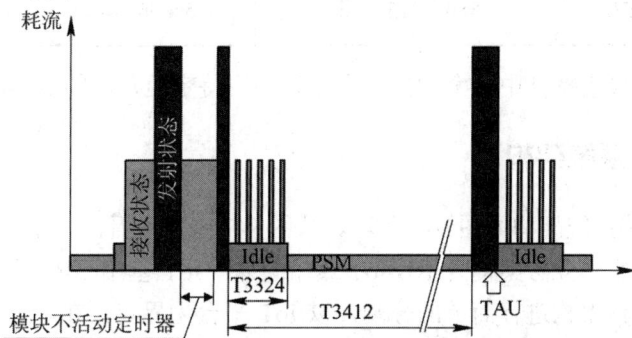

图 9-6　NB-IoT 模块 PSM 模式工作图

模块进入 PSM 的过程：模块在与网络端建立连接或跟踪区更新(TAU 是定时器)时，网络会下发 T3324 和 T3412 定时器配置到模块(T3324 与 T3412 是两个定时器模块)，终端在进入 Idle 状态后会启动 T3324 和 T3412 定时器。当 T3324 定时器超时后，模块进入 PSM。模块在针对紧急业务进行联网或初始化 PDN(公共数据网络)时，不能申请进入 PSM。当模块处于 PSM 模式时，将关闭联网活动，包括搜寻小区消息、小区重选等，但是 T3412 定时器(与周期性 TAU 更新相关)仍然继续工作。

模块退出 PSM(任意一种方式)的方式：T3412 定时器超时后，模块将自动退出 PSM；当模块处于 PSM 模式时，拉低 PSM_EINT(下降沿)可将模块从 PSM 唤醒。

DRX、eDRX、PSM 模式的区别如下。

DRX 模式下，模块在每个 DRX 周期监听一次寻呼信道，功耗相对 eDRX 和 PSM 来说较高。

eDRX 就是模块不断地打开/关闭接收机。打开接收机时能够接收数据，关闭接收机时则无法接收数据；eDRX 周期即由关闭接收机和打开接收机这两个完整的时段组成，支持配置的时长为 20.48 s～2.92 h。eDRX 功耗较 DRX 低。

PSM 与 eDRX 相比，打开/关闭接收机的频率更低，可低至几天打开一次接收机。PSM 周期内，模块仅在接收机打开的时间内能够接收到数据，接收机关闭的时间内将无法接收下行数据。PSM 模式下，功耗只有微安级，终端在此工作模式下才可能实现极低的功耗。

9.2.4 NB-IoT 模块的工作频率

NB-IoT 模块的工作频率与其型号息息相关，由于 NB-IoT 模组的工作环境是由运营商提供的，因此每个模组如需接入网络就需要符合运营商所提供的通信频率。目前国内三大运营商的 NB-IoT 网络运营频率如表 9-1 所示。

表 9-1   NB-IoT 网络运营频率

频段	中心频率	上行频率	下行频率	运营商
B5	850 MHz	824～849 MHz	869～894 MHz	中国电信
B8	900 MHz	880～915 MHz	925～960 MHz	中国移动、中国联通

若使用的模组仅支持其中一个频段，则必须使用特定运营商的 NB-IoT 卡才能工作。

9.2.5 NB-IoT 的系统架构

NB-IoT 端到端系统架构如图 9-7 所示。从图 9-7 中可以看出，基于 NB-IoT 通信技术开发物联网系统的整体业务架构为 NB-IoT 终端设备—IoT 基站—IoT 核心网—IoT 平台—用户应用系统，对该架构进行简单的分割，以 IoT 平台为界点，在 IoT 平台的左侧称为南向终端设备开发，右侧称为北向业务应用开发。

图 9-7　NB-IoT 端到端系统架构

NB-IoT 终端(UE)与基站(eNB/EPC)之间可使用多种通信协议进行通信，主要有 HTTP/HTTPS、MQTT/MQTTS、CoAP/ CoAPS 等。

NB-IoT 终端(UE)与 IoT 平台之间一般使用 CoAP/MQTT 等物联网专用的应用层协议进行通信，主要是考虑了 NB-IoT 终端的硬件资源配置一般很低，不适合使用 HTTP/HTTPS 等复杂的协议。

IoT 平台与第三方应用服务器之间，由于两者的性能都很强大，且要考虑带宽、安全等诸多方面，因此一般会使用 HTTPS/HTTP 等应用层协议进行通信。

思考题与练习题

1. NB-IoT 的关键技术有哪些？
2. NB-IoT 的工作模式有哪些？
3. NB-IoT 的系统架构是什么？

任务 9.3　掌握 NB-IoT 模组的 AT 指令集

任务引入

AT 指令是应用于终端设备与 PC 之间连接与通信的指令，通过发送 AT 指令来控制移动台的功能，与各种网络业务进行交互。

本任务主要介绍了 NB-IoT 模组常用的 AT 指令。

任务相关知识

9.3.1　NB-IoT 模组 AT 指令集介绍

AT 指令是应用于终端设备与 PC 之间的通信指令，在 AT 指令的通信协议中，除了 AT 两个字符外，最多可接受长度为 1056 个字符的数据(包括最后的空字符)。AT 指令集一般用于终端设备/数据终端设备与终端适配器或数据电路终端设备之间的指令交互。

对于由终端设备主动向 PC 端报告的非请求结果码或响应，要求每条最多有一行或一个,不允许终端设备上报的一行中有多条 URC 或响应。AT 指令以换行(\r\n)作为结尾,URC 或响应同样以换行作为结尾。

AT 指令的用法如下。

"AT+<cmd>=?"类型命令是测试命令,用于向模块询问支持的设置项目,在 AT 指令后面加上"=?"即构成测试命令。例如,"AT+CSCS=?"会列举出所有支持的字符集。

"AT+<cmd>?"类型命令是读取命令,用来让模块返回某个命令的当前设置值,在 AT 指令后面加上"?"即构成读取命令。例如,"AT+CSCS?"会列举出当前设置。

"AT+<cmd>=p1"类型命令是设置命令,用来向模块设置某个项目的值。

"AT+<cmd>"类型命令是执行命令,用于让模块执行某个操作。

9.3.2　3GPP AT 指令集

3GPP AT 指令集由 3GPP(27.007 版本)中提供的标准 AT 指令组成,这些指令会被芯片和模组厂商所引用,这里列举了其中几个关键的 AT 指令,如表 9-2 所示。

表 9-2　3GPP 标准 AT 指令常用命令

AT 指令	描　　述
ATI	返回产品标识
ATE<0/1>	0—指令码不回显,1—指令码回显
AT+CGMI	返回制造商信息,一般为模组厂商
AT+CGMM/AT+CGMM=?	返回制造商模块的型号编码
AT+CGMR/AT+CGMR=?	返回制造商模块的版本号
AT+CGSN	返回国际移动设备识别码(IMEI)
AT+CEREG	查询网络注册信息,或配置网络状态切换回显
AT+CSCON	查询无线电连接状态,或者配置无线电状态变更后是否通知终端
AT+CLAC	列出所有支持的指令
AT+CSQ	获取信号强度
AT+CGPADDR	返回终端的 IP 地址
AT+COPS	查询或选择运营商
AT+CGATT	查询或附着网络
AT+CIMI	请求国际移动台设备标识(IMSI)
AT+CGDCONT	定义或查询 PDP 上下文
AT+CFUN	查询或设置终端功能模式
AT+CMEE	上报移动终端错误信息
AT+CCLK	查询或配置时钟
AT+CPSMS	查询或设置省电模式
AT+CEDRXS	查询或设置 eDRX
AT+CEER	移动终端扩展错误报告

AT 指令	描　述
AT+CEDRXRDP	读取 eDRX 动态参数
AT+CTZR	时区读取或设置
AT+CIPCA	初始化 PDP 上下文
AT+CGAPNRC	APN 速率控制
AT+CSODCP	通过控制面板发送原始数据
AT+CGCONTRDP	读取 PDP 上下文动态参数
AT+CGAUTH	定义 PDP 上下文身份验证参数
AT+CNMPSD	标识 MT 上的应用程序不会交换数据

1. 特殊 AT 指令集

在某些应用场景下，一般 AT 指令集无法满足场景需求，如连接 IoT 平台、FOAT 升级，此时就需要一些特殊的 AT 指令来满足应用功能，此 AT 指令集一般由芯片或模组厂商添加。下面以移远通信 BC35G 模组的部分特殊 AT 指令为例，介绍其中关键 AT 指令的用法，部分特殊 AT 指令如表 9-3 所示。

表 9-3　BC35G 模组的部分特殊 AT 指令

AT 指令	描　述
AT+NCDP	配置和查询 CDP 服务器的地址
AT+QSECSWT	设置传输数据是否加密
AT+QSETPSK	加密传输时，设置 PSK ID 和 PSK
AT+QLWSREGIND	控制模组与 IoT 平台的注册、注销或更新
AT+QLWULDATA	向 IoT 平台发送数据
AT+QLWULDATAEX	发送回应/无回应消息
AT+QLWULDATASTATUS	查询发送信息的状态
AT+QLWFOTAIND	设置 FOTA 升级模式
AT+QREGSWT	设置平台的注册模式
AT+NMGS	发送一条消息
AT+NMGR	获取一条消息
AT+NNMI	显示一条新消息
AT+NSMI	设置或获取发送至平台的指令
AT+MQMGR	查询接收到的消息的状态
AT+NQMGS	查询发送的消息的状态
AT+NMSTATUS	返回消息的注册状态
T+QLWEVTIND	LwM2M 事件上报

2. 查询终端 IMEI 的指令

IMEI，即通常所说的移动终端序列号，用于识别移动蜂窝网络中每个独立的移动终端，相当于移动终端的身份证，华为的 Ocean Connect 平台就是通过在平台上注册 IMEI 来区分不同的移动终端的，在 3GPP(27.007)协议中查询终端 IMEI 的指令为 AT+CGSN=1，如表 9-4 所示。

表 9-4　查询终端 IMEI 的指令

执行指令	模组返回	说　　明
AT+CGSN=1	+CGSN:\<svn\> OK	\<svn\>：NB-IoT 终端的 IMEI，如 867725030319085

3. 设置、查询模组功能

NB-IoT 终端的射频功能可以通过"AT+CFUN=1"指令配置，如表 9-5 所示。模组当前的功能模式状态也可以通过"AT+CFUN"指令查询，如表 9-6 所示。

表 9-5　设置模组功能为全功能模式

执行指令	模组返回	说　　明
AT+CFUN=1	OK	设置 NB-IoT 设备为全功能模式

表 9-6　查询模组当前功能模式状态

执行指令	模组返回	说　　明
AT+CFUN	+CGSN:\<fun\> OK	\<fun\>：0 代表最小功能模式；1 代表全功能模式

4. 附着网络

NB-IoT 终端打开射频功能之后，还需要主动连接并附着到运营商核心网络中。附着网络有手动和自动两种方式。手动附着网络是通过"AT+CGATT"指令来操作的，相关指令及介绍如表 9-7 所示。默认状态下，附着网络方式为自动附着网络。

表 9-7　手动附着网络的指令及介绍

执行指令	模组返回	说　　明
AT+CGATT=1	OK	参数：1 代表附着网络；0 代表取消附着。 网络附着失败时，请检查全功能模式是否开启

5. 查询网络注册状态

NB-IoT 设备在接入网络之前，需要先通过基站注册到运营商的核心网络中，才能实现数据的交互。接入网络状态可以通过"AT+CEREG"指令查询，如表 9-8 所示。同时，可以设置当网络状态改变时，主动上报网络状态，指令及介绍如表 9-9 所示。

表 9-8　查询接入网络状态的指令及介绍

执行指令	模组返回	说　　明
AT+CEREG?	+CEREG:1,1 OK	参数 1：是否开通注册状态改变自动回复。 参数 2：网络状态值。 第一个 1 表示使能网络注册状态自动上报"+CEREG:\<stat\>"。 第二个 1 表示已经注册到网络中，若是 2，则表示未注册，但终端正试图注册或正在搜寻注册网络

表 9-9　设置网络状态主动上报的指令及介绍

执行指令	模组返回	说　明
AT+CEREG=1	OK	开通注册状态改变自动回复

6. 查询终端与基站的连接状态

NB-IoT 设备在注册到运营商核心网络中后,不需要与基站保持实时通信状态。在低功耗的业务场景下,当设备无须和核心网络交互数据时,及时断开与基站的连接就显得尤为重要。此时,可以通过 AT 指令查询 NB-IoT 终端与基站的连接状态,相关 AT 指令及介绍如表 9-10 所示。还可通过 AT 指令设置是否自动输出终端和基站连接状态改变的通知,相关 AT 指令及介绍如表 9-11 所示。

表 9-10　查询终端与基站连接状态的指令及介绍

执行指令	模组返回	说　明
AT+CSCON?	+CSCON:1,1 OK	参数 1:是否开通连接状态改变自动回复。 参数 2:连接状态值。 当参数 1 为 1 时,表示已开通连接状态自动上报"+CSCON:<stat>"。 当参数 2 为 1 时表示 Connected(连接态),当为 0 时表示 Idle(空闲态);如果没有数据交互,在 Connected 状态下维持 20 s 后进入 Idle 状态;如果仍然没有数据交互,在 Idle 状态下维持 10 s 后进入 PSM 状态,此时模组不再接收任何下行数据

表 9-11　设置终端与基站连接状态变化后主动输出状态的指令及介绍

执行指令	模组返回	说　明
AT+CSCON=1	OK	设置连接状态改变自动回复

7. 查询终端信号强度

移动终端的信号强度是多项射频指标的综合参考结果,可以通过"AT+CSQ"指令获取当前 NB-IoT 终端所处环境的信号强度,相关指令及介绍如表 9-12 所示。

表 9-12　查询终端信号强度的指令及介绍

执行指令	模组返回	说　明
AT+CSQ	+CSQ:31,99 OK	参数 1:0~31 或 99(无信号)。 参数 2:信道误码率

8. 查询终端 IP 地址

终端的 IP 地址是由分组数据协议(Packet Data Protocol,PDP)上下文分配而来的。通过使用"AT+CGPADDR"指令可以获取终端接入网络后的 IP 信息,相关指令及介绍如表 9-13 所示。

表 9-13　查询终端 IP 地址的指令及介绍

执行指令	模组返回	说　明
AT+CGPADDR	+CGPADDR: 1,101.43.5.1 +CGPADDR: 2,2001:db8:85a3::8a2e: 370	在网络支持的情况下，每个 APN 可获得一个 IP 地址。此处共获得两个 IP 地址：+CGPADDR :1 为 IPv4 地址；+CGPADDR: 2 为 IPv6 地址

思考题与练习题

1. NB-IoT 模组常用 AT 指令集有哪些？
2. NB-IoT 的入网对接流程是什么？

实训 9　智慧农业应用案例开发

1. 任务目标

智慧农业是智慧经济的重要内容，是依托物联网、云计算以及大数据技术等现代信息技术与农业生产相融合的产物，可以通过对农业生产环境的智能感知和数据分析，实现农业生产精准化管理和可视化诊断。通过所选的智慧农业终端传感器扩展板编写对应的扩展板驱动代码上报数据，设计并在线开发 Profile 文件与编解码插件；通过模拟设备数据上报，调试 NB-IoT 模组上报模拟数据，调试 NB-IoT 模组上报真实终端传感器扩展板数据，掌握华为 1＋2＋1 物联网生态系统整体的开发流程与方法。图 9-8 为智慧农业的解决方案。

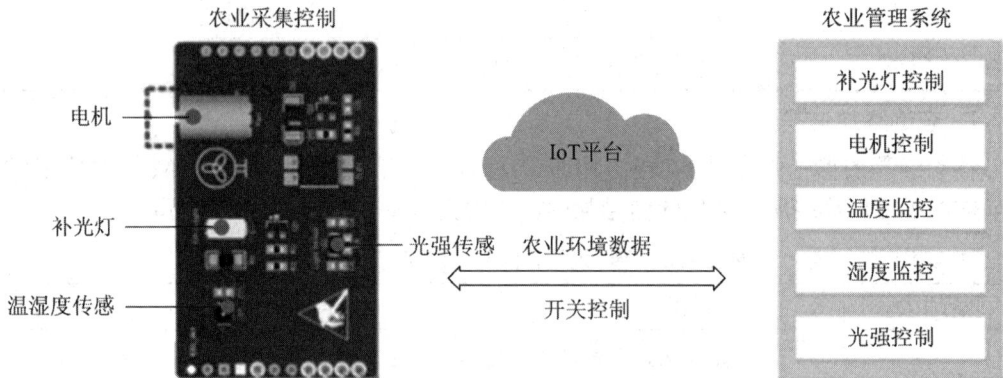

图 9-8　智慧农业的解决方案

2. 任务内容

本任务重点了解华为 1＋2＋1 物联网生态系统的基础知识与开发方法，掌握物联网系统底层与云端互通互操作调试。

3. 任务需要的设备

(1) 硬件设备：讯方物联网认证实验箱一个(如图 9-9 所示)、农业模块(N3M9-WDMTHI

扩展板)一个(如图 9-10 所示)、STLink 烧录器一个、12 V 电源适配器一个(在实验箱内操作只需将实验箱上电即可)。

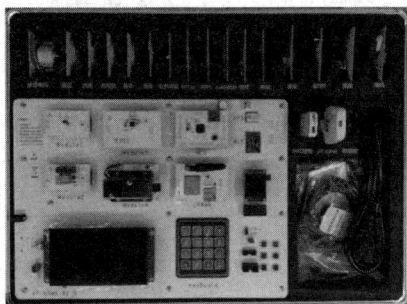

图 9-9　讯方物联网认证实验箱

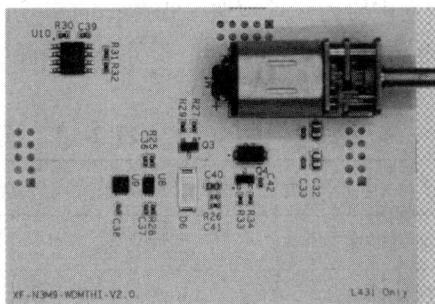

图 9-10　(实验箱 Module3-更换)农业模块

(2) 软件工具：IoT Studio、XCOM。

4. 任务实施

本实训共有两个任务：

一是在 OC 平台中开发产品模型。二是通过 NB 模组上报 N3M9_WDMTHI 扩展板数据至华为云物联网平台，在平台中下发命令控制 LED 灯与电机开关状态。

1) 在 OC 平台中开发产品模型

(1) 智慧农业应用案例——创建产品。

使用华为云账号，登录设备接入，选择页面左侧的"产品"，单击右上角的"创建产品"，创建一个基于 CoAP 协议的产品，填写参数后的产品信息如图 9-11 所示，完成产品的创建。

图 9-11　创建产品

(2) 编写智慧农业应用案例——定义产品模型。

在"产品详情"→"模型定义"页面,单击"自定义模型",配置产品的服务。其中,属性列表主要为终端模块上报数据的字段信息,命令列表为平台下发命令的字段信息,在 Agriculture_Tem_Hum_Lum 服务中新增温度、湿度、光照数据等三条属性信息,模型属性列表信息如表 9-14 所示。

表 9-14   模型属性列表信息

属 性		属 性 值	
能力描述	属性名称	数据类型	数据范围
属性列表	Temperature	int	0~65 535
属性列表	Humidity	int	0~65 535
属性列表	Luminance	int	0~65 535

这里还需要新建两条命令,分别是 LED 灯的控制命令和电机的控制命令,模型新增命令信息如表 9-15 所示。

表 9-15   模型命令列表信息

命令名称	命令字段	字段名称	类型	数据范围/长度	枚举值
Agriculture_Control_Light	下发字段	Light	String	3	ON，OFF
	响应字段	Light_State	int	0~1	
Agriculture_Control_Motor	下发字段	Motor	string	3	ON，OFF
	响应字段	Motor_State	int	0~1	

(3) 编写智慧农业应用案例——编解码插件。

① 在"产品详情"→"插件开发"页面,单击"图形化开发"。

② 在"在线开发插件"区域,单击"新增消息"。

③ 新增 Agriculture_Tem_Hum_Lum 消息,配置如下:

消息名:Agriculture_Tem_Hum_Lum。

消息类型:数据上报。

④ 在"新增消息"页面,单击"添加字段",勾选"标记为地址域",添加地址域字段 messageId,然后单击"确认"。

⑤ 单击"添加字段",添加 Temperature 字段,字段名字填写 Temperature,数据类型选择 int8u,填写相关信息后,单击"确认"。

⑥ 单击"添加字段",添加 Humidity 字段,字段名字填写 Humidity,数据类型选择 int8u,填写相关信息后,单击"确认"。

⑦ 单击"添加字段",添加 Luminance 字段,字段名字填写 Luminance,数据类型选择 int16u,填写相关信息后,单击"确认"。

⑧ 在"新增消息"页面,单击"确认",完成 Agriculture_Tem_Hum_Lum 的配置。

⑨ 新增 Agriculture_Control_Lightt 消息，配置如下：

消息名：Agriculture_Control_Light。

消息类型：命令下发。

添加响应字段：是。

⑩ 在"新增消息"页面，单击"添加字段"，勾选"标记为地址域"，添加地址域字段 messageId，然后单击"确认"。

⑪ 单击"添加字段"，勾选"标记为响应字段标识"，添加响应标识字段 mid，然后单击"确认"。

⑫ 单击"添加字段"，字段名称填写 Light，数据类型选择 string，长度为 3，然后单击"确认"。

⑬ 在"新增消息"页面，单击"添加响应字段"，勾选"标记为地址域"，添加地址域字段 messageId，然后单击"确认"。

⑭ 单击"添加响应字段"，勾选"标记为响应标识字段"，然后单击"确认"。

⑮ 单击"添加响应字段"，勾选"标记为命令执行状态字段"，添加命令执行状态字段 errcode，然后单击"确认"。

⑯ 单击"添加响应字段"，添加 light_state 响应字段，字段名字填写 light_state，数据类型选择 int8u，长度为 1，填写相关信息，单击"确认"。

⑰ 新增 Agriculture_Control_Motor 消息，配置如下：

消息名：Agriculture_Control_Motor。

消息类型：命令下发。

添加响应字段：是。

⑱ 在"新增消息"页面，单击"添加字段"，勾选"标记为地址域"，添加地址域字 messageId，然后单击"确认"。

⑲ 单击"添加字段"，勾选"标记为响应字段标识"，添加响应标识字段 mid，然后单击"确认"。

⑳ 单击"添加字段"，字段名称填写 Motor，数据类型选择 string，长度为 3，然后单击"确认"。

㉑ 在"新增消息"页面，单击"添加响应字段"，勾选"标记为地址域"，添加地址域字段 messageId，然后单击"确认"。

㉒ 单击"添加响应字段"，勾选"标记为响应标识字段"，然后单击"确认"。

㉓ 单击"添加响应字段"，勾选"标记为命令执行状态字段"，添加命令执行状态字段 errcode，然后单击"确认"。

㉔ 单击"添加响应字段"，添加 light_state 响应字段，字段名字填写 Motor_State，数据类型选择 int8u，长度为 1，填写相关信息，单击"确认"。

㉕ 拖动右侧"设备模型"区域的属性字段、命令字段和响应字段，与数据上报消息、命令下发消息和命令响应消息的相应字段建立映射关系，保存并部署编解码插件。

(4) 注册设备。

本任务介绍集成 NB 模组设备的注册方法。

在"产品详情"页面，选择"在线调试"，单击"新增测试设备"，此处新增的是非安全的 NB-IoT 设备。

在"新增测试设备"页面，选择"真实设备"，并填写设备名称、设备标识码。将串口工具中获取的 NB 模组 IMEI 号填写在 OC 平台的真实设备中(串口发送 AT+CGSN=1 指令获取 IMEI)，该步骤是将 NB 模组与新创建的项目进行绑定。

(5) 删除设备。

实验完成后需删除项目注册的设备，由于 NB_IoT 使用的设备 IMEI 标识码是唯一的，故每次实验完成后需进行删除设备操作，否则下次没有办法重新注册设备，删除设置操作如图 9-12 所示。

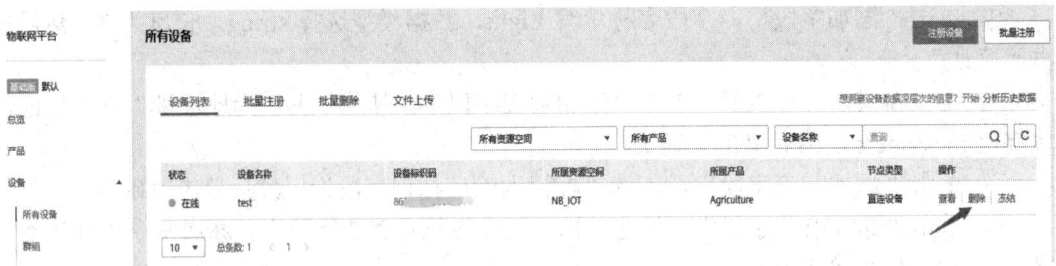

图 9-12　设备删除

2) 通过 NB 模组上传 N3M9_WDMTHI 扩展板数据

(1) 程序功能设计流程图如图 9-13 所示。

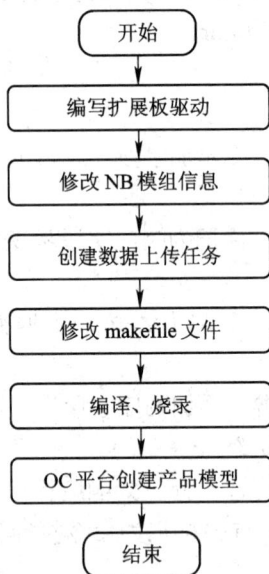

图 9-13　程序功能设计流程图

在任务 1 中，首先需要将之前温湿度与光照实验中用到的驱动文件进行移植。其次创建用户任务文件，在该文件中配置 NB 模组的相关信息，编写数据上报函数、平台下发命令处理函数等。再次修改 makefile 文件进行编译烧录，完成底层设备的开发。最后在平台中创建智慧农业产品模型，绑定底层真实设备接收数据。烧录完成后重启实验箱即可，此时使用串口线连接实验箱与电脑，在 XCOM 串口工具中查看串口是否打印传感器数据，如图 9-14 所示。

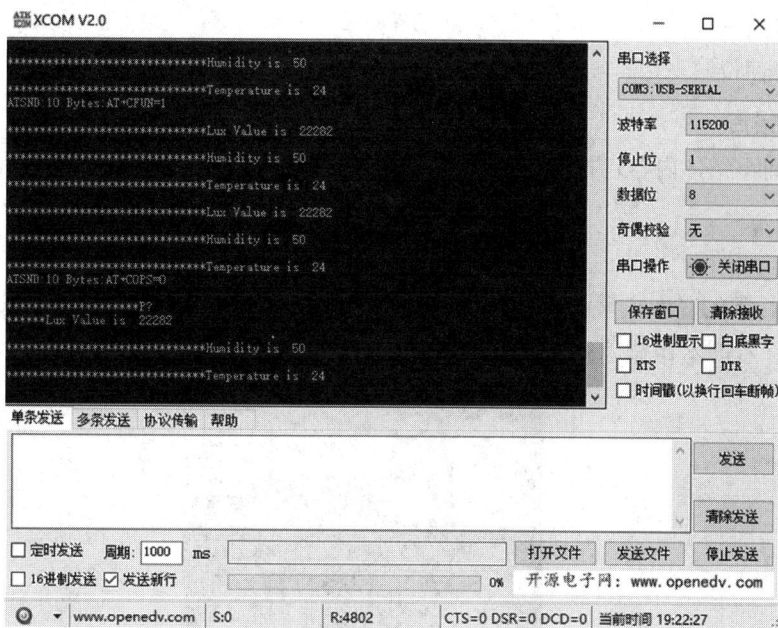

图 9-14　串口打印传感器数据

(2) 在应用模拟器中查看实验箱上传的数据。

先将实验箱串口上方的串口选择开关拨至 MCU 挡位，然后在 OC 平台中进入产品开发，选择 Agriculture 产品模型，最后进入在线调试界面点击调试查看应用模拟器中是否有传感器数据上传。可以下发控制电机的命令，也可以下发控制灯的状态命令，如图 9-15 所示。**注意**：此实验 NB 模组插入的是移动物联网卡。

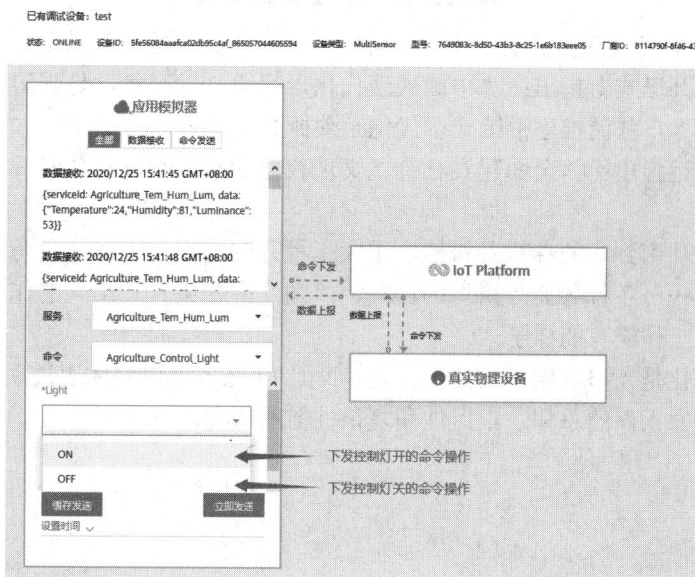

图 9-15　下发控制灯状态命令操作界面

5. 评价(任务评价单见附录 A)

(1) 小组成员之间自评；

(2) 小组间互评；

(3) 教师评价。

6. 实训报告

写出实训小结，内容包括实训心得(收获)、不足之处和今后应注意的问题。

思政课堂　奋斗中国

2022 年，党的二十大擘画全面建设社会主义现代化国家，以中国式现代化全面推进中华民族伟大复兴的宏伟蓝图。

2023 年是全面贯彻落实党的二十大精神的开局之年。习近平总书记在学习贯彻党的二十大精神研讨班开班式上指出："中国式现代化走得通、行得稳，是强国建设、民族复兴的唯一正确道路"，强调推进中国式现代化必须抓好开局之年的工作。

习近平总书记指出："全面建设社会主义现代化国家，必须充分发挥亿万人民的创造伟力。"

开年以来，从南到北的春耕备耕忙，重大工程开工建设，工厂开足马力生产，快递物流加速"奔跑"……各行各业"拼"的精神、"闯"的劲头、"实"的作风，正是推进中国式现代化各项工作应有的样子。

中国式现代化是人口规模巨大的现代化。我国 14 亿多人口整体迈进现代化社会，规模超过现有发达国家人口的总和，艰巨性和复杂性前所未有。

附录 A　任务评价单

班　级		姓　名		学　号	
教师签字		第　组	组长签字		日期

实训名称	
实训要求	

评价类别		评价内容	学生评分	教师评分
专业能力(70%)	资讯 (10%)	搜集信息		
		引导问题回答		
	计划 (10%)	计划可执行度		
		材料工具安排		
	实施 (30%)	步骤 1		
		步骤 2		
		步骤 3		
		步骤 4		
		步骤 5		
	过程 (10%)	使用工具规范性		
		操作过程规范性		
		工具和仪表使用管理		
	结果(10%)	电路的功能质量		
社会能力(20%)	团队协作 (10%)	小组合作		
		对小组的贡献		
	敬业精神 (10%)	学习纪律性		
		爱岗敬业、吃亏耐劳 精神		
方法能力(10%)	决策能力(5%)			
	计划能力(5%)			
总评		项目搭建(50%)	学生评价(30%)	教师评价(20%)
评语				

附录 B　实训报告

实训名称			学时	
组别		组员	成绩	
实训设备		实训场地		
实训目的				

1. 列出实训步骤

2. 仿真调试、排除故障、分析故障原因

3. 实训心得、不足之处和今后应注意的问题

参 考 文 献

[1]　刘赟宇. 物联网应用技术[M]. 北京：北京邮电大学出版社，2013.

[2]　王忆，刘明彦. 物联网技术概论[M]. 北京：北京邮电大学出版社，2016.

[3]　陈国嘉. 移动物联网商业模式+案例分析+应用实战[M]. 北京：人民邮电出版社，2017.

[4]　刘钢. 无线移动通信与物联网的应用与研究[J]. 数字技术与应用，2016(5)：33.

[5]　邬春明. 电磁场与电磁波[M]. 北京：北京大学出版社，2012.

[6]　樊昌信，曹丽娜. 通信原理[M]. 北京：国防工业出版社，2012.

[7]　陈樱子. 基于 LabVIEW 的射频信号生成系统[D]. 成都：电子科技大学，2012.

[8]　肖佳，胡国胜. 物联网通信技术及应用[M]. 北京：机械工业出版社，2019.

[9]　罗文兴. 移动通信技术[M]. 北京：机械工业出版社，2021.

[10]　陈鹏. 5G：关键技术与系统演进[M]. 北京：机械工业出版社，2017.

[11]　瞿雷，刘盛德，胡咸斌. ZigBee 技术及应用[M]. 北京：北京航空航天大学出版社，2007.

[12]　王小强，欧阳骏，黄宁淋. ZigBee 无线传感器网络设计与实现[M]. 北京：化学工业出版社，2012.

[13]　康东，石喜勤，李勇鹏，等. 射频识别(RFID)核心技术与典型应用开发案例[M]. 北京：人民邮电出版社，2008.

[14]　王伟旗，林超，衣马木艾山·阿布都力克木. 自动识别技术及应用[M]. 北京：电子工业出版社，2019.

[15]　方龙雄. RFID 技术与应用[M]. 北京：机械工业出版社，2013.

[16]　刘克生. 零基础 WiFi 模块开发入门与应用实例[M]. 北京：化学工业出版社，2020.

[17]　高泽华，孙文生. 物联网(体系结构协议标准与无线通信)[M]. 北京：清华大学出版社，2020.

[18]　黄宇红，杨光，肖善鹏，等. NB-IoT 物联网技术解析与案例详解[M]. 北京：机械工业出版社，2018.

[19]　江林华. 5G 物联网及 NB-IoT 技术详解[M]. 北京：电子工业出版社，2018.

[20]　熊保松，李雪峰，魏彪. 物联网 NB-IoT 开发与实践[M]. 北京：人民邮电出版社，2020.

[21]　吴细刚. NB-IoT 从原理到实践[M]. 北京：电子工业出版社，2020.